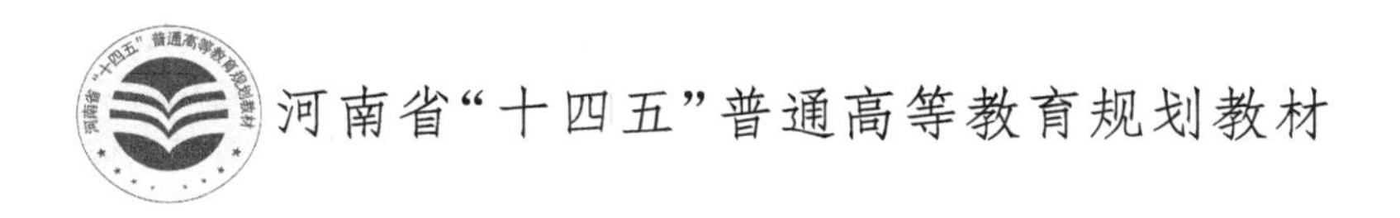
河南省“十四五”普通高等教育规划教材

森林经理学实践教学指导书

闫东锋　主编

中国林业出版社
China Forestry Publishing House

内容提要

《森林经理学实践教学指导书》是河南省“十四五”普通高等教育规划教材，系统介绍了森林经理学实践教学中涉及的各种方法和技术。本教材共13章，主要内容包括：地形图及其应用；常用森林调查仪器和工具的使用；林分调查；森林区划；森林资源调查技术标准；国家森林资源连续清查；森林资源规划设计调查；森林成熟、经营周期与收获调整；森林生物量调查与碳储量监测；森林资源评价；森林经营方案编制技术；森林经理学课程设计；野外教学实习安全指南等。本教材设计了26个实验和17个实习，供理论教学配套参考使用。本教材适合作为林学类本科生、研究生的教材或教学参考书，还可供林业从业人员和研究人员参考。

图书在版编目(CIP)数据

森林经理学实践教学指导书/闫东锋主编. —北京：中国林业出版社，2022.12

河南省“十四五”普通高等教育规划教材

ISBN 978-7-5219-2042-0

Ⅰ.①森… Ⅱ.①闫… Ⅲ.①森林经理-高等学校-教材 Ⅳ.①S757

中国版本图书馆CIP数据核字(2022)第254272号

策划编辑：肖基浒
责任编辑：肖基浒　王奕丹
责任校对：苏　梅
封面设计：睿思视界视觉设计

出版发行　中国林业出版社
（100009，北京市西城区刘海胡同7号，电话83223120）
电子邮箱　cfphzbs@163.com
网　　址　http://www.forestry.gov.cn/lycb.html　　电话：(010)83143500
印　　刷　北京中科印刷有限公司
版　　次　2022年12月第1版
印　　次　2022年12月第1次印刷
开　　本　787mm×1092mm　1/16
印　　张　16
字　　数　422千字
定　　价　48.00元

《森林经理学实践教学指导书》
编写人员

主　　编　闫东锋

副 主 编　王德彩　何　静

编写人员（按姓氏拼音排序）

郭　芳　何　静　靳姗姗　王德彩

闫东锋　张雅梅　周梦丽

前　言

森林经理是对森林资源进行区划、调查、生长与效益评价、结构调整、决策和信息管理等一系列工作的总称。森林经理学是林学专业的核心课程，也是林学专业综合性最强的课程之一。森林经理学实践教学是课程教学的重要环节，是提高学生职业素质与综合实践技能的重要途径。但是长期以来，我国的森林经理学实践教学并没有形成较为系统完整的指导用书。

河南农业大学开设的森林经理学是河南省一流本科课程，森林经理学课程组于 2017 年基本编写完成《森林经理学实践教学指导书》，并作为内部教材在林学专业教学中使用。经过 5 年的教学实践的检验与反馈，急需进一步充实和完善。编写人员在参阅大量资料和参考其他院校的实验实习内容的基础上，结合教学经验和长期积累的教学资料，紧扣学生综合能力提升的教学目标，围绕智慧林业、林业碳汇、森林可持续经营、森林资产评估和森林资源调查监测等林业行业新变化，编写完成了这本《森林经理学实践教学指导书》。

《森林经理学实践教学指导书》共 13 章，包含了 26 个实验和 17 个实习，系统介绍了森林经理学实践教学中涉及的各种方法和技术，力求完整准确地反映林业生产实践对森林经理学实践教学的最新要求。本教材重点围绕森林资源调查、经营、评价、监测和管理所需要的方法技术展开，既有常规的森林资源调查基础知识和技能，如地形图使用与应用、常规森林调查仪器和工具的使用、林分调查、森林成熟、森林收获调整内容，也有依据最新技术规程和技术标准编写的森林区划、森林资源调查技术标准、森林资源规划设计调查、国家森林资源连续清查和森林资源评价等内容。另外，还有森林生物量调查、森林碳储量调查、全周期森林经营技术和森林抚育技术等内容。

为适应“新农科”“新林科”建设对林学专业和森林经理学课程建设的新要求，本教材在编写过程中，将信息技术的综合应用与森林经理学实践教学紧密结合起来，设计了大量诸如利用遥感影像进行小班区划、遥感影像目视解译、小班区划图矢量化、GNSS 小班定界和面积测量等实践教学内容，全面反映了信息技术在林业中的应用。这些内容在现行的森林经理学教材中没有得到很好体现，但在林业生产实践中却有广泛应用。另外，鉴于森林经理学野外教学实习课时较多，时间较长，而安全工作是野外教学实习任务顺利进行的重要保障，因此，本教材参考最新资料，编写了野外教学实习安全指南，使师生能够进行野外危险识别并了解安全防范基本知识，掌握野外安全自救、互救应急和野外救护的基本技能。

本教材共13章，具体编写分工如下：第一章由张雅梅编写；第二章和第三章由张雅梅、郭芳编写；第四章由闫东锋、王德彩编写；第五章和第六章由郭芳、周梦丽编写；第七章由闫东锋、王德彩编写；第八章由闫东锋编写；第九章由郭芳、靳姗姗编写；第十章由闫东锋、何静编写；第十一章和第十二章由靳姗姗、周梦丽编写；第十三章由何静、闫东锋编写。本教材初稿完成后，中国林业科学研究院雷相东研究员、北京林业大学刘琪璟教授、河南省林业资源监测院张向阳教授级高工进行了审阅，提出了很多宝贵意见和建议；河南内黄林场和国有商城黄柏山林场为本书提供了编写素材，在此，对他们的支持和帮助表示衷心的感谢。

本教材适合作为林学、智慧林业、森林保护等林学类本科专业，以及森林经理学、森林培育、森林学、森林保护学、土壤学、林业信息工程等学术学位研究生和林业专业学位研究生的教材及教学参考书，也可作为从事森林资源规划设计、森林资源资产评估等生产技术人员和相关研究人员的参考书。由于编者知识水平有限，加之森林经理学实践内容日新月异，尽管在编写过程中努力追求完善，还是难免出现不当和疏漏之处，欢迎广大读者提出批评和改进意见。

编　者

2022年6月

目　录

本教材实验及实习部分内容请扫描上方二维码查看

第一章　地形图及其应用

地形图是表示地物和地貌信息的图，是采用一定的数学投影方法，按照一定的比例，用规定的符号表示地物和地貌及其他地理要素的平面位置和高程的正形投影图。地形图在森林资源规划设计调查、林政管理、营造林规划设计、森林防火等工作中得到了广泛应用。国家森林资源连续清查一般以 1∶50 万或 1∶25 万比例尺地形图为基础资料；森林资源规划设计调查一般使用 1∶1 万、1∶2.5 万或 1∶5 万比例尺地形图。

1.1　地形图比例尺

1.1.1　地形图比例尺

地形图上两点间的直线长度与其地面上相应的两点间的实地水平距离之比，称为地形图比例尺。标准地形图上存在数字比例尺和直线比例尺。数字比例尺简单明了，方便计算；直线比例尺形象直观，方便图上量算，可以减小图纸变形对图上测量精度的影响。

(1)数字比例尺

数字比例尺通常用分子为 1，分母为整数的分数表示。分子是图上某一段直线长度，用 d 表示，分母是该直线对应的实地上的水平距离，用 D 表示，则该图的比例尺为：

$$\frac{1}{M}=\frac{d}{D}=\frac{1}{\frac{D}{d}} \tag{1-1}$$

式中　M——比例尺分母。

地形图比例尺有大、中、小 3 种，通常把 1∶500、1∶2000 和 1∶5000 的比例尺称为大比例尺；1∶1 万、1∶2.5 万、1∶5 万和 1∶10 万的比例尺称为中比例尺；把 1∶25 万、1∶50 万和 1∶100 万的比例尺称为小比例尺。

(2)直线比例尺

直线比例尺是在图纸上绘一条直线，并按一定的间隔等分为若干段，间隔一般为 1 cm 或 2 cm，这一间隔称为基本单位，再将最左边一个基本单位再分为 10 或 20 等份，在右分点上注记 0，自 0 起分别向左、右两边的各分点上，均注记各自代表的相应的实地水平距离，即制成直线比例尺。

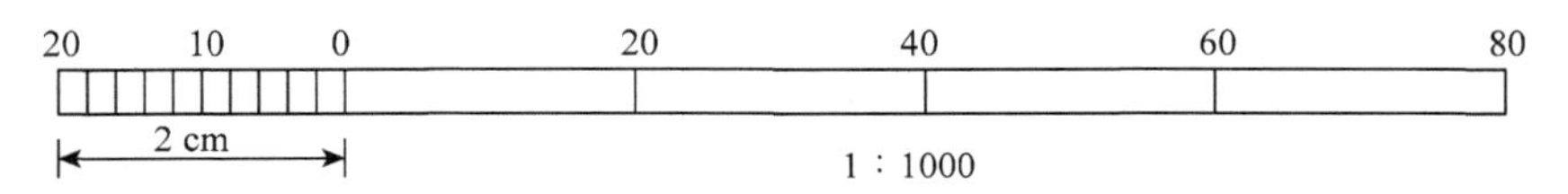

图 1-1　图示比例尺

如图 1-1 所示，图中表示的为 1∶1000 的直线比例尺，取 2 cm 为基本单位，最左边的 2 cm 基本单位分成 10 等份，即每个小分划为 2 mm 所表示的相当于实地水平长度 200 m，从直线比例尺上直接量得基本单位的 1/10，估读到 1/100。

1.1.2 比例尺精度

正常情况下，人眼能分辨的图上最小距离为 0.1 mm。因此，当图上两点间的距离小于 0.1 mm 时，人眼将不能分辨。这种图上 0.1 mm 所代表的实地水平距离称为比例尺精度，它等于 0.1 mm 与比例尺分母的乘积。比例尺大小不同，其比例尺精度也不同，见表 1-1。

表 1-1 不同大小比例尺的比例尺精度

比例尺	1∶500	1∶1000	1∶2000	1∶5000	1∶1 万
比例尺精度(m)	0.05	0.1	0.2	0.5	1.0

根据比例尺精度，可以确定实地多长的水平距离能在图上表示出来。同样，如果规定了地面上应该表示在图上的最小线段长度，就可确定采用多大比例尺测图。所以比例尺精度的概念对测图和用图都有重要意义：一是测图时可根据比例尺精度确定地物的取舍，如测绘比例尺为 1∶2000 的地形图时，实地量距只需精确到±0.2 m；二是根据设计图所须表述的最小尺寸来选择合适的比例尺，如某项工程设计要求在图上能反映地面上 0.2 m 的精度，则应选用比例尺为 1∶2000 的地形图。

1.2 地形图图式

1.2.1 地物符号

地形图上，表示地物类别、形状、大小的符号称为地物符号，按符号与实地要素的比例关系可分为 3 种类型：依比例尺符号(比例符号，面状符号)、半依比例尺符号(半比例符号，线状符号)和不依比例尺符号(非比例符号，点状符号)。

(1)依比例尺符号

地物依比例尺缩小后，其长度和宽度能依比例尺表示的地物符号。表示轮廓较大的地物，如房屋、森林、湖泊等。

(2)半依比例尺符号

地物依比例尺缩小后，其长度能依比例尺而宽度不能依比例尺表示的地物符号。表示呈线状延伸的较窄或狭长地物，如小路、水渠、通信线等。线状符号定位于符号的中轴线。

(3)不依比例尺符号

地物依比例尺缩小后，其长度和宽度不能依比例尺表示。表示轮廓特别小，但又比较重要或具有特殊意义的地物，如测量控制点、独立树、路灯等。

非比例符号不表示地物的形状，只能按一定规则用规定的符号表示地物位置：①符号图形中有一个点的，该点为地物的实地中心位置；②几何图形符号(圆形、长方形、三角形等)，定位在其几何图形的中心；③宽底符号(烟囱、水塔等)，定位在其底线中心；④底部为直角形的符号(风车、路标、独立树等)，定位在其直角的顶点；⑤几种图形组成的符号(教堂、气象站等)，定位在其下方图形的中心点或交叉点；⑥下方没有底线的符号(山洞、窑洞等)，定位在其下方两端点连线的中心点；⑦其他符号(桥梁、拦水坝等)，定位在其符号的中心点。注记符号是指地形图上用文字、数字对地名、高程、植被类型、水流方向等加以说明的符号。地形图用符号表示地物地貌，文字或数字标明地图上标识对象的某种属性，注记和符号相匹配，可以准确地标识对象的位置和类型。注记符号一般分为 3 种。名称注记：说明制图对象的专有名称；如林场、山峰等的名字；说明注记：说明地理要素具体的属性值，以文字的形式来补充符号的不足，如经济林的类型为苹果、梨等；图幅注记：对整幅图的各种说明，如图名、图例、比例尺等。表 1-2 列举了大比例尺地形图图式所规定的常见地物、地貌和注记符号。

表 1-2　大比例尺地形图图式所规定的常见地物、地貌和注记符号

编号	符号名称	1∶500　1∶1000　1∶2000	编号	符号名称	1∶500　1∶1000　1∶2000
1	三角点 张湾岭：点名 156.718：高程	3.0 △ 张湾岭/156.718	4	导线点 I16：等级、点号 84.46：高程	2.0 ⊙ I 16/84.46
2	水准点 Ⅱ：等级 京石 5：点名点号 32.805：高程	2.0 ⊗ Ⅱ京石5/32.805	5	卫星定位等级点 B：等级 14：点号 495.263：高程	3.0 B14/495.263
3	地面河流 a：岸线(常水位岸线、实测岸线) b：高水位岸线(高水界) 清江：河流名称	0.15 清 0.5 江 1.0 3.0 a b	6	水库 a：毛湾水库(水库名称) b：拦水坝 c：出水口 水泥：建筑材料 75.2：坝顶高程 59：坝长(m)	毛湾水库 a 75.2/59 水泥 b c
7	沟渠 a：低于地面的 b：高于地面的 c：渠首	a 0.3 b 2.0 2.5 0.3 3.0 c 0.5			
8	湖泊 龙湖：湖泊名称 (咸)：水质	龙湖 (咸)	9	池塘	

（续）

编号	符号名称	1：500　1：1000　1：2000	编号	符号名称	1：500　1：1000　1：2000
10	时令湖 （8）：有水月份	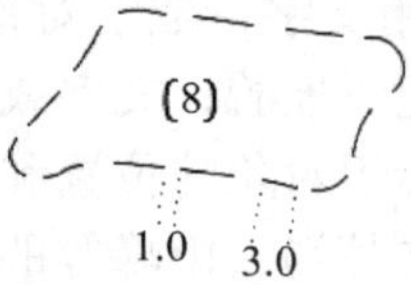	15	时令河 a：不固定水涯线 （7-9）：有水月份	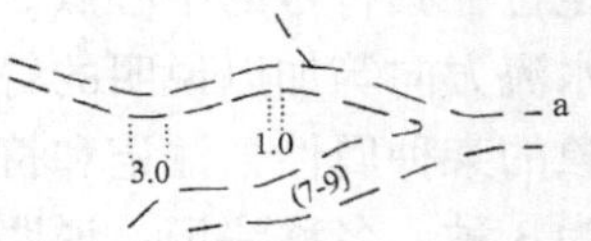
11	一般单幢房屋 混：房屋结构 3：房屋层数		16	简易单幢房屋 2：房屋层数	
12	突出单幢房屋 钢：房屋结构 28：房屋层数		17	建筑中房屋	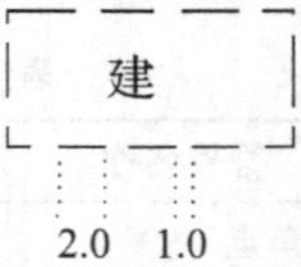
13	依比例尺的瞭望塔	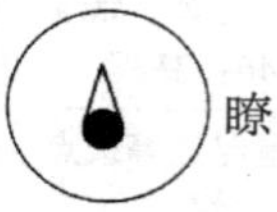	18	移动通信塔	
14	电网	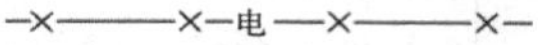	19	地类界	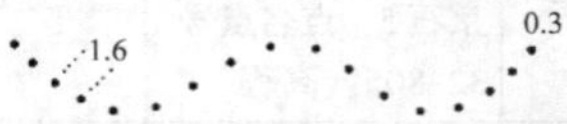
20	高速公路	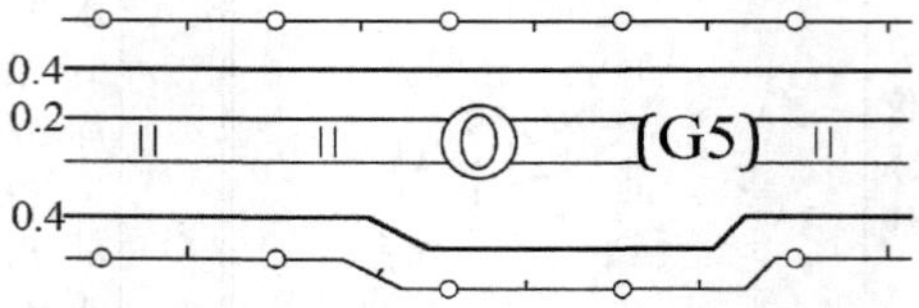			
21	国道 ②：技术等级代码 （G301）：国道代码及编号	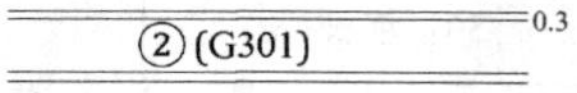	26	省道 ②：技术等级代码 （S301）：省道代码及编号	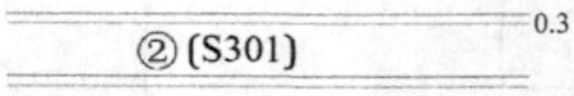
22	县道、乡道、村道 a：有路肩的 b：无路肩的 ⑨：技术等级代码 （X301）：县道代码及编号	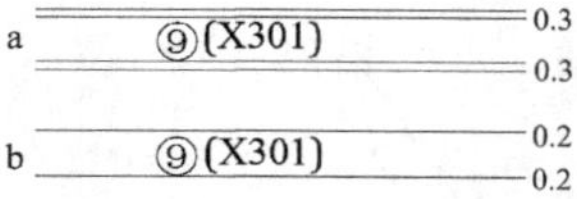	27	乡村路 a：依比例尺的 b：不依比例尺的	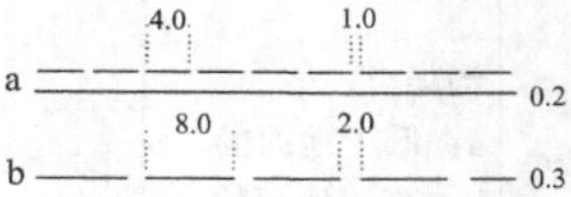
23	小路、栈道		28	高压输电线 a：电杆	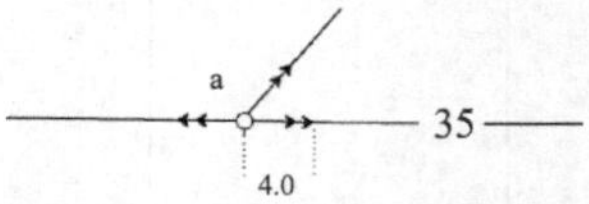
24	省级行政区界线	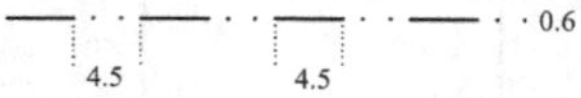	29	地级行政区界线	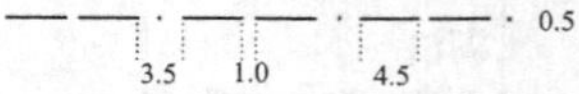
25	县级行政区界线	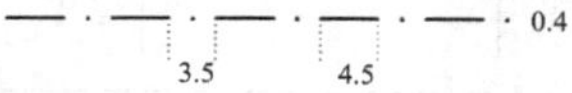	30	乡、镇级界线	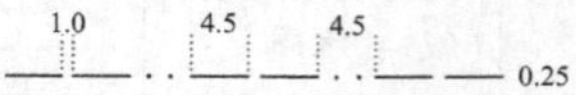

（续）

编号	符号名称	1∶500　1∶1000　1∶2000	编号	符号名称	1∶500　1∶1000　1∶2000
31	村界	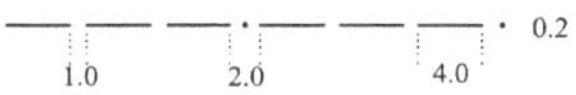 1.0　2.0　4.0　0.2	39	等高线及其注记 a：首曲线 b：计曲线 c：间曲线 d：助曲线	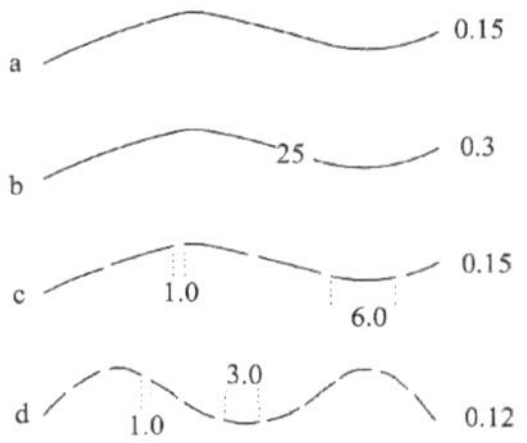 a 0.15 b 25 0.3 c 1.0 6.0 0.15 d 1.0 3.0 0.12
32	示坡线	 0.8	40	高程点及其注记 1520.3：高程	0.5 ·1520.3
33	陡崖、陡坎 a：土质的 b：石质的 18.6，22.5：比高	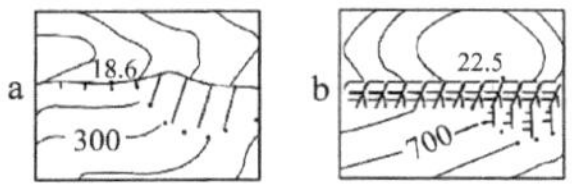 a 18.6 300　b 22.5 700	41	稻田	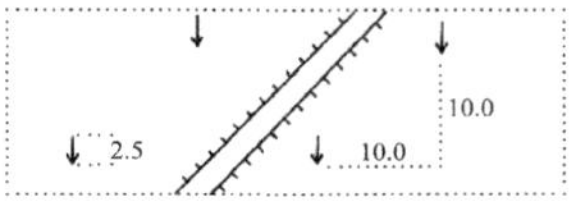 2.5　10.0　10.0
34	旱地	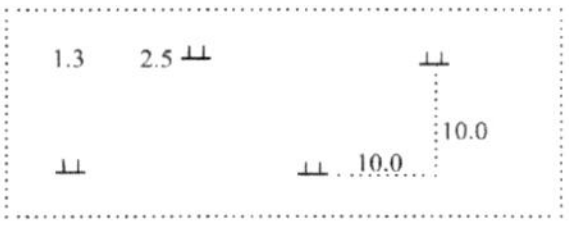 1.3　2.5　10.0　10.0	42	菜地	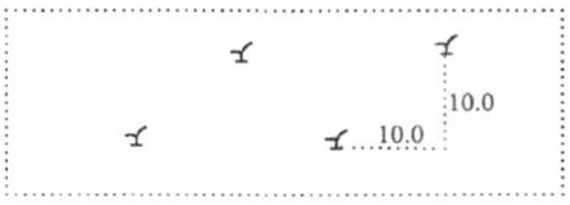 10.0　10.0
35	果园	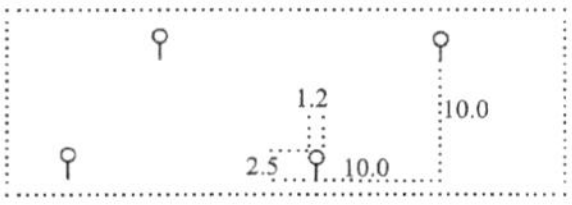 1.2　2.5　10.0　10.0	43	成林	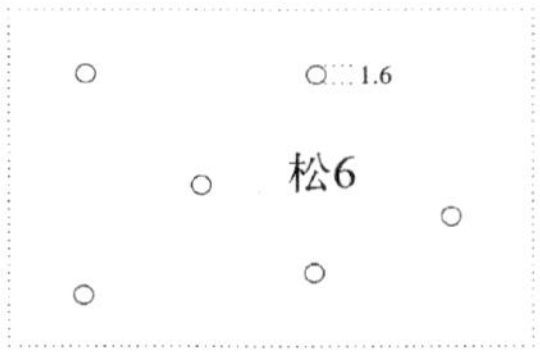 1.6　松6
36	幼林、苗圃	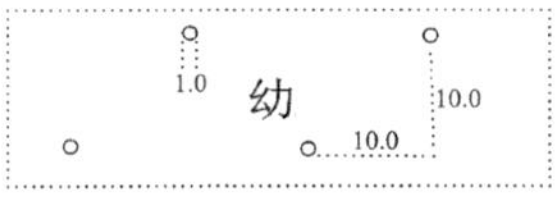 1.0　幼　10.0　10.0	44	灌木林	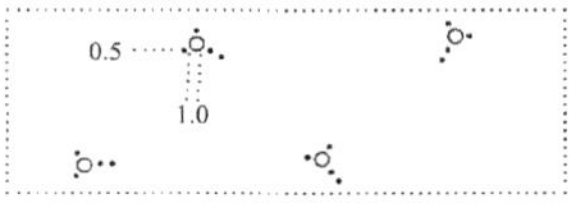 0.5　1.0
37	竹林	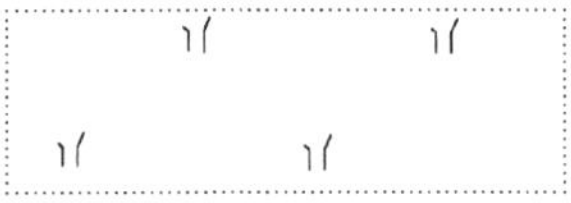	45	疏林	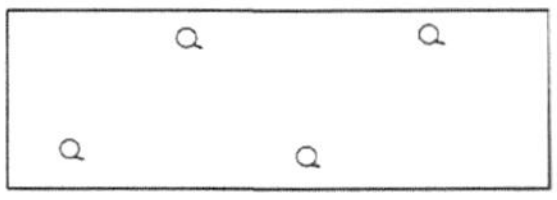
38	独立树 a：阔叶林 b：针叶林	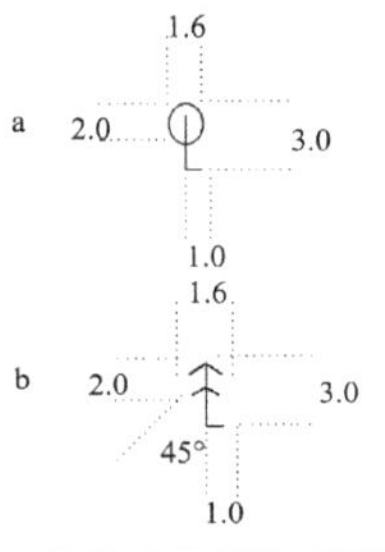 a 1.6 2.0 3.0 1.0 b 1.6 2.0 3.0 45° 1.0	46	天然草地	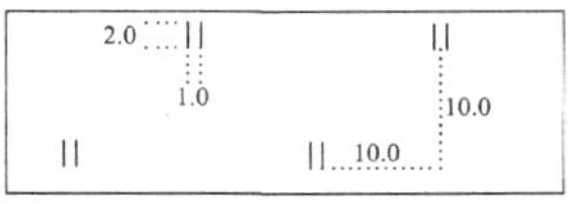 2.0　1.0　10.0　10.0

（续）

编号	符号名称	1∶500 1∶1000 1∶2000	编号	符号名称	1∶500 1∶1000 1∶2000
47	人工绿地	1.6 0.8 5.0 10.0	49	半荒草地	0.6 1.6 10.0 10.0
48	荒草地	0.6 10.0 10.0	50	防火带	防火 防火

注：依据《国家基本比例尺地图图式 第1部分：1∶500 1∶1 000 1∶2 000地形图图式》(GB/T 20257.1—2017)编制。

1.2.2 地貌符号

地形图上表示地貌最常用的方法是等高线法。等高线不仅能表示地球表面的高低起伏形态，还能较准确地提供各个地貌要素(如山顶、山谷、鞍部等)的相关几何位置、微小的地貌变化以及坡度、高程等信息。

1.2.2.1 地貌基本形态

地貌形态多种多样，按起伏变化情况，根据地面倾角(α)划分成4种类型[《工程测量标准》(GB 50026—2020)]：$\alpha<2°$，称为平坦地；$2°\leqslant\alpha<6°$，称为丘陵地；$6°\leqslant\alpha<25°$，称为山地；$\alpha\geqslant25°$，称为高山地。

地貌形态复杂多样(图1-2)，但可以归纳为下面6种基本形态。

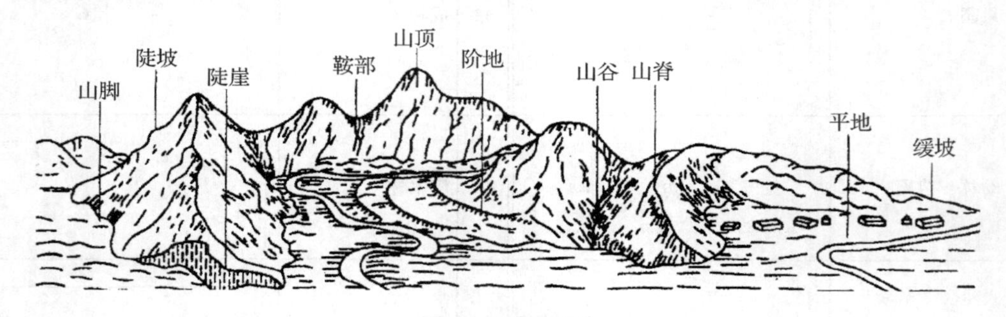

图1-2 地貌形态

①山 较四周显著隆起的高地称为山，大者叫岳，小者叫山丘(比高低于200 m)。山的最高部位称为山顶(山头)，有尖顶、圆顶、平顶等形态。山的倾斜面部分称为山坡。山坡倾斜角称为坡度。山坡与平地相交处称为山脚。

②山脊 由山顶向山脚延伸的凸起地带称为山脊。山脊上最高点的连线，称为山脊线或分水线。

③山谷 由山顶向山脚延伸的凹陷地带称为山谷。山谷谷底最低点的连线，称为山谷线或集水线。

④盆地(洼地) 四周高而中间低洼，形如盆状的地貌称为盆地，小范围的盆地称为洼地。

⑤鞍部　相邻两个山顶之间的低凹部位，形状像马鞍，称为鞍部。有道路通过的鞍部称为隘口。鞍部是两个山头和两个山谷相对交会的地方。

⑥陡崖　倾斜在45°以上并在70°以下的山坡称为陡坡；70°以上的称为陡崖。下部凹陷的陡崖称为悬崖。

1.2.2.2　等高线

(1)等高线表示地貌的原理

等高线是地面上高程相等的相邻各点连成的闭合曲线。等高线表示地貌的原理如图1-3所示。设想有一座山，从山底到山顶，用一组相邻高差为 h 的等间距水平面 P_1、P_2、P_3、P_4…进行切割，将得到一些截平面，将截平面的轮廓线垂直投影到水平面 P 上，并按测图比例尺缩绘到图纸上，即得到一张用等高线表示山头形状的图。

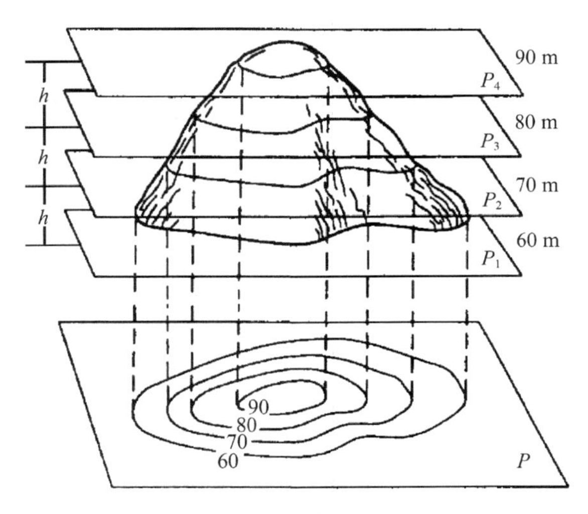

图1-3　等高线原理

(2)等高距和等高线平距

相邻等高线之间的高差称为等高距。图1-3中的等高距为10 m。相邻等高线之间的水平距离，称为等高线平距。同等比例尺地形图中，等高距越小，等高线分布越密集，表示的地貌信息越详细；等高距越大，等高线分布越稀疏，表示的地貌信息越粗略(表1-3)。

表1-3　等高距表

比例尺	平地（m）	丘陵（m）	山地（m）	高山地（m）
1∶500	0.5	0.5	0.5或1	1
1∶1000	0.5	0.5或1	1	1或2
1∶2000	0.5或1	1	2	2
1∶5000	1	1	2.5	2.5
1∶1万	2.5或5	5	5	10

等高距，常以 h 表示；等高线平距，常以 d 表示。由此地面两点之间的坡度可表示为：

$$i = \frac{h}{dM} \tag{1-2}$$

式中 M——地图比例尺分母。

同一幅地形图，等高距相同，等高线平距与坡度呈反比。坡度越小，两条等高线间平距越大；坡度越大，两条等高线间平距越小。以此可以判断地面坡度的大小，即地面是平缓还是陡峭。

(3) 等高线的分类

等高线按其用途分为首曲线、计曲线、间曲线和助曲线，如图 1-4 所示。

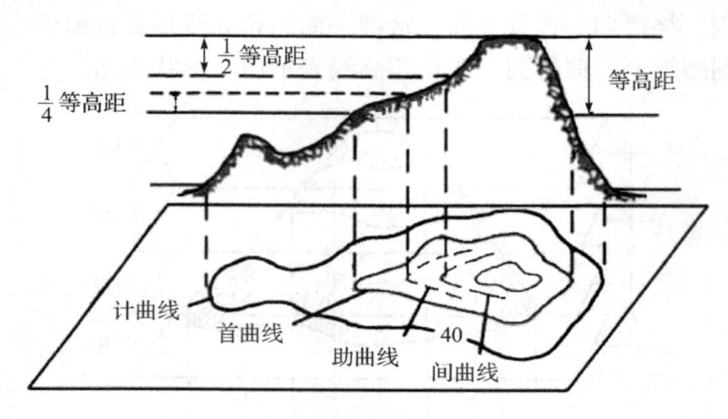

图 1-4　等高线的种类

①首曲线　按基本等高距测绘的等高线，又称基本等高线。大比例尺地形图上的线宽是 0. 15 mm 的实线，上面不注记高程，在图上一定出现。

②计曲线　从高程基准面(0 mm 等高线)起算，每隔 4 条首曲线加粗一条等高线，又称加粗等高线。大比例尺地形图上的线宽是 0. 3 mm 的实线，上面注记高程，在图上一定出现。

③间曲线　按 1/2 基本等高距测绘的等高线，又称半距等高线。基本等高线不能表示的局部复杂地貌特征时，需要用间曲线加绘，用长虚线表示，在图上可以不闭合，且不一定出现。

④助曲线　按 1/4 基本等高距测绘的等高线，又称辅助等高线。基本等高线和间曲线还不能表示的局部复杂地貌特征时，需要用助曲线进一步加绘，用短虚线表示。在图上可以不闭合，且不一定出现。

(4) 典型地貌的等高线

典型地貌有山头、洼地、山脊、山谷、鞍部、陡崖、悬崖等，掌握典型地貌等高线有助于地貌形态识别，帮助地形图识读。

山头是中间高四周低的地形，洼地是中间低四周高的地形，在地形图上等高线都为闭合曲线。山头和洼地的区分有两种方式：一是通过在等高线上注记高程值，山头的等高线高程值是内圈高外圈低，盆地的等高线高程值是内圈低外圈高；二是通过加绘示坡线，示坡线是指示斜坡降落的方向线(图 1-5)。

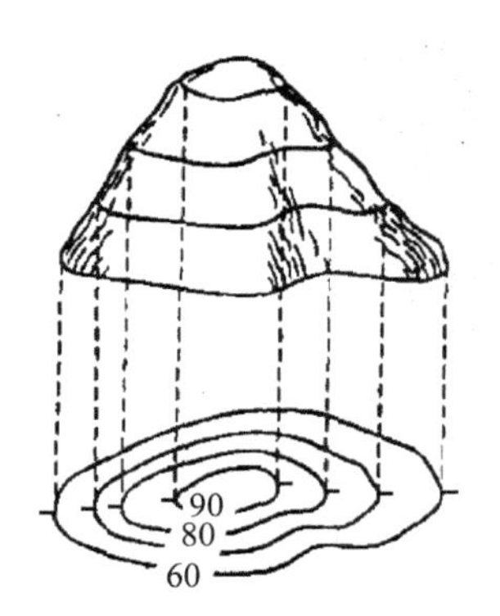

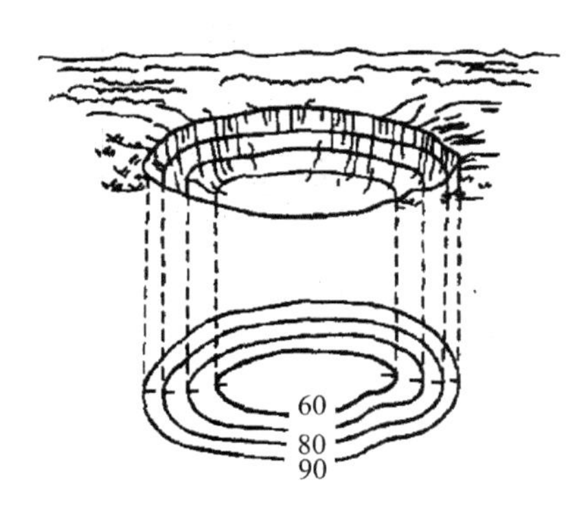

图 1-5 山头和洼地的等高线

山脊表现为一组凸向低处的等高线，山谷表现为一组凸向高处的等高线(图 1-6)。在山脊上，雨水会以山脊线为分界线而流向山脊的两侧，所以山脊线又称为分水线。在山谷中，雨水由两侧山坡汇集到谷底，然后沿山谷线流出，所以山谷线又称为集水线。山脊线和山谷线合称为地性线。

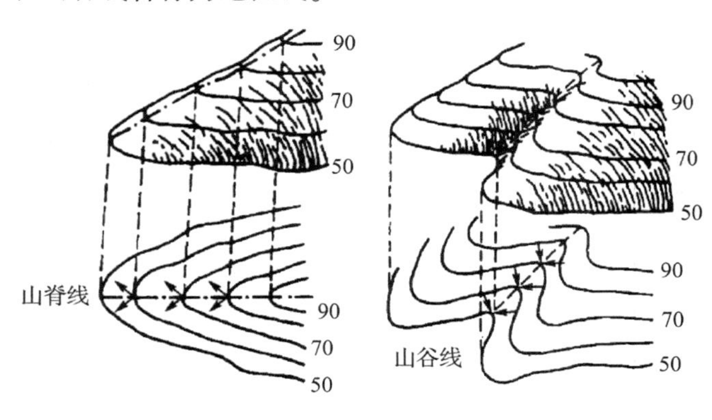

图 1-6 山脊和山谷的等高线

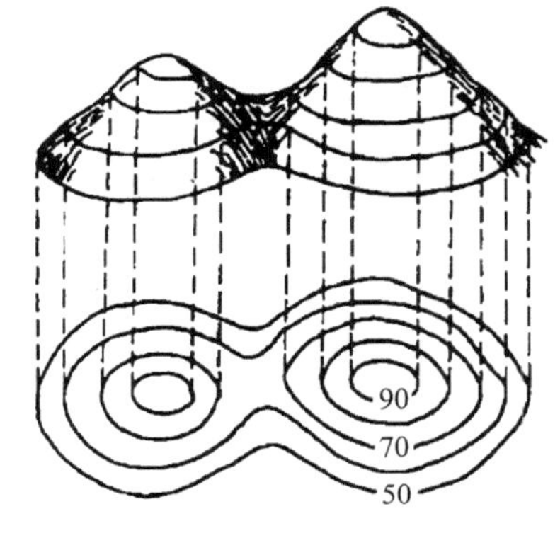

图 1-7 鞍部的等高线

鞍部左右两侧的等高线是对称的两组山脊线和两组山谷线。鞍部等高线的特点是在一圈大的闭合曲线内，套有两组小的闭合曲线(图 1-7)。

陡崖用等高线表示将非常密集或重合为一条线，因此采用陡崖符号来表示。悬崖上部凸出，下部凹进，所以其上部的等高线投影到水平面时，与下部的等高线相交，所以下部凹进的等高线用虚线表示(图 1-8)。综合地貌的等高线表示如图 1-9 所示。

(5)等高线的特性

等高线的特性可简要归纳为 6 个方面：

①同一条等高线上各点高程相等，但高程相等的点不一定在同一等高线上。

②等高线是闭合曲线，如果不在本幅图内闭合，一定在图外闭合。

③等高线只有在陡崖处才会重合，在悬崖处才会相交。

④等高线经过山脊或山谷时往往要改变方向，并与山脊线和山谷线相垂直。

⑤同一幅地形图内，等高线的平距大小与地面坡度呈反比，即等高线越密集，地面坡度越陡；反之，等高线越稀疏，则地势越平缓。

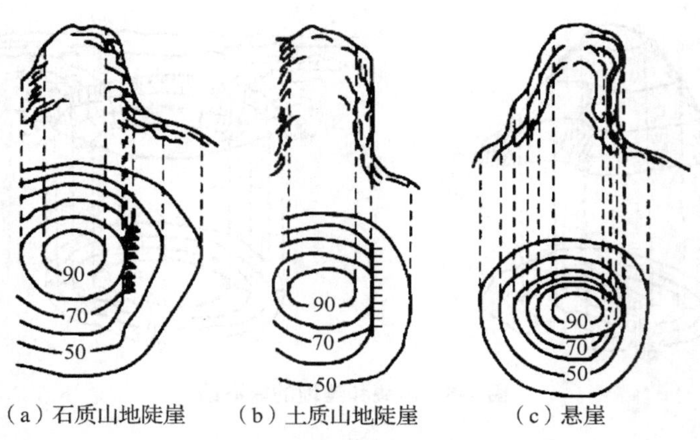

（a）石质山地陡崖　（b）土质山地陡崖　（c）悬崖

图 1-8　陡崖和悬崖的等高线

（a）地貌实景　（b）对应实景的地形图

图 1-9　综合地貌的等高线表示

⑥等高线经过河流时，终止于河边。

1.3　地形图识图

1.3.1　图外标注

(1)图名、图幅号和行政区划

图名，位于北图廓外的正上方，是以图内所占面积最大的行政区、地名等来命名的，或者以最著名、最主要、最突出的地物地貌来命名。图幅号，标注在图名的正下方，用来说明本图的统一分幅编号。行政区划，标注在图幅号的正下方，反映本图所涉及的省、市、县等行政区的范围界线。

(2)接图表

接图表，位于北图廓外的左上方，用以说明本图与其相邻图幅的拼接关系，由 9 个小方格组成，中间有斜线的代表本图幅，其他方格分别注明相应的图名或图幅号。

(3)密级

密级，标注在北图廓外的右上方，说明了保管和使用该图的保密等级。地形图的保密等级一般可分为绝密、机密、秘密。

(4)比例尺

比例尺注记在南图廓线下方的正中央，有数字比例尺和直线比例尺两种。

(5)三北方向线

三北方向线，标注在南图廓外的左下方，一般适用于1∶2.5万~1∶10万比例尺地形图。三北方向线是指真子午线北方向、磁子午线北方向和高斯直角坐标的纵轴方向。磁偏角是磁子午线方向与真子午线方向之间的夹角，子午线收敛角是坐标纵轴方向与真子午线方向之间的夹角，图上的磁偏角和子午线收敛角表示了该图的三北方向线的夹角。在我国，由于磁偏角和子午线收敛角一般较小，通常都夸张表示，所以在实际使用中，按所标注的角度数值为准。地形图南北图廓线上，一般标注了磁北点和磁南点，它们的连线构成了图上磁子午线的方向。

(6)坡度尺

坡度尺，标注在南图廓外的左下方，用于直接量算图上相邻2条等高线和相邻6条等高线之间的任意方向线的坡度。坡度尺竖直方向为相邻2条等高线或相邻6条等高线之间的直线图上平距，水平方向表示此直线的坡度。

(7)图廓及经纬度注记

图廓是指图幅四周的范围线，有内图廓和外图廓之分。内图廓是图幅的测图边界线，为纵、横坐标的起始边线，其四角标注相应的纵横坐标值，如图1-10所示。外图廓用粗实线描绘，平行于内图廓线。外图廓线没有数学意义，只起到装饰作用。若存在通过内图廓线的重要地物(道路、境界、河流等)和跨图幅的村庄，可以在内、外图廓间注明。

(8)分度带

分度带由黑白相间的线条组成，以内图廓线的西南角经纬度为起点，一般每一整分处绘一短线，东西方向以一个黑白间隔表示1′的经差，南北方向以一个黑白间隔表示1′的纬差，如图1-10所示。若将东西、南北相对应的分度点连接起来就形成了表示地理坐标的经纬网。因此，利用分度带能够确定地形图上任一点的地理坐标。

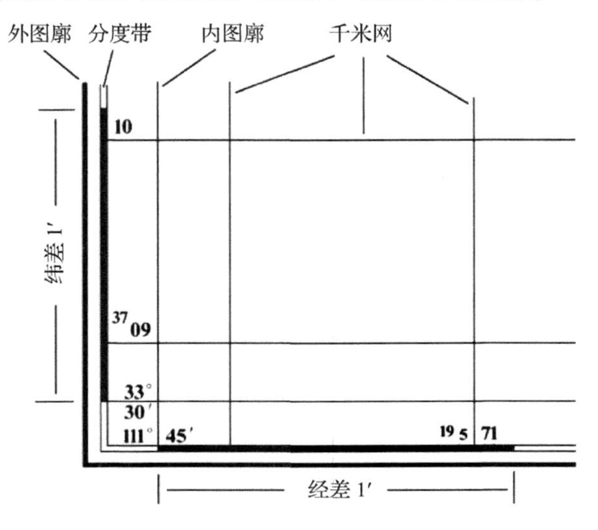

图1-10　图廓及经纬度注记分度带和千米网

(9)千米网

平面直角坐标网，简称坐标网，如图1-10所示，图幅中有纵横交错的平面直角坐标网。相邻坐标线之间的间隔是整千米数，因而叫千米方格网，简称千米网。千米数注记在内外图廓线之间，纵横注记的字头一律向北。

(10)图例

图例位于右图廓的外面，是本幅图内的地物符号及文字说明，便于读图者更好地识别地物。

(11)其他注记

①测图日期及出版时间　地形图反映的是测绘该图当时的地面现状情况。掌握地形图的测绘或修测日期，及其出版时间，能了解图的新旧程度。

②坐标系统和高程系统　国家基本比例尺地形图一般采用1954年北京坐标系、1980年国家大地坐标系或CGCS2000坐标系；高程系采用1956年黄海高程系、1985年国家高程基准。小范围大比例尺地形图，有时还采用假定的坐标系。采用的坐标系统不同，地面上同一点的平面坐标和高程也不同。

③等高距　标注在图的右下角，通常一幅地形图上的等高距是相同的。等高线表示地貌的详细程度与等高距的大小有关，等高距越小越能详细反映地貌的细节。

④图式版本说明　标注在图幅右下角，标明“××××年版图式”，识图时可参阅××××年出版的地形图图式，以便正确了解各种地物符号的意义。

1.3.2 地物判读

地物判读主要依靠各种地物符号和注记符号。地物符号的形状、大小、颜色和纹理填充在《地形图图式》中都有具体的规定，是识图和用图的依据。以读图者关心的内容为主，可以按照先主后次的顺序阅读地形图，并根据需要进行判读的取舍。地物判读时，可以先识别大的地物再识别小的地物，或者先定位于大的区域，或以交通网络为骨架进行判读。针对居民点要了解其位置、名称、类型(城乡)、行政级别和人口数量，以及分布密度的差异情况。道路网络在地形图上分成铁路、公路、乡村路和人行小路。要了解各类交通线的分布与密度，交通线与居民地的联系以及与地形的关系。地形图上常常用到的境界线有两类：一是国家内部各行政区域的划分界线；二是地类线。境界线是了解各行政区的范围，各级行政界线一般分为省、市、县或自治区、自治州、自治县三级，均以相应的境界符号表示在地形图上，符号两边各注以相应的名称，如河南省、登封林场等。阅读境界线的目的在于明确各级行政区包括的范围、相互位置关系及面积对比，需注意各级境界线必须按相关规定进行表达。地类线是不同地物的边界线，对于判读地物的形状、大小等至关重要。

1.3.3 地貌判读

地貌判读是依据基本地貌的等高线特征和特殊地貌的符号。山区地貌形态复杂，尤其连片的山脉，山脊和山谷相互交错，不易判读。读图者可以先依据计曲线上的高程值和山头处的高程点，找到图中最高的山峰，等高线围绕山峰分布，从而确定等高线的走势。也可先找出水系的分布再根据山谷为聚水线的规律确定山谷，无河流时可根据相邻山头找出山脊。再按照两山谷间必有一山脊，两山脊间必有一山谷的地貌特征规律，判读出山脊山谷的分布情况。最后，结合特殊地貌的符号和等高线的疏密即可对该区域的地貌特征和地势起伏进行较为全面的了解和精准判读。

1.4　地形图应用

1.4.1　地形图室内应用

1.4.1.1　确定点的坐标

(1)确定点的平面坐标

标准地形图上存在大地坐标系和高斯平面直角坐标系，所以可以利用经纬线获取地理坐标，利用千米网获取平面坐标。

①地理坐标　获取主要依据内图廓的经纬度值和分度带。如图 1-11 所示，求 P 点的地理坐标，首先要判断 P 点所在的经纬度格网范围，确定 P 点所在的经纬度格网西南角的交点值(λ_0，φ_0)。然后需要过 P 点作分度带的纵向和横向平行线，分别与分度带所表示的经纬度线相交，横向交于 a、b 点，纵向交于 n、m 点。最后在图上量取经差 1′所对的图上距离 ab，纬差 1′所对的图上距离 nm，以及 aP 和 nP 的图上距离，则 P 点经纬度可通过式(1-3)计算。

$$\begin{cases}\lambda_P=\lambda_0+\dfrac{aP}{ab}\times 60''\\ \varphi_P=\varphi_0+\dfrac{nP}{nm}\times 60''\end{cases}\tag{1-3}$$

【例 1-1】　若 $\lambda_0=111°45'$，$\varphi_0=33°30'$，$ab=32$，$nm=36$，$aP=23$，$nP=25$，求 P 点的地理坐标。

$$\begin{cases}\lambda_P=\lambda_0+\dfrac{aP}{ab}\times 60''=111°45'+\dfrac{23}{32}\times 60''=111°45'+43''=111°45'43''\\ \varphi_P=\varphi_0+\dfrac{nP}{nm}\times 60''=33°30'+\dfrac{25}{36}\times 60''=33°30'+42''=33°30'42''\end{cases}$$

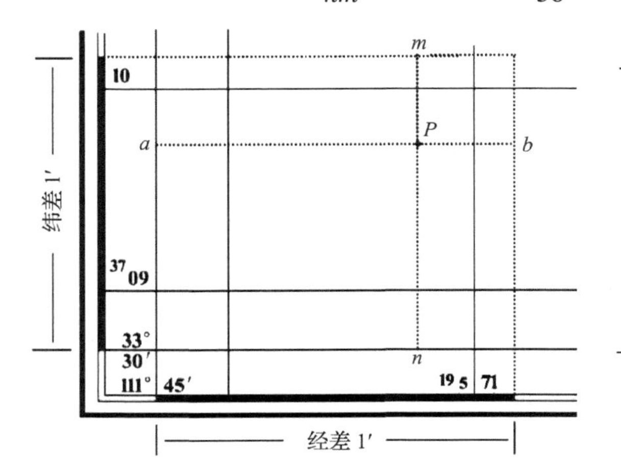

图 1-11　地形图上地面点的地理坐标

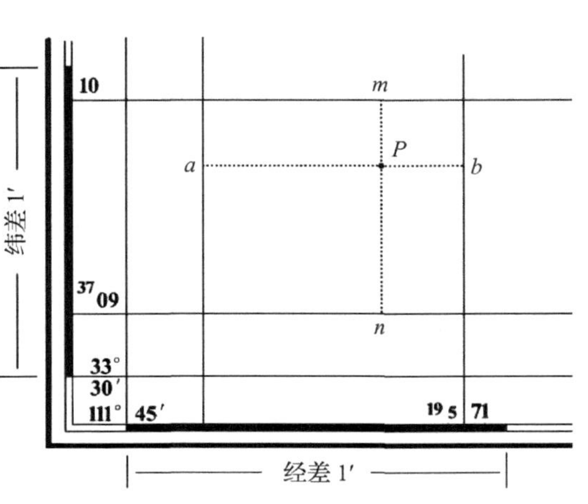

图 1-12　地形图上地面点的平面坐标

②平面坐标　获取主要依据地形图上坐标格网的坐标值。如图 1-12 所示，求 P 点的平面坐标，首先要判断 P 点所在的千米网的格网范围，确定 P 点所在的千米格网西南角的交点值(x_0，y_0)。然后需要过 P 点作千米网的纵向和横向平行线，分别与 P 点所在的千米网相交，横向交于 a、b 点，纵向交于 n、m 点。最后在图上量取横向 1 km 所对的图上距离 ab，纵向 1 km 所对的图上距离 nm，以及 aP 和 nP 的图上距离，则 P 点坐标可通过式(1-4)计算。

$$\begin{cases} x_P = x_0 + \dfrac{aP}{ab} \times 1000 \\ y_P = y_0 + \dfrac{nP}{nm} \times 1000 \end{cases} \tag{1-4}$$

【例 1-2】　若 $x_0 = 19570000$，$y_0 = 3709000$，$ab = 21$，$nm = 23$，$aP = 14$，$nP = 17$，求 P 点的平面坐标。

$$\begin{cases} x_P = x_0 + \dfrac{aP}{ab} \times 1000 = 19570000 + \dfrac{14}{21} \times 1000 = 19570000 + 667 = 19570667 \\ y_P = y_0 + \dfrac{nP}{nm} \times 1000 = 3709000 + \dfrac{17}{23} \times 1000 = 3709000 + 739 = 3709739 \end{cases}$$

(2)确定点的高程

地形图上任一点的高程值，可以依据计曲线及高程注记来确定。若点在等高线上，则点的高程就等于该等高线的高程。如图 1-13 所示，A 点高程为 16 m。

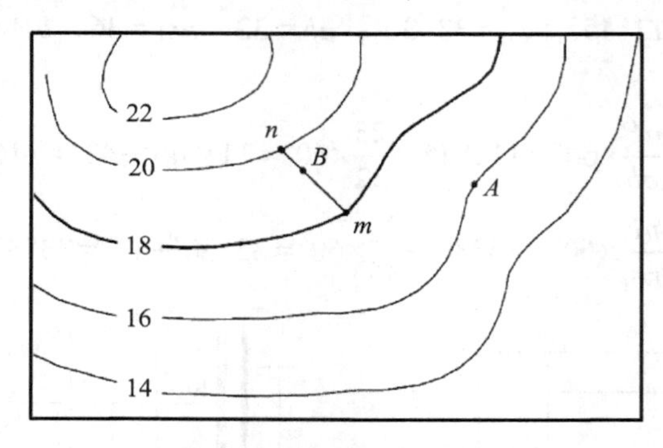

图 1-13　确定点的高程值

如果所求点不在等高线上，可采用内插法确定该点的高程。如图 1-13 所示，想要获取 B 点的高程，需要过 B 点作一条大致垂直于相邻等高线的线段 mn，在图上量取 mn 和 mB 的长度，则 B 点的高程可通过式(1-5)计算。

$$H_B = H_m + \frac{mB}{mn}h \tag{1-5}$$

式中　H_B——B 点高程；

H_m——m 点高程；

h——等高距。

【例 1-3】　在地形图上量取 $mn=10.1$ mm，$mB=3.5$ mm，等高距 $h=2$ m，$H_m=18$ m，求 B 点的高程。

$$H_B=H_m+\frac{mB}{mn}h=18+\frac{3.5}{10.1}\times2=18.69\ (\text{m})$$

1.4.1.2　确定直线的距离、方位和坡度

(1)确定直线距离

①图解法　用直尺直接在图上量取 A、B 两点间的图上距离 d_{AB}，再根据比例尺计算出两点间的实地距离 D_{AB}。

$$D_{AB}=d_{AB}M \tag{1-6}$$

式中　M——地形图比例尺的分母。

②解析法　首先求出图上 A、B 两点的平面坐标(x_A，y_A)和(x_B，y_B)，然后利用两点间的距离公式计算出两点间的实地距离。

$$D_{AB}=\sqrt{(x_B-x_A)^2+(y_B-y_A)^2} \tag{1-7}$$

(2)确定直线方向

地形图上某一直线的方向用方位角表示，方位角是由标准方向的北端顺时针量至某直线的水平角，取值范围是 0°~360°。标准方向有真子午线、磁子午线和坐标纵轴，对应真方位角、磁方位角、坐标方位角。现以获取坐标方位角为例，确定直线的方向。

①图解法　线段 AB 的坐标方位角，可直接用量角器在地形图上量取，如图 1-14 所示，先过 A、B 两点精确地作平行于坐标格网纵线的直线，然后用量角器量出直线 AB 的正反方位角 α_{AB}、α_{BA}。同一直线的正、反方位角之差为 180°，但是由于测量存在误差，直线 AB 的最终方位角可通过式(1-8)计算。

$$\alpha'_{AB}=\frac{1}{2}(\alpha_{AB}+\alpha_{BA}\pm180°) \tag{1-8}$$

式中　α_{BA}——反方位角，α_{AB} 大于 180°时，取“-”号；小于 180°时，取“+”号。

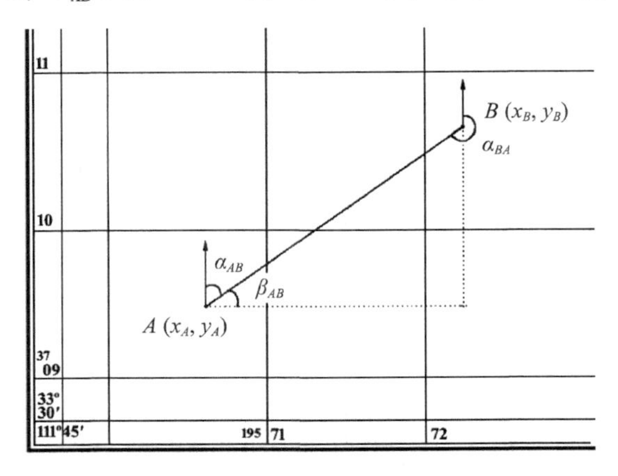

图 1-14　1：5 万地形图

②解析法　首先获取地形图上 A、B 两点的平面坐标(x_A，y_A)和(x_B，y_B)，如图 1-14 所示，然后直线 AB 的象限角 β_{AB} 可通过式(1-9)计算。

$$\beta_{AB} = \arctan \frac{y_B - y_A}{x_B - x_A} = \arctan \frac{\Delta y_{AB}}{\Delta x_{AB}} \tag{1-9}$$

根据直线所在象限角，计算直线 AB 坐标方位角 α_{AB}：

$$\alpha_{AB} = 90° - \beta_{AB} \tag{1-10}$$

(3)确定直线坡度

①图解法　坡度尺是两点间的高差在一定的情况下，根据其坡度与平距呈反比的原理制作的图示线尺。可以获取地形图上相邻两条等高线和相邻 6 条等高线之间的任意方向线的坡度，量取坡度时，先用两脚规量取图上相邻两条等高线或相邻 6 条等高线之间的间距后，再到坡度尺上进行比对，即可获得相应的直线倾斜角。如图 1-15 所示。先用两脚规量取图上相邻 6 条等高线间的宽度，再到坡度尺上比量，在相应垂线下边就可读出它的坡度，要注意图上量几条就在坡度尺上比对几条。图 1-15 中 AB 方向的坡度为 5°。

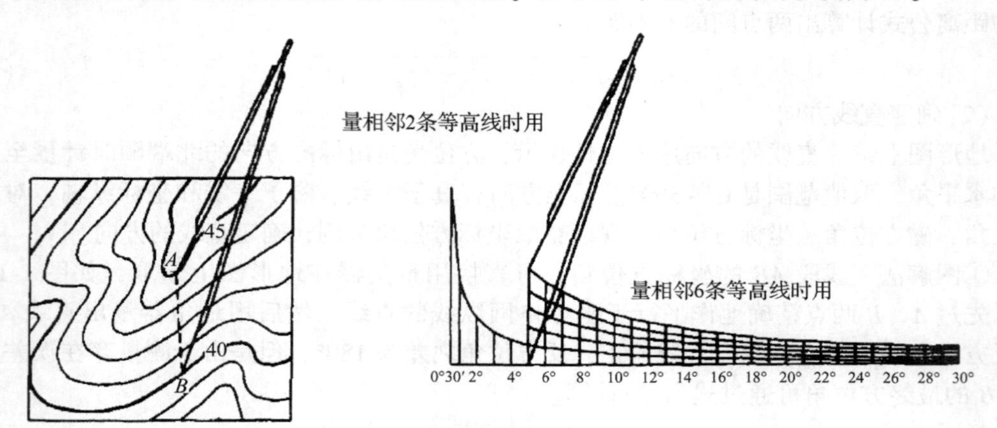

图 1-15　坡度尺获取坡度

②解析法　地面坡度用 i 表示，指直线两端点的高差 h 与其实地水平距离 D 之比，水平距离为图上长度 d 和比例尺分母 M 的乘积，坡度可通过式(1-11)进行计算。

$$i = \frac{h}{D} = \frac{h}{dM} \tag{1-11}$$

坡度有正负号，“+”表示上坡，“-”号表示下坡，常用百分率(%)或最简分数表示。

1.4.2　地形图野外应用

1.4.2.1　地形图实地定向

地形图定向，是野外使用地形图的首要任务。

(1)已知直线定向

当用图者的站点位于线状地物如道路、高压电线、渠道、河流、土堤等直长地物上时，先将照准仪(或三棱尺、铅笔)的边缘，置于图上线状符号的直线部分上，然后转动地形图，用视线瞄准使得该直线部分与地面上相应的线状物体走向一致，这时地形图即已定向。然后可以按特征点(拐弯点、交叉点)在实地找其相应部分，确认定向的准确性。

(2)方位点定向

当用图者能够确定站立点在图上的位置时，可根据远处的三角点、独立树、水塔、烟囱、道路交点、桥涵等明显地物进行地形图定向。先将照准仪(或三棱尺、铅笔)置于图上的站点和地形图上对应该地物的点的连线上，然后转动地形图，当照准线通过地面上某个明显地物的中心时，则定位结束。

(3)磁针定向

定向时，将长罗盘盒的边缘平行于磁子午线，徐徐转动图纸，使磁针与罗盘零直径相重合，即完成磁针定向工作。当图上无磁子午线时，可将长盒罗针置于定好向的图纸上，移动长盒罗针使磁针北端与罗盘零直径重合，然后靠长盒边缘画出磁子午线，作为以后磁针定向的依据。该法不能用于对磁针有吸引的铁制物品或高压电力线附近。

1.4.2.2　地形图实地定点

(1)GPS 定位

野外使用地形图时，若携带有 GPS 卫星接收机，可直接用 GPS 接收机定位，得到用图者所在的位置信息。首先在 GPS 接收机上进行坐标设置，设置的信息必须与地形图上的一致(若不一致，需要转换)，然后卫星定位，获取用图者所在的位置坐标，在地形图上找到相同坐标的位置，从而确定站立点在图上的位置。

(2)直接判定法

地形图定向后，待定地面点靠近明显地物，如道路交叉点、河流交汇点、房屋、桥梁、独立树等；或者靠近明显地貌，如山顶、鞍部、山脊和山谷明显转折或坡度变换处等特征点，可以依据这些明显地物地貌点与站立点的关系来确定站点在图上的位置，直接确定图上待定点的位置。

(3)截线法

若站点位于线状地物(如道路、堤坝、渠道、陡坎等)上或在过 2 个明显特征点的直线上。这时，在该线状地物侧翼找一个图上和实地都有的明显地形点，将照准工具切于图上该地形点的点位上，以该点为圆心转动照准工具瞄准实地这个目标，照准线与线状符号的交点即站点在图上的位置。

(4)后方交会法

选择图上和实地都有的 2 个或 3 个明显地物或地貌目标，将照准工具置于图上一个目标的点位上，以该点位为圆心转动照准工具，瞄准实地这个目标，沿照准工具向后绘出方向线；用同样方法照准其他目标，绘出方向线，方向线的交点即站点在图上的位置。

1.4.2.3　地形图与实地对照

地形图在绘制时存在一定的取舍，且测绘地形图和使用地形图存在时间上的差异，带来地形图上所反映的地物地貌与实地有出入，故需要野外进行地形图与实地对照。确定了地形图的方向和站点的图上位置后，可以将地形图与实地地物地貌进行对照读图。地形图与实地对照读图，一般由左向右，由近及远，由点到线，由线到面，先对照主要的明显的地物地貌，再以确定的地物地貌为基础，依据相关位置对照其他的地物地貌。

例如，地物对照时，可由近而远，先对照主要道路、河流、居民地和突出建筑物等，再按这些地物的分布情况和相关位置逐点逐片地对照其他地物。地貌对照时，可根据地貌形态，山脊走向，先对照明显的山顶、鞍部，然后从山顶顺着山脊线向山脚、山谷方向进行对照。若因地形复杂某些要素不能确定时，可根据这些要素点相对于站立点的方位和距离来判断。

1.4.2.4　调绘填图

调绘填图就是将调查对象用规定的符号和注记填绘在地形图上，也常是野外资源调查时的一项基本工作。例如，森林资源清查中的区划线、造林规划设计中的林班线或新建的电站、公路、水库等点、线、面状地物填绘到地形图上。将地面上各种形状的物体填绘到图上，就是确定这些物体图形特征点的图上位置，这些特征点统称为碎部点。直接利用地形图来调绘，确定碎部点的图上平面位置应尽量采用直接判定法，当用该法不能定位时，再用其他方法进行调绘填图。

1.4.3　面积量算

地形图上量算面积的方法很多，常用方法有图解法、求积仪法、计算机软件求面积等。

1.4.3.1　图解法

(1)几何图形法

地形图上量测面积时，若图形可以分割为若干个简单的几何图形，如矩形、三角形、梯形等，则图形面积为分割的简单图形面积之和。首先把图形分割为简单的几何图形，然后量取计算面积所需的指标(长、宽、高)，选择对应的面积计算公式求出各个简单几何图形的面积，最后求和，即多边形的面积。

(2)透明方格纸法

面积范围相对较小，边界是不规则曲线围成的图形，可采用透明方格纸法进行面积量算，如图1-16所示。

用透明方格纸(方格边长一般为1mm、2 mm、5 mm、10 mm)覆盖在图形上，先数出整个方格都在图形内的完整方格数 n，再数出不完整的方格数 m，然后将不够一整格的用目估折合成整格数(这里用1/2面积进行估算)，两者相加乘以每个方格所代表的面积，即得到图形的面积：

$$S = \left(n + \frac{m}{2}\right)A \tag{1-12}$$

式中　S——图形面积；

n——完整方格数量；

m——不完整方格数量；

A——单个方格的面积。

(3)平行线法

利用平行线把图形切割成若干个小图形，上下两端的小图形近似看成三角形，中间的狭长小图形近似看成若干个等高的梯形，然后求解全部切割的小图形的面积之和，就是被求图形的面积。如图1-17所示，将绘有间距 $h=1$ mm 或 2 mm 的平行线的透明纸覆盖在被求图形上，图形切割各平行线的长度分别为 l_1，l_2，…，l_n，被求图形的总面积为：

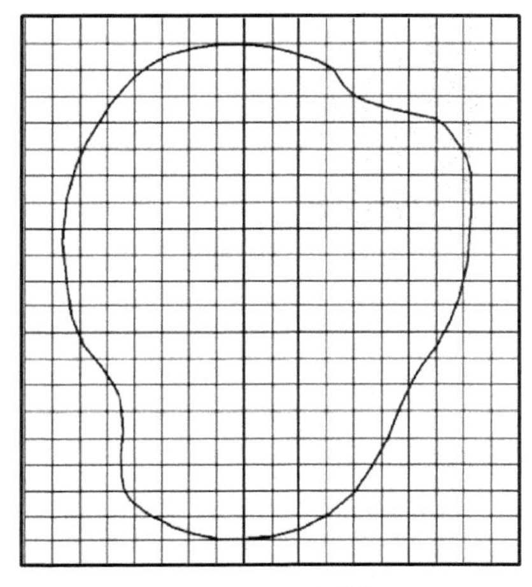

图 1-16　透明方格纸法

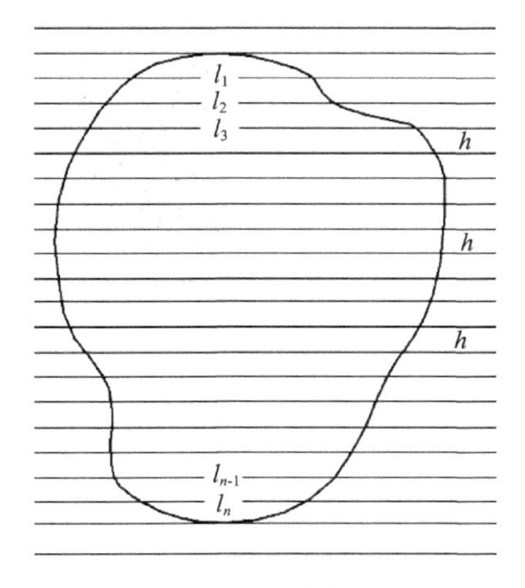

图 1-17　平行线法

$$\left.\begin{aligned} S_1 &= \frac{1}{2} \times l_1 h \\ S_2 &= \frac{1}{2} \times (l_1 + l_2) h \\ S_3 &= \frac{1}{2} \times (l_2 + l_3) h \\ &\vdots \\ S_n &= \frac{1}{2} \times (l_{n-1} + l_n) h \\ S_{n+1} &= \frac{1}{2} \times l_n h \end{aligned}\right\} \tag{1-13}$$

$$S = S_1 + S_2 + \cdots + S_{n+1} = h \sum_{i=1}^{n} l_i \tag{1-14}$$

最后，再根据图的比例尺将其换算为实地面积为：

$$S = h \sum_{i=1}^{n} l_i M^2 \tag{1-15}$$

式中　M——地形图的比例尺分母。

1.4.3.2　求积仪法

求积仪是一种专门用来量算图形面积的仪器，具有量算速度快，操作简便，精度高等特征，适用于各种形状的图形面积量算。求积仪的型号比较多，现以 KP-90N 动极式电子求积仪为例说明其量测方法。电子求积仪由三大部分构成，如图 1-18 所示，包括动极轮和动极轴、微型计算机、跟踪臂和跟踪放大镜。

用求积仪进行面积量测的步骤如下：①将图纸固定在水平图板上，把跟踪放大镜放在图形中央，并使动极轴垂直于跟踪臂；②打开电源，按 ON 键；③选择制式，存在公制、英制和日制 3 种制式，按 UNIT-1 键在 3 种制式之间进行转换；④选择单位，公制有 km^2、m^2、cm^2 3 种，按 UNIT-2 键在 3 种单位之间进行转换，然后选择需要的单位；⑤设置图形

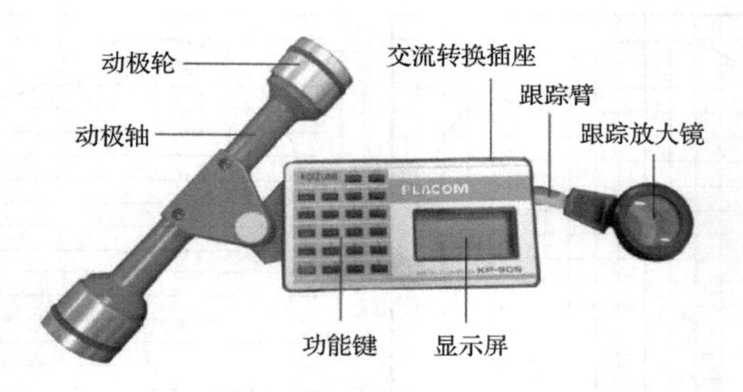

图 1-18　KP-90N 动极式电子求积仪

比例尺，按 SCALE 键，输入图一个方向的比例尺，再按 SCALE 键，输入图另一个方向的比例尺，然后再按 SCALE 键，确认输入的比例尺；⑥面积量测，选择垂直于动极轴的待求图形上的任意点作为起点，将跟踪放大镜的中心对准起点，按 START 键，蜂鸣器发出响声，跟踪放大镜中心准确地沿着图形的边界线顺时针移动一周后，回到起点，显示屏上显示的值即图形的实地面积。按 MEMO 键，则记录测量的面积数据，重复上面的操作，再按 MEMO 键，则记录第二次测量的面积数据，重复以上操作则记录第三次测量的面积数据，然后按 AVER 键，显示屏上显示的值则为 3 次测量面积的平均值；⑦面积运算，连续测量多个图形的面积并求和时，先测完第一个图形的面积后，按 HOLD 键，能够固定显示屏上显示的面积值，然后把仪器安置在第二个图形之上，再按 HOLD 键，能够解除面积的固定，选择起点，继续测量则显示屏上显示是面积累加值，重复以上操作，则可实现多个图形面积的求和。

1.4.3.3　计算机软件求面积

地形图通过扫描或者数字化仪可实现地形图的数字化，然后可用绘图软件、作图软件等多种方式实现面积的量算，量算的图形可以是任意多边形和任意曲线围城的闭合图形。常用软件有绘图软件 AutoCAD，测绘软件 CASS，地理信息系统软件 ArcGIS，遥感软件 ENVI 等，见本教材第四章和第七章的相关内容。

第二章　常用森林调查仪器和工具的使用

熟练掌握常用的森林调查仪器和工具是开展野外森林资源调查的基础。从事森林调查必须掌握树干直径和胸径的测量、树高的测量、树木年龄的测量等常用仪器和工具的使用方法，同时还包括罗盘仪的使用方法。

2.1　测树仪器和工具的使用

2.1.1　树干直径和胸径的测量

树干直径是指垂直于树干轴的横断面上的直径，一般用 D 或 d 表示。树干直径分为带皮直径和去皮直径，测定单位是厘米(cm)。树干直径随其在树干上的位置不同而变化，在我国定义距离根颈位置 1.3 m 处的直径称为胸高直径，简称胸径。首先，在这个高度测量直径，测定者不必弯腰也不需要抬头，操作方便，可以提高工作效率；其次，这个部位的树干横断面形状一般已趋于规整，受根部扩张的影响已很小。世界各国对胸高位置的规定略有差异。我国和欧洲大陆国家取 1.3 m，英国取约 1.32 m，美国、加拿大以及联合国粮食及农业组织通用的位置取 4.5 ft(约 1.37 m)处，日本为 1.2 m。

2.1.1.1　围尺

围尺又称直径卷尺，是目前在外业调查中应用最广的一种测径工具。围尺通常采用单面上下(双面)刻画，分别标注普通米尺刻度和对应于圆周长的直径刻度。使用时，必须将围尺拉紧平围树干后，才能读数，应使围尺围在同一水平面上，防止倾斜，否则易产生偏大的误差。

使用围尺进行胸径量测时有以下注意事项：

①在坡地，以坡上方测量为准。如果树木生长倾斜，需要站在树木倾斜方向的内测角，以斜距为准。

②如果树木胸高处生长不规则，如出现节疤、凹凸等情况，可选择胸高位置上下等距且干形正常处测量胸径。

③对于分叉的树木，分叉位置如果在 1.3 m 以上，作为一株树记载；分叉部位在 1.3 m 以下，按照分叉数分别记载。如果恰好在 1.3 m 处树木产生分叉，则可以在 1.3 m 以下干形正常处测量胸径。同时，要特别注意分叉和分枝的差别。枝条与主干的角度一般较大，通常会超过 45°；而分叉与主干的角度一般较小，通常会小于 30°。

2.1.1.2　轮尺

轮尺又称直径卡尺，由尺身、固定臂与滑动臂组成，其构造如图 2-1 所示，两根臂的长度通常要大于尺身最大刻划数的长度的一半，以满足能够测定与最大刻划数等粗的树木直径。传统的轮尺有木质或者铝合金制，固定脚固定在尺身一端，滑动脚可沿尺身滑动，尺身上有厘米刻度，可根据滑动脚在尺身上的位置读出树干的直径值。现代轮尺设计中尺身、固定臂与滑动臂都是相互独立，可以拆卸组装的，便于携带，通常在外业中遇到直径过小或者由于直径过大，围尺量测不便时使用。

轮尺使用时的注意事项如下：

①在测定前，首先检查轮尺，必须注意固定脚与游动脚应当平行，且与尺身垂直。

②测径时，轮尺的 3 个面必须紧贴树干，读出数据后，才能从树干上取下轮尺。

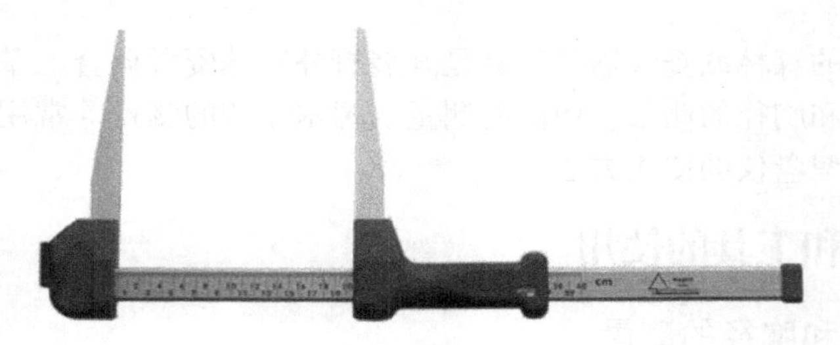

图 2-1 轮尺

2.1.2 树高的测量

树干根颈至主干梢顶的长度称树高，测量单位为米(m)，通常要求精确到 0.1 m。目前最为常用的测高仪器有布鲁莱斯测高仪、激光测高仪和超声波测高仪等，测高都是基于三角函数原理。

2.1.2.1 布鲁莱斯测高仪

布鲁莱斯测高仪构造如图 2-2 所示。

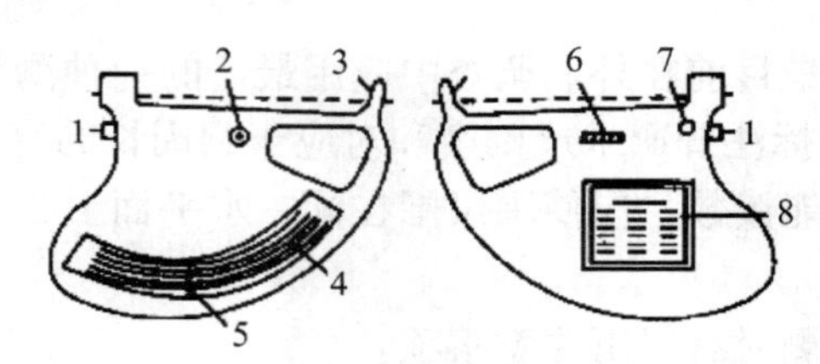

图 2-2 布鲁莱斯测高器构造

1. 制动按钮；2. 视距器；3. 瞄准器；4. 刻度盘；5. 摆针；6. 滤色镜；7. 启动钮；8. 修正表

测高时，首先选测某一水平距离，然后分别以下情况测算树高：

①在平地上测高　测者立于测点，按下仪器按钮，使指针自由下垂，用瞄准器对准树梢后，即按下制动钮，固定指针，在度盘上读出对应于所选测水平距离的数据，再加上测者眼高，即全树高，如图 2-3(a)所示。

②在坡地测高　先观测树梢，求得 h_1，再观测树基，求得 h_2，若两次观测角度正负号相异(仰角为正，俯角为负)，如图 2-3(d)所示，则树木全高为两次读数之和；若两次观测角度正负号相同，树木全高为两次读数之差，如图 2-3(b)(c)所示。

这种测高器的优点是操作简单，易于掌握，在视角等于 45°时，即测高的水平距离应尽量与树高相同时，精度较高，但需要测树木至测点的水平距离。

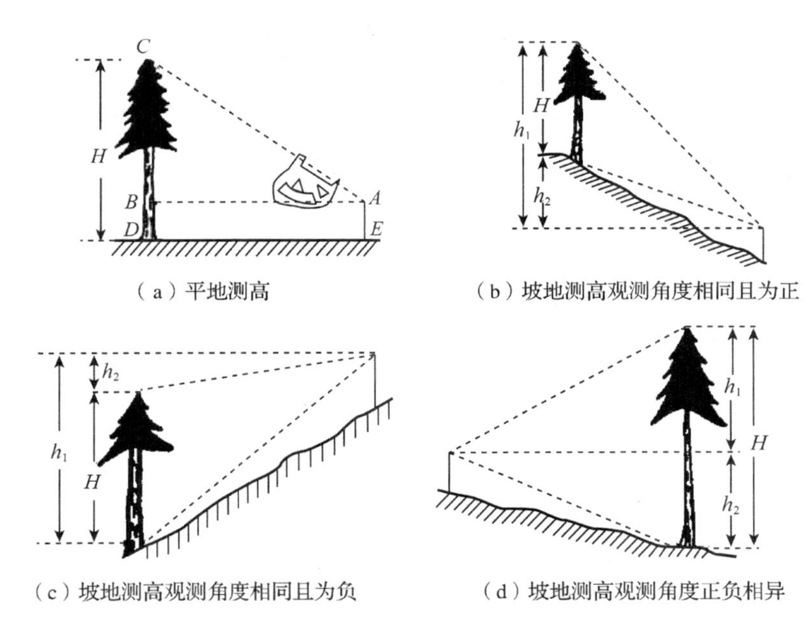

（a）平地测高　　（b）坡地测高观测角度相同且为正

（c）坡地测高观测角度相同且为负　　（d）坡地测高观测角度正负相异

图 2-3　布鲁莱斯测高原理

2.1.2.2　激光测距测高仪

激光测距测高仪是首先利用调制激光的某个参数对目标的距离进行准确测定的仪器。目前，在林业调查中尼康 FORESTRY 激光测距仪系列应用比较广泛。该仪器设计操作简单，能够实现水平距离、高度、角度和垂直间隔距离(两点间高度差)的测量，测量范围为 10~500 m，测量结果显示在内外两个液晶显示屏上，外部显示屏同时显示所有测量结果。该仪器有 5 种目标模式及 1 种扫描模式可适用于各种情况(表 2-1)。

表 2-1　激光测距仪使用方法

模式	名称	功能
Act	直线距离测量	“十”字光丝直接瞄准被测物体，按发射键即可在液晶显示屏上读取数据
Hor	水平距离测量	“十”字光丝瞄准被测物体，仪器内置的倾斜补偿器会进行自动角度补偿，计算离被测物体的水平距离
Hgt	高度测量（单点定高）	目镜内部“十”字光丝直接瞄准被测物体的最高点，即可读取数据
Ang	角度测量	“十”字光丝直接瞄准被测物体
Hgt(Hgt+Hgt2)	高度测量（两点定高）	目镜内部“十”字光丝直接瞄准被测物体高点，再测低点，两步测量完成后，仪器显示高度差

2.1.2.3　超声波测高器

目前，在林学上使用的超声波测高器主要是 Vertex Ⅳ超声波测高测距仪(图 2-4)，该仪器使用的超声波频率为 25 kHz，测量高度 0~999 m，相较于尼康 FORESTRY，Vertex Ⅳ超声测量系统和红色“十”字瞄准器可以保证在密集的丛林中和复杂的环境下获得结果。它可在 30 m 内任意距离测量单个目标高度，并可记录该目标的 6 个不同高度。

图 2-4 超声波测高器

VertexⅣ超声波测高测距仪操作步骤：

①按 ON 键开机，同时按 DME 键和 IR 键(两个箭头键)关机。仪器不操作 25 秒后自动关机。在测量前要等待仪器的温度与环境温度平衡，超过 10 分钟。平衡后进行设定与标定。标定好后可以测量。

②SETUP(参数设置) 按动 ON 键启动仪器，按动箭头键移到 setup 栏，再次按动 ON 键进入 setup 设置窗口。逐一设置单位 METRIC/FEET(公制/英制)、P. OFFSET(Pivot Offset)(测距仪前端到水平轴的距离，通常为 0.2 m 或 0.3 m)、T. HEIGHT(Transponder height)(反射器中心点到地面的高度，通常为 1.3 m)和 M. DIST(测距仪到被测物实际距离)4 个参数，并按 ON 键确认。M. DIST 在有 T3 反射器时不需要设定。

③标定方法 用测量工具测量出反射器与仪器之间 10 m 的距离进行标定，按下 ON 键开机，然后按下 DME 键，翻到屏幕 calibrate 页面；继续按下 ON 键，仪器显示 10 m(误差小于 0.1 m)，其后屏幕将自动返回到上一界面，标定完毕。

④高度测量 将 T3 放置在被测物体的“THEIGHT”高度处；按 ON 键开机进入 HELGHT 页面，用红“十”字叉丝瞄准 T3，按 ON 键直到红“十”字叉丝消失，屏幕即显示距离、水平距离和角度；其后将红“十”字叉丝瞄准所需测量的高度点，按下 ON 键，直至红“十”字叉丝消失，测量高度显示在屏幕上(SD 斜线距离，HD 水平距离，DEG 角度，H 高度)。

⑤角度测量 选择 Angl；按下 ON 键出现红“十”字叉丝，瞄准测量点按 ON 键直到红“十”字叉丝消失，测量结果将显示在屏幕上，继续按 DME 键测量水平距离，所测角度为仪器水平线与测量点之间的夹角(DEG 角度，GRAD 梯度,% 百分比)。

⑥距离测量 将 T3 放置在测量点，在关机状态下按下 DME 键，屏幕将显示测量距离，按 DME 键直到显示新的测量数据；此状态下按 ON 键关掉屏幕。

注意：反射器 T3 可用来收发信号，但是它本身没有开关，依靠仪器来开关。打开时把仪器和 T3 之间的距离保持在 1~2 cm，在仪器关机状态下按住 DME 键，听到 2 声“哔噗”声表示已经打开。关闭时同样保证上述的距离，在关机状态下按住 DME 键，听到 4 声“哔噗”声表示关闭。此外，该仪器还可以测定林分断面积系数 BAF(basal area factor)。

2.1.3　树木年龄的测量

树木自种子萌发后生长的年数为树木的年龄。树木年龄的确定方法有年轮法、生长锥法、访问调查法、轮生枝法和目测法等。生长锥是林业外业调查中，进行树木生长量调查、年龄分析时广泛使用的仪器，它可以在不破坏树木正常生长的情况下，通过钻取树木木芯样本，从而分析确定树木生长速率、树木年龄以及营养物质运移等相关情况。生长锥是由锥柄、锥筒、探取杆构成(图 2-5)，其使用方法为：

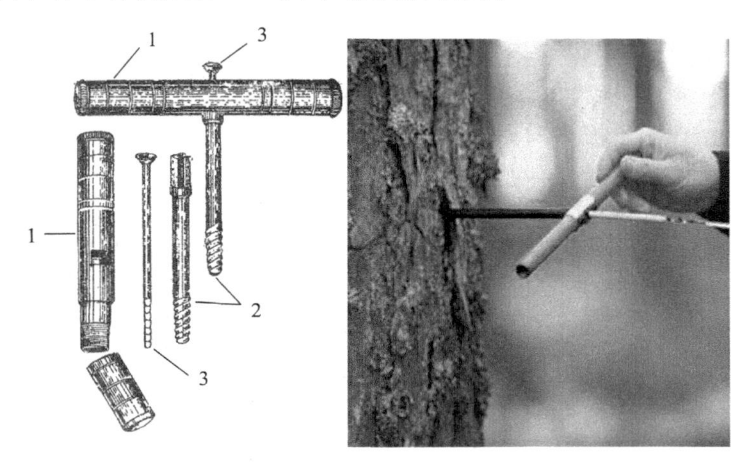

图 2-5　生长锥

1. 锥柄；2. 锥筒；3. 探取杆

①拧开锥筒一端的螺帽，取出探取杆和锥柄，并将锥柄固定在锥筒中间的机械卡上。

②将钻头以 90°按在树干上，顺时针转动手柄，将钻孔器钻入树干中，用力不要太大，用力地同时转动手柄。在转动手柄时应注意一定是垂直钻取。钻孔深度通常过髓心即可。

③将探取杆推入锥筒，逆时针转动取出锥筒。

通常生长锥钻取位置为树干的胸高部位，因而年轮数也为树木的胸高部位年龄，树木的实际年龄应该再加上树木长到胸高位置的年龄数。在实践应用中，也有直接记录树木胸高年龄的情况。

有些针叶树种(如松树、云杉、冷杉等)，一般每年在树的顶端生长一轮侧枝称为轮生枝。这些树种可以通过直接查数轮生枝的环数和轮生枝脱落(或修枝)后留下的痕迹来确定年龄。用查数轮生枝的方法确定幼小树木(人工林小于 30 年，天然林小于 50 年)的年龄十分精确，对老树则精度较差。但树木受环境因素或其他原因影响，有时会出现一年形成两层轮枝的二次高生长现象。

2.2　罗盘仪的使用

罗盘仪是观测直线磁方位角或磁象限角的一种仪器，也可用来测绘小范围内的平面图。它构造简单、使用方便，价格低廉且精度能够达到林业外业测量要求(图 2-6)。

2.2.1　罗盘的构造

常用的测树罗盘仪主要由罗盘、望远镜和水准器与球臼等部分组成。

2. 2. 1. 1 罗盘

罗盘盒内的磁针为长条形的人造磁铁，置于圆形罗盘盒的中央顶针上，可以自由转动。由于磁针两端受地球磁极的引力不同，磁针在自由静止时不能保持水平，我国位于北半球，磁针的北端会向下倾斜与水平面形成一个夹角，该角称为磁倾角。为了消除磁倾角的影响，保持磁针两端的平衡，常在磁针南端缠上铜丝，这也是磁针南端的标志。

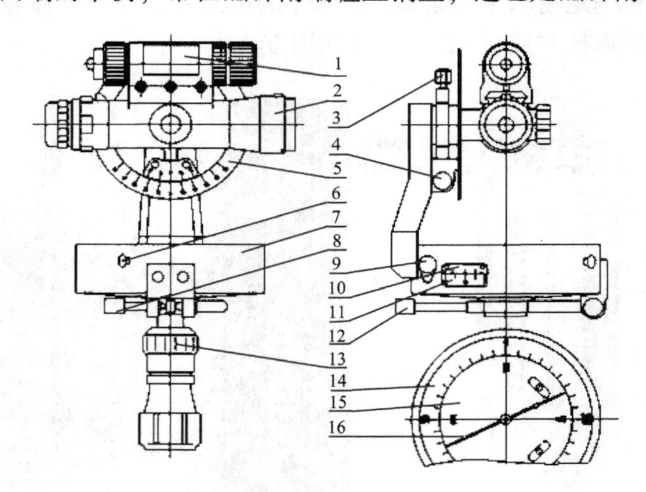

图 2-6 罗盘仪的构造

1. 激光准器；2. 镜筒；3. 横轴制动螺旋；4. 横轴微调螺旋；5. 竖直度盘；6. 磁针制动螺旋；7. 罗盘盒；8. 竖轴微调螺旋；9. 置零组；10. 水平游标；11. 水平度盘；12. 竖轴制动螺旋；13. 安平机构；14. 磁针度盘；15. 方向盘；16. 磁针

水平度盘为铝或铜制的圆环，装在罗盘盒的内缘。盘上最小分划为 1°或 30′，并每隔 10°作注记。用罗盘仪测定磁方位角时，水平度盘是随着瞄准设备一起转动的，而磁针却静止不动，在这种情况下，为了能直接读出与实地相符合的方位角，通常将方位罗盘按逆时针方向注记，东西方向的注字与实地相反。

2. 2. 1. 2 望远镜

望远镜是罗盘仪的瞄准设备，它由物镜、目镜和“十”字丝分划板构成。物镜的作用是使被观测的目标成像于“十”字丝平面上；目镜的作用是放大“十”字丝和被观测目标的像。在“十”字丝横丝的上下还有对称的两根短横丝，称为视距丝，用作视距测量。“十”字丝交点与物镜光心的连线称为视准轴，视准轴的延长线就是望远镜的观测视线。在望远镜旁还装有能够测量竖直角(倾斜角)的竖直度盘，以及用作控制望远镜转动的制动螺旋和微调螺旋。望远镜上还有对光螺旋，用以调节物镜焦距，使被观测目标的影像清晰。

2. 2. 1. 3 水准器与球臼

在罗盘盒内装有一个圆水准器或两个互相垂直的管水准器，当圆水准器内的气泡位中心位置，或两个水准管内的气泡同时被横线平分时，称为气泡居中，此时，罗盘处于水平状态。球臼螺旋在罗盘盒的下方，配合水准器可整平罗盘盒；在球臼与罗盘盒之间的连接轴上还安有水平制动螺旋，以控制罗盘的水平转动。通常为了使用方便，望远镜罗盘仪还配有专用三脚架，架头上附有对中用的垂球帽，用于连接罗盘仪的螺杆。

2.2.2 罗盘仪的使用

2.2.2.1 安置仪器

首先，将三脚架支开安放在欲测直线的一个端点上，移动整个三脚架或个别的架腿，使垂球的尖端对准测站中心(称为对中)。误差一般要求不超过 1~2 cm；然后，将仪器安置于架头上，稍松球臼螺旋，用双手轻轻扳动罗盒，使两水准器的气泡同时居中；最后，拧紧球臼螺旋，罗盘盒即呈水平位置，称为整平。

2.2.2.2 瞄准

瞄准前先把磁针松开，然后将望远镜制动螺旋和水平制动螺旋松开，转动仪器利用照门和准星大致瞄准目标，拧紧水平制动螺旋及望远镜制动螺旋，旋转目镜使“十”字丝清晰，旋转对光螺旋使物像清晰。再稍松动水平制动螺旋，左右微动罗盘盒，使“十”字丝交点正对目标中心，最后拧紧水平制动螺旋。

2.2.2.3 读数

顺着静止的磁针，沿注记增大方向，读出磁针北端(不绕铜线的一端)所指的读数，即得所测直线的磁方位角。如果度盘上 0°位于物镜端而 180°位于目镜端，则应根据磁针北端读数；反之，应根据磁针南端读数。

2.2.3 样地测量使用方法

(1)将仪器旋紧在三脚架上，调整安平机构，使两水准器气泡居中，即仪器安平。仪器安平时，其各调整部位均应处中间位置。测量时望远镜是对目标照准的主要机构。

(2)应用罗盘仪测定直线的磁方位角时，先将罗盘仪安置在直线的起点 *A* 点。以设置 20 m×20 m 的样方为例，先使罗盘仪水平后，松开磁针，瞄准直线的另一端 *B* 点，根据眼睛的视力调节目镜视度，使眼睛能够清晰地看到“十”字丝，然后通过粗照准器，大致瞄准观测目标，再调整调焦轮，直到准确的看清目标，这时即可作距离、坡角、水平等项的测量。放开磁针止动螺旋，望远镜与罗盘盒配合使用也可对目标方位进行测量。读出坡度数值，进行距离换算，斜线距离=水平距离/cos(坡度)，用皮尺测量出距离，标记样地一个角桩，待磁针静止后，即可在度盘上读数，所得读数为该直线的磁方位角。

(3)由于两点之间的方位是相互的，所以使用罗盘仪时要机动灵活。例如，*B* 点在 *A* 点的 0°方向，那么 *D* 点则位于 *A* 点的 90°方向。直接转动罗盘仪水平指针至 90°位置，对 *D* 点地形水平距离测量，测量后用 PVC 管打好桩点，临时样地可以随机选取树枝等作为标记。测量 *D* 点后将罗盘仪放置 *B* 点或者 *D* 点，同样的方法进行 *C* 点测量，并在测量样地 20 m 时，设置出样地 10 m 位置，拉好红绳，将样地分成 4 个 10 m×10 m 的样方，进行样地调查。一旦方形样地某条边确定之后，用粉笔对边界木(样方内外均可，但是需要统一样方内或样方外)做记号，然后可以收皮尺。尽量保证有 2 条边沿等高线。对沿等高线的小地形不再进行坡度改正。

罗盘仪使用时要注意：

①避免在高压电等磁场强度较大的地方测量，避免铁器靠近罗盘。

②使用前应检查罗盘仪，确保罗盘仪完好、正常，注意罗盘仪成正像与倒像对观测的影响。

③将罗盘仪安放在测线的一端，在测线另一端竖立标杆。安置罗盘仪时，要让脚架的架头大致水平，若在坡地，应将脚架的两条腿安在坡的下方位置。

④在调整望远镜时，应先调整目镜使“十”字丝清晰(不模糊、不发亮)，再调整物镜使目标清晰。

⑤视距测量时应尽可能把标尺竖直，观测时应尽可能使视线离地面 1 m 以上。

⑥读磁方位角时应正对磁针，沿注记增大方向读数。水平度盘上的 0°分划线在望远镜的物镜一端时读磁针北端所指的度数；若刻度盘上的 180°分划线在望远镜的物镜一端时，读磁针南端(绕有铜丝的一端)所指的度数。

⑦迁移站点之前或观测完毕后，应旋紧磁针制动螺旋。

⑧当 A、B 两点相距较近时，其正、反磁方位角应相差 180°，若不等，不符值(即正反方位角之差值与 180°相比较)不得大于±1°，并以平均磁方位角作为该直线的方位角，即以[正+(反±180°)]/2 的计算结果为方位角。

⑨仪器应保存在清洁，干燥，无酸、碱侵蚀及铁磁物质干扰的室内。

第三章　林分调查

林分是内部结构特征相同，而又与邻接部分有显著差别的森林地块。林分调查是认识森林和开展森林调查的基础。林分调查通常通过实测法和目测法测算出各个调查因子，如以典型选择为原则的标准地法，以随机抽样为原则的样地调查法和角规测树。

3.1　单木材积调查

在林分调查中，按照树木存在的状态，把树木分为立木和伐倒木。生长着的树木称为立木；立木伐倒后打去枝丫所剩余的主干称为伐倒木。立木和伐倒木的材积测定原理都主要基于树干的一般求积式。

3.1.1　伐倒木材积测定

3.1.1.1　树干的形状

(1)树干横断面的形状

假设过树干中心有一条纵轴线，称为干轴，与干轴垂直的切面称为树干横断面。其面积称为断面积，记为 g。所谓树干横断面的形状是指树干横断面闭合曲线的形状。通常，一株树自下而上，其横断面形状除靠近树干基部由于根部扩张呈现不规则外，其他部位的横断面的形状为近似圆形或近似椭圆形。

为了便于树干横断面积和树干材积计算，通常把树干横断面看作圆形。按照圆的面积公式所导算的直径作为树干横断面的直径。用圆面积公式计算树干横断面面积，其平均误差不超过±3%，这样的误差在测树工作中是允许的。因此，树干横断面的计算公式为：

$$g = \frac{\pi}{4}d^2 \tag{3-1}$$

式中　g——树干横断面；

　　d——树干平均直径。

(2)树干纵断面的形状

沿树干中心假想的干轴将其纵向剖开(或沿树干量测许多横断面的直径)，即可得树干的纵断面。以干轴作为直角坐标系的 x 轴，以横断面的半径作为 y 轴，并取树梢为原点，按适当的比例作图即可得出表示树干纵断面轮廓的对称曲线，这条曲线通常称为干曲线。

干曲线自基部向梢端的变化大致可归纳为：凹曲线(Ⅳ)、平行于 x 轴的直线(Ⅲ)、抛物线(Ⅱ)和相交于 y 轴的直线(Ⅰ)，如图 3-1 所示。通常，生长正常的树干圆柱体和抛物线体所占比例最大。因此，把树干假设为抛物线体或者是圆柱体，是求算树干材积近似求积式的理论基础。

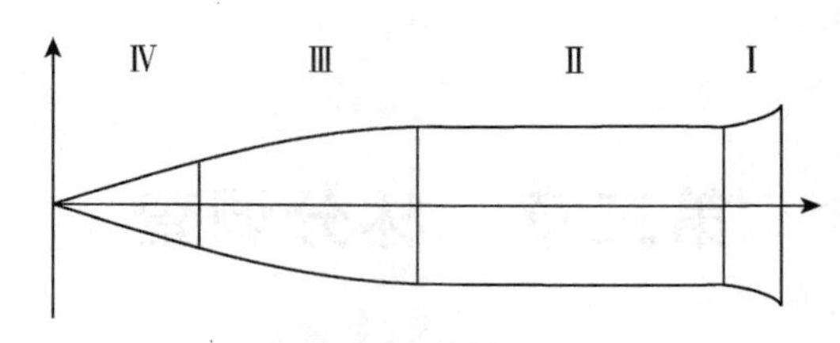

图 3-1　树干纵断面与干曲线

(3)孔兹干曲线式

干曲线的数学表达式称为干曲线方程或削度方程，其形式有多种多样，最为经典和常用的是孔兹干曲线式。

$$y^2 = Px^r \tag{3-2}$$

式中　y——树干横断面半径；

x——树干梢头至横断面的长度；

P——系数；

r——形状指数。

这是一个带参变量 r 的干曲线方程，形状指数(r)的变化一般在 0~3，当 r 分别取 0、1、2、3 数值时，则可分别表达干曲线中所描述的 4 种曲线类型及旋转体，见表 3-1。

表 3-1　形状指数不同的曲线方程及其旋转体

形状指数	方程式	曲线类型	旋转体
0	$y^2=P$	平行于 x 轴的直线	圆柱体
1	$y^2=Px$	抛物体	截顶抛物线体
2	$y^2=Px^2$	相交于 x 轴的直线	圆锥体
3	$y^2=Px^3$	凹曲线	凹曲线体

树干各部分的形状指数一般都不是整数，其只是近似于某种几何体。因此，孔兹干曲线只能分别近似地表达树干某一段的干形，而不能充分且完整地表达整株树干的形状。

3.1.1.2　伐倒木一般求积式

伐倒木一般求积式也称为完顶体求积式。所谓完顶体是指有完整树梢的树干，是相对于缺顶体(没有树梢)的概念。设树干的干长为 L，干基的底直径为 d_0，干基的底断面积为 g_0，则由旋转体的积分公式，树干材积为：

$$V = \int_0^L \pi y^2 d_x = \int_0^L \pi P x^r d_x = \frac{1}{r+1}\pi P L^{r+1} = \frac{1}{r+1}\pi P L^r L = \frac{1}{r+1} g_0 L \tag{3-3}$$

故：

$$V=\frac{1}{r+1}g_0 L \tag{3-4}$$

将 $r=0$、1、2、3 代入式(3-4)可得 4 种体型的材积公式：

圆柱体($r=0$)：

$$V=g_0 L \tag{3-5}$$

抛物线体($r=1$)：

$$V=\frac{1}{2}g_0 L \tag{3-6}$$

圆锥体($r=2$)：

$$V=\frac{1}{3}g_0 L \tag{3-7}$$

凹曲线体($r=3$)：

$$V=\frac{1}{4}g_0L \tag{3-8}$$

由于公式(3-4)的一般性，所以树干完顶体求积式又称为树干的一般求积式。它对于实际树干材积公式的导出有重要理论意义。

根据树干纵断面的形状特点，当假设树干为抛物体，即 $r=1$，由孔兹干曲线式可以得到以下两种断面积近似求积式。

中央断面积近似求积式：

$$V=g_{\frac{1}{2}}L=\frac{\pi}{4}d_{\frac{1}{2}}^2L \tag{3-9}$$

平均断面积近似求积式：

$$V=\frac{1}{2}(g_0+g_n)L=\frac{\pi}{4}\left(\frac{d_0^2+d_n^2}{2}\right)L \tag{3-10}$$

式中　d_n，g_n——树干小头直径及相应断面积；

$d_{1/2}$，$g_{1/2}$——树干中央直径及相应断面积；

d_0，g_0——树干大头直径及相应断面积；

L—— 树干长度。

3.1.1.3　伐倒木区分求积式

为了提高木材材积的测算精度，根据树干形状变化的特点，可将树干区分成若干等长或不等长的区分段，使各区分段干形更接近于正几何体，分别用近似求积式测算各区分段材积，再把各段材积合计即可得全树干材积。该法称为区分求积法。在树干的区分求积中，梢端不足一个区分段的部分视为梢头，用圆锥体公式计算其材积，即

$$V_{梢}=\frac{1}{3}g'l' \tag{3-11}$$

式中　g'——梢头底端断面积；

l'——梢头长度。

(1)中央断面区分求积式

将树干按一定长度(通常 1 m 或 2 m)分段，量出每段中央直径和最后不足一个区分段梢头底端直径。当把树干区分成 n 个分段，利用中央断面近似求积式(3-9)求算各分段的材积，求和得到树干总材积(图 3-2)。

$$V=V_1+V_2+\cdots+V_{梢}=g_1l+g_2l+\cdots+\frac{1}{3}g'l'=l\sum_{i=1}^{n}g_i+\frac{1}{3}g'l' \tag{3-12}$$

式中　g_i——第 i 区分段中央断面积；

l——区分段长度；

g'——梢头底端断面积；

l'——梢头长度；

n——区分段个数。

(2)平均断面区分求积式

根据平均断面近似求积式[式(3-10)]，按上述同样原理和方法可求得树干总材积(图

3-3），同时还可以推导出平均断面区分求积式为：

$$V = \left[\frac{1}{2}(g_0 + g_n) + \sum_{i=1}^{n-1} g_i\right] l + \frac{1}{3} g_n l' \tag{3-13}$$

式中　g_0——树干底断面积；

g_n——梢头底端断面积；

g_i——各区分段之间的断面积；

l，l'——分别为区分段长度及梢头长度。

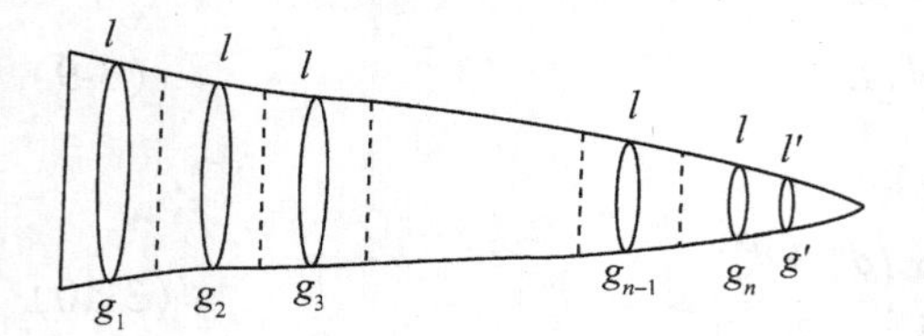

图 3-2　中央断面区分求积法

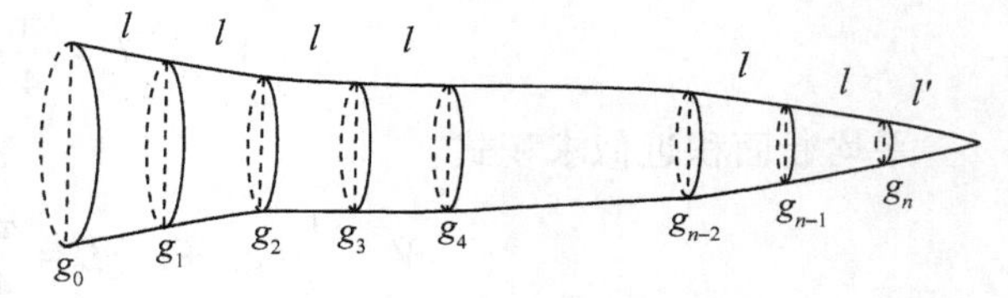

图 3-3　平均断面区分求积法

研究结果表明，采用区分求积法，误差将会随区分段个数的增加而减小。当区分段数在 5 个以上时误差减小的趋势开始平稳。因此，区分段数一般以不少于 5 个为宜。通常，树干长度不超过 10 m(含 10 m)时，按 1 m 区分段区分；树干长度超过 10 m(不含 10 m)时，按 2 m 区分段区分。计算方法以中央断面积区分求积法更为常用。

3.1.2　单株立木材积测定

从单株材积测定原理来说，伐倒木各种测算方法均可用于立木材积测定。但由于立木和伐倒木存在状态不同，自然也会有与立木难以直接测定这个特点相适应的各种测算法。这些方法主要是通过胸径、树高和上部直径等因子来间接求算立木材积。

3.1.2.1　形数法

胸高形数指以胸高断面为比较圆柱体的横断面的形数。在测树学中，把胸高形数($f_{1.3}$)、胸高断面积($g_{1.3}$)及树高(h)称作树干材积的三要素。同样，这 3 个要素也适应于林分蓄积量的求算。

利用胸高形数($f_{1.3}$)估测立木材积时，除测定立木胸径和树高外，一般还要测定树干中央直径($d_{1/2}$)，具体计算方法如图 3-4 所示。

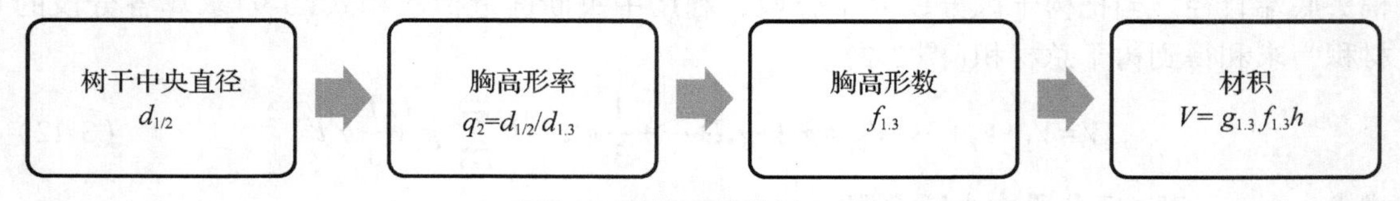

图 3-4　形数法求算树干材积

由胸高形率(q_2)推算胸高形数，可根据树木的生长特点，参考如下几个公式：

$$f_{1.3} = q_2^2 \tag{3-14}$$

式(3-14)是把树干当作抛物线体时导出的，是求算形数的近似公式，树干与抛物线体相差越大，按此式计算形数的偏差也越大。

$$f_{1.3} = q_2 - c \tag{3-15}$$

式(3-15)由孔兹根据大量树种的胸高形数与形率的关系提出，式中 c 值是根据大量实测数据求得的平均值。当树干接近抛物线体时，一般树的 c 值接近 0.20。当树高在 18 m 以上，其误差一般不超过±5%，但树干低矮时，c 值减小幅度大，不宜采用此式。

$$f_{1.3}=a+bq_2^2+\frac{c}{q_2h} \tag{3-16}$$

式(3-16)是从形数、形率与树高的关系分析。在形率相同时，树干的形数随树高的增加而减小；在树高相同时，形数随形率的增加而增加。希费尔据此提出用双曲线方程式表示胸高形数与形率和树高之间的依存关系，适用于所有树种一般式(并称为希费尔公式)[式(3-17)]，应用较广。

$$f_{1.3}=0.140+0.66q_2^2+\frac{0.32}{q_2h} \tag{3-17}$$

$$f_{1.3}=aq_2+\frac{b}{q_2h} \tag{3-18}$$

根据式(3-18)苏联书斯托夫提出下列适用于各树种的胸高形数($f_{1.3}$)与形率(q_2)及树高(h)的关系式(3-19)。

$$f_{1.3}=0.6000q_2+\frac{1.04}{q_2h} \tag{3-19}$$

3.1.2.2　平均实验形数法

实验形数的比较圆柱体的横断面为胸高断面，其高度为树高(h)加 3 m，记为 f_3。按照形数一般定义其表达式为：

$$f_3=\frac{V}{g_{1.3}(h+3)} \tag{3-20}$$

根据实验形数定义，求算材积公式为：

$$V=g_{1.3}(h+3)f_3 \tag{3-21}$$

我国主要乔木树种的平均实验形数见表 3-2。

表 3-2　主要乔木树种的平均实验形数表

干形级	树种	平均实验形数	适用树种
Ⅰ	针叶树	0.45	云南松、冷杉及一般强耐阴针叶树种
Ⅱ		0.43	实生杉木、云杉及一般耐阴针叶树种
Ⅲ		0.42	杉木(不分起源)、红松、华山松、黄山松及一般中性针叶树种
Ⅳ		0.41	插条杉木、天山云杉、柳杉、兴安落叶松、新疆落叶松、樟子松、赤松、黑松、油松及一般喜光针叶树种
Ⅴ	阔叶树	0.40	杨、桦、柳、椴、水曲柳、蒙古栎、栎、青冈、刺槐、榆、樟、桉及其他一般阔叶树种，海南、云南等地混交阔叶林
Ⅵ	针叶树	0.39	马尾松及一般强喜光针叶树种

3.2　树干解析

为了研究不同树种或不同立地条件下的同一种树的生长过程及特点，往往采取“解剖”

的办法，把树木区分成若干段、截取圆盘，进而分析其胸径、树高、材积、形数的生长变化规律，人们把这种方法称为树干解析。作为分析对象的这棵树干，称为解析木。树干解析是当前研究树木生长过程的基本方法。树干解析的工作可分为外业和内业两大部分。

3.2.1　树干解析的外业工作

3.2.1.1　解析木的选择

解析木的选择通常是根据研究的目的来决定的。如研究某一树种的一般生长过程，可以选择生长正常，未断梢及无病虫害的平均木；研究树干生长与立地条件的关系或编制立地指数表，可以选择优势木；研究林木受病虫危害的情况，则应在病腐木中选择解析木。

3.2.1.2　解析木的伐倒和测定

解析木伐倒前，要做好适当的场地清理，以利于伐倒后的量测和锯解工作的进行。同时，记载解析木的生长环境也是分析林木生长变化的不应缺少的重要资料，应记载的项目包括解析木所处的林分状况、立地条件、解析木所属层次、发育等级和与相邻木的相互关系等，并绘制解析木及其相邻木的树冠投影图；确定根颈位置，标明胸高位置及树干的南北方向，分东西、南北方向量测量冠幅。填入表 3-3～表 3-5。

表 3-3　树干解析外业调查卡片

树干解析外业调查卡片(样式)

行政区划：______ 林班：______ 小班：______ 样地号：______ 解析木树种：______ 解析木编号：______

土壤名称：______ 土层厚度：______cm　紧密度：______ 质地：______ 湿度：______

肥力：□好 □中 □差　石砾含量：______%　pH 值：______ 腐殖质厚度：______cm　植被盖度：______%

枯枝落叶层厚度：______cm　坡度：______°　坡向：______ 坡位：______ 海拔：______m

树冠投影图： 树冠长度：东西　　cm　南北　　cm　平均　　cm	解析木与邻近树种位置关系图(标明相应距离)：

胸径：______cm 第一活枝高：______m		全树高：______m 第一死枝高：______m	胸径外侧 10 个年轮的宽度 $L=$______m
测径高度	带皮直径(cm)	去皮直径(cm)	林分特殊描述
1/4 树高处			
1/2 树高处			
3/4 树高处			

表 3-4　解析木相邻树木记载表

解析木号：　　　　　　　　　　　　标准地号：

树种		方向	距离(m)	胸径(cm)	树高(m)	树冠投影		发育级
						南北(m)	东西(m)	
1								
2								
3								
⋮								
n								

表 3-5　解析木林况及调查因子记载表

解析木号：　　　　　　　　　　　　　　　　　　　　　　　　　标准地号：

解析木所在林况鉴定		解析木调查因子记载			
林业局		树种		形率 q_2	
林场		胸径(cm)		形率 q_3	
林班		树高(m)		伐根上心材直径(cm)	
树种组成		年龄		胸径 10 年生长量(m^3)	
平均年龄		1/4 处带皮直径(cm)		树高 10 年生长量(m^3)	
平均直径(cm)		1/4 处去皮直径(cm)		材积平均生长量(m^3)	
平均树高(m)		2/4 处带皮直径(cm)		材积连年生长量(m^3)	
郁闭度		2/4 处去皮直径(cm)		材积生长率(%)	
地位指数		3/4 处带皮直径(cm)		解析木相邻树冠投影图	
土壤		3/4 处去皮直径(cm)		北↑	
下木：		第一活枝高(m)			
		第一死枝高(m)			
		树冠长度(m)			
地被：		冠幅(m)			
		冠底直径(m)			
		带皮材积(m^3)			
其他记载：		树皮材积(m^3)			
		去皮材积(m^3)			
		形数(带皮)			
		形数(去皮)			
		形率 q_0			
		形率 q_1			

3.2.1.3　截取圆盘及圆盘编号

按伐倒木区分求积的方法，将解析木分段，可以采用平均断面积区分求积法或者中央断面积区分求积法分段。具体做法是：按 1 m(树干全长 3~10 m)或 2 m(树干长度在 10 m 以上)对树干进行区分，并作好标记，标记处是圆盘断面高处。不足一个区分段长度的树干为梢头木。为了确定树干年龄及进行树干干形分析，根颈和胸高处也要分别截取圆盘。

①截取圆盘时要尽量与树干垂直，不应偏斜，并尽量使断面平滑。厚度一般在 3~5 cm。

②圆盘向地的一面要恰好在各分段的标定位置上，以该面作为工作面，用来查数年轮和量测直径。

③圆盘截取后，应在非工作面注记圆盘号、圆盘高度以及南北方向。圆盘号，圆盘高度注记以分数形式表示。分子上注记标准地号和解析水号；分母注记用罗马数字表示的圆盘号和圆盘高度，中间用"-"连接，如$\frac{\text{NO. 3-1}}{\text{1-1. 3m}}$。根颈处圆盘为 0 号盘，其他圆盘的编号应

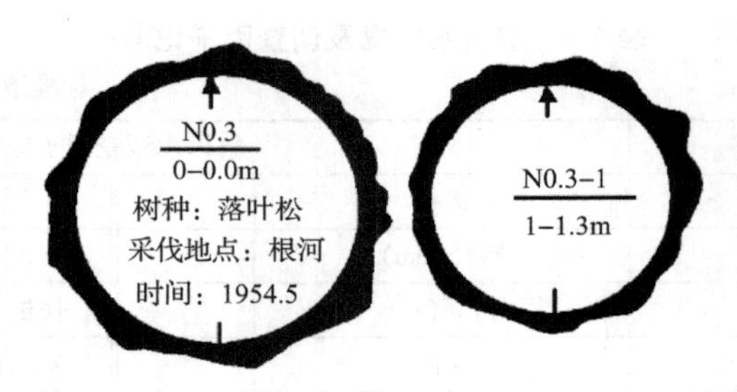

图 3-5 圆盘编号

依次向上编号。此外，在“0”号圆盘上应加注树种、采伐地点和时间等(图 3-5)。

3.2.2 树干解析的内业工作

3.2.2.1 龄阶的划分和查数圆盘年轮数

①按树木的年龄和生长速度，一般可以定为 3 年、5 年或 10 年。

②为了准确查数圆盘上的年轮数，须将各圆盘工作面刨光，然后通过髓心画出南北和东西两条相互垂直的方向线(图 3-6)；

③在“0”号圆盘东、南、西、北 4 个方向线上，从髓心开始，在每一个龄阶(第一个龄阶应加上生长至该圆盘高度的年龄)处插一根大头针，直至圆盘最外围的一个年龄。查数最外围 2 根大头针之间的年轮数。

④在其他圆盘东、南、西、北 4 个方向线上，从最外围开始往髓心方向，分别标记各龄阶的位置。其中，最外围 2 个标记之间的年轮数与“0”号圆盘上最外围 2 个标记之间的年轮数相等(图 3-7)。

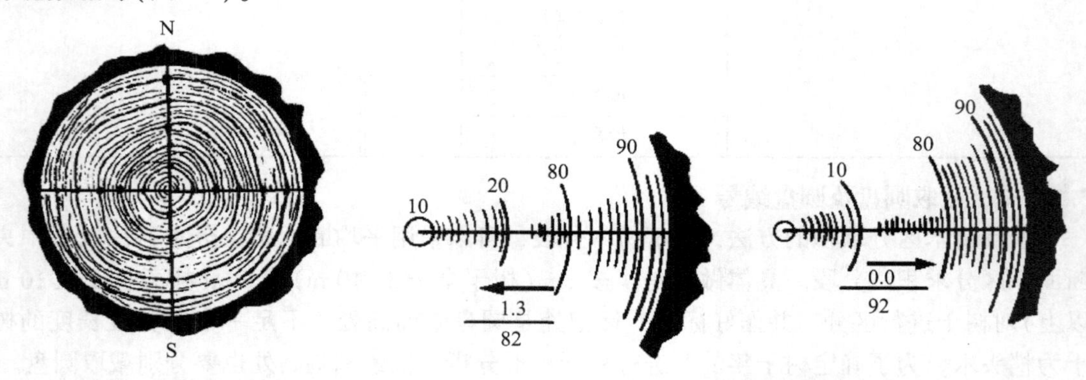

图 3-6 查数圆盘　　图 3-7 圆盘年轮查数示意

3.2.2.2 量测各龄阶的直径

用直尺分别在各圆盘南北、东西两个方向线上量测各龄阶的直径，南北、东西相应龄阶的平均值即该圆盘各龄阶的平均直径，并填写表 3-6。

3.2.2.3 确定各龄阶的树高

树木年龄与各圆盘的年轮数之差，即达此断面高度的年龄。以断面高为纵坐标，以达此高度所需的年龄为横坐标，标出树高生长过程曲线[图 3-8(a)]，从曲线上即可查出各龄阶的树高，也可以用相邻 2 个龄阶采用内插方法计算。

表 3-6　解析木各圆盘直径检尺记录

样地号：　　　　　　　　　　　解析木树种：　　　　　　　　　　　解析木编号：

圆盘号	断面高(m)	年轮数	达该断面高所需年数	直径方向	各龄阶圆盘检尺径(精确到 0.1 cm)														
					直径														
					带皮	去皮													
				南北															
				东西															
				平均															
				南北															
				东西															
				平均															
				南北															
				东西															
				平均															
				南北															
				东西															
				平均															
各龄阶		梢头底直径(cm)																	
		梢长(m)																	
		树高(m)																	

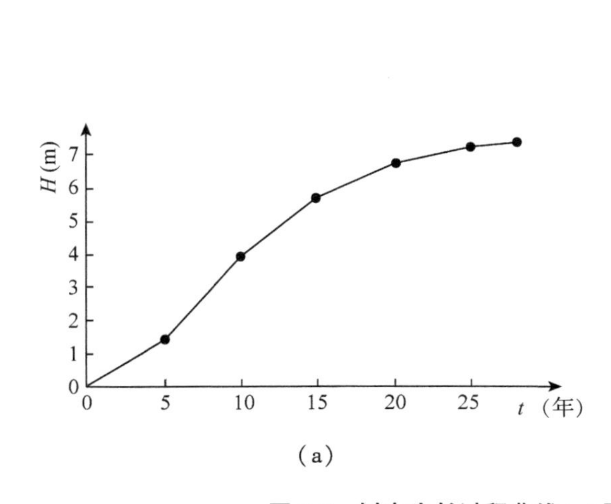

(a)

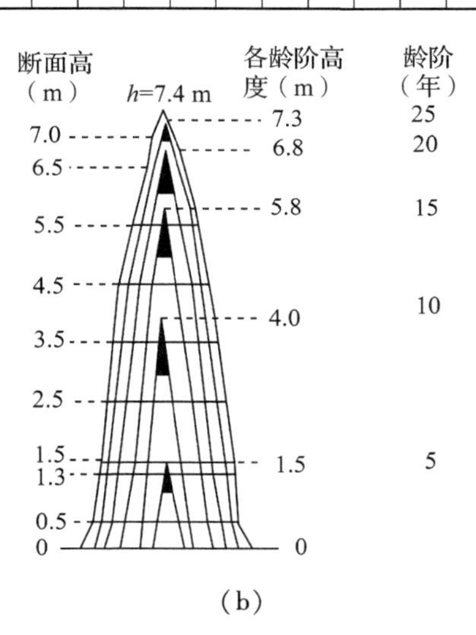

(b)

图 3-8　树木生长过程曲线(a)及树干纵断面图(b)

3.2.2.4　绘制树干纵断面图

以横坐标直径、纵坐标为树高，在各断面高的位置上，按各龄阶直径的大小，绘成纵断面图[图 3-8(b)]。纵断面图的直径与高度的比例要恰当。

3.2.2.5 计算各龄阶材积

各龄阶的材积按伐倒木区分求积法计算。但是，除树干的带皮和去皮材积可直接计算外，其他各龄阶材积的计算，首先需要确定各龄阶的梢头长度。它等于该龄阶树高减去等长区分段的总长度，由此可知梢头底断面在树干上的具体位置；然后再根据梢头底断面的位置来确定梢头底直径的大小。可以从树干纵断面图上查出，也可以根据圆盘各龄阶直径量测记录用内插法计算得出。

3.2.2.6 计算各龄阶的形数

各龄阶的形数的计算公式为：

$$f_{1.3} = \frac{V}{g_{1.3}h} \tag{3-22}$$

式中 $f_{1.3}$——胸高形数；

$g_{1.3}$——树干胸高断面积；

V——材积；

h——树高。

3.2.2.7 计算各龄阶的生长量和生长率

在一般情况下，应包括胸径、树高和材积的总生长量、连年生长量和平均生长量，并计算材积生长率。

平均生长量计算公式：

$$\theta = \frac{V_a}{a} \tag{3-23}$$

连年生长量用定期平均生长量代替，计算公式：

$$Z = \frac{V_a - V_{a-n}}{n} \tag{3-24}$$

材积生长率使用普雷斯勒生长率公式：

$$P_V = \frac{V_a - V_{a+n}}{V_a + V_{a+n}} \times \frac{200}{n} \tag{3-25}$$

3.2.2.8 绘制各种生长量的生长过程曲线

为了更直观地表示各因子随年龄的变化，可将各种生长量绘制成曲线图。利用生长过程总表中计算出的数据，绘出各种生长过程曲线、材积连年生长量和平均生长量关系曲线及材积生长率曲线。但在绘制连年生长量和平均生长量关系曲线时，由于连年生长量是由定期平均生长量代替的，故应以定期中点的年龄为横坐标定点作图。

3.3 标准地调查

3.3.1 标准地选择

①标准地必须具有广泛的代表性，在调查地所选择的标准地应该是调查地区一定类型林分的代表。

②标准地应在一个林分中选取，每块标准地内的林木特征和立地条件均一致。

③标准地应避开林缘、林班线、防火线、路旁、河边及容易遭受人为破坏的地段。

④在森林调查中，标准地设置为方形。

3.3.2　标准地布设

为了确保标准地的位置和面积，需要进行标准地的境界测量。可以使用罗盘仪测角，皮尺或测绳量水平距，也可以使用全站仪进行精确的境界确定。当林地坡度大于5°时，应将测量的斜距按实际坡度改算为水平距离。样地四边的闭合差不应超过样地四边长度之和的1/200。

为使标准地在调查作业时保持有明显的边界，应将测线上的灌木和杂草清除。测量四边周界时，边界外缘的树木在面向标准地一面的树干上要标出明显标记，以保持周界清晰。根据需要，标准地的四角应埋设临时简易或长期固定的标桩，便于辨认和寻找。标准地布设步骤如下：

(1)确定西南角点

选取林分的典型地块，确定为标准地的西南角点。

(2)周界测量

从西南角点开始，使用罗盘仪定向、皮尺量距，依次准确定位其他角点，并在4条边界处的林木用粉笔做标记，确定标准地范围。若两角点之间由于林木遮挡等原因不能实现一次引点，则需在中间设立若干测站。

3.3.3　调查内容

标准地调查原始数据包括林分、乔木层、灌木和幼树层、草本和幼苗层和土壤层。

3.3.3.1　基本因子调查

在标准地内，采用实测法和目测法相结合的方法，进行标准地基本因子调查，填写表3-7。主要填写内容如：地理坐标、优势树种、林分起源、样地位置(林场、林班、小班)、坡度、坡向、坡位、海拔等。

郁闭度是有林地或疏林地样地内乔木树冠垂直投影覆盖面积与样地面积的比例。可采用对角线截距抽样法，即每隔2 m设一个观测点，有树冠遮蔽时算一个郁闭点，用2条角线上的郁闭点总数除以观测点总数；当郁闭度小于0.30时，采用平均冠幅法测定，即用样地内林木平均冠幅面积乘以林木株数得到树冠覆盖面积，再除以样地面积得到郁闭度；当林分郁闭度大于0.70且坡度大于36°或幼龄林平均高小于2 m时，郁闭度可以目测；未郁闭幼龄林的郁闭度按栽植密度计。

表3-7　标准地基本情况调查表

________县　________林场 ________林班　________小班 标准地号：________	林层	树种	起源	平均年龄(年)	平均直径(cm)	平均树高(m)	优势木高(m)	树种组成	郁闭度	蓄积量		备注
										活立木(m^3)	枯立木(m^3)	
标准地位置： 横坐标： 纵坐标：												

（续）

标准地略图：（在图上注明各边的方位角及长度，指北方向）	环境因子调查记录	
	项目	分级或实测值（相应等级打对号或则填写）
	土壤名称	
	土壤厚度（cm）	<30、30~50、50~80、>80
	A 层厚度（cm）	<15、15~25、>25
	石砾含量（%）（>0.5 m）	<25、25~50、>50
	坡度	<5°、5°~15°、16°~25°、>25°
	坡向	阴、阳、半阴、半阳
	坡位	脊、上、中、下、平
	地形	山坡、山脊、平地、谷底
	海拔（m）	
	枯落物厚度（cm）	分未分解层（ ）、半分解层（ ）、分解层记录（ ）
标准地面积：________ hm^2	郁闭度测定	对角线总长或对角线上树冠冠幅总长（ ）
	地表植被覆盖度	

如果样地内包含 2 个以上地类，郁闭度应按对应的有林地或疏林地范围来测算。对于实际郁闭度达不到 0.20，但保存率达到 80%以上生长稳定的人工幼龄林，郁闭度按 0.20 记载。

3.3.3.2 每木调查方法

在标准地内分别树种、活立木、枯立木、倒木测定每株树干的胸径，按径阶统计，以取得株数分布序列。这一工作称为每木调查，也称每木检尺。如果进行生长量、生物量及抚育间伐调查，则活立木还应按生长级分别调查统计。数据的统计可以直接记录原始数据，也可以按照径阶整化的方法进行。

（1）确定径阶大小

径阶大小指每木调查时径阶整化范围，它直接影响着株数按直径分布的规律性，同时也影响着计算各调查因子的精确程度。根据我国林业专业调查的有关规定："林分平均直径大于 12 cm 时，以 4 cm 为一个径阶（阶距）；6~12 cm 时，以 2 cm 为一个径阶（阶距）；小于 6 cm 时，可采用 1 cm 为一个径阶（阶距）"。为统一起见，在林分调查中划分径阶时，采用上限排外法。即若以 2 cm 为径阶，则 10 cm 径阶的直径范围为 9.0~10.9 cm。目前资源清查中有些地方的规定是：幼、中龄林以 2 cm，成过熟林以 4 cm，人工林以 1 cm 为一个径阶。

（2）划分林层

如标准地内林木层次明显，上下层林木的树高相差 15%~20%，每层的蓄积量均达到 30 m^2，平均直径达 8 cm，主林层疏密度不少于 0.3，次林层疏密度不少于 0.2，在这种情况下必须划分 2 个林层进行调查。

（3）确定起测径阶

起测径阶是指每木调查的最小径阶。由林分结构规律得知：林分的平均直径接近于株数最多的径阶，而最小直径是平均直径的 0.4 或 0.5 倍，由此决定起测径阶。小于起测径阶的树木称为幼树，不进行每木检尺。目前在森林资源清查中确定的起测径阶是：人工幼龄林 1 cm；人工中龄林 5 cm；天然幼龄林 3 cm；天然中龄林 5 cm；成、过熟林 7 cm。

(4)每木检尺

分别林层、种树、材质等级实测胸径，通常由坡上方沿等高线方向按“S”形路线向坡下方检尺。测径时应注意：

①在斜坡上测径时，应站在上坡测定 1.3 m 处直径。每木检尺时，每株树应分别树种、健康木(无病虫害)、病腐木、濒死木(接近死亡的树木)记录。测定胸径精度为 0.1 cm。凡在胸高位置以下分叉的林木，应分别各按 1 株检尺；胸高位置处变形的林木，在其上、下部与胸高处等距离部位测径，取平均值。常见的测径时处理方式如图 3-10 所示。

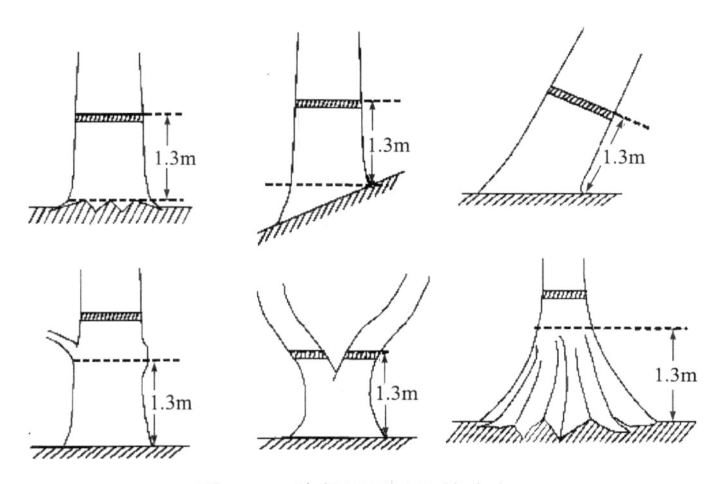

图 3-10　胸径测量位置的确定

②测定正好处于标准地周界上的树木时，本着“北要南不要，取东舍西”的原则。

③对每木进行调查，记入表 3-8 或表 3-9，统计各径阶株数后，记入表 3-10；或直接进行每木调查，按径阶用“正”字形式记入表 3-10。凡测过的树木，应用粉笔在树上向前进的方向作出记号，以免重测或漏测。测量者每测一株树，应报出树种、胸径大小。枝下高指从地面到第一层主分枝点的高度，枝下高精确到 0.5 m。冠幅精确到 0.1m，按东西、南北 2 个方向量测。

表 3-8　每木检尺及测高记录表

林班号：__________　小班号：__________　标准地号：__________

树号	树种	状态	直径(cm)	树高(m)	枝下高(m)		冠幅(m)				坐标(m)	
					死枝	活枝	南	北	东	西	*X* 轴	*Y* 轴

注：该表不适合临时样地调查，适合固定标准地调查。状态分为活立木、枯立木、倒木等。*X*、*Y* 坐标可以对样地分割 4 或 6 等份后，测量该林木个体距离某一条边垂直距离，经计算后得到，或者采用罗盘测量。

表 3-9 标准地每木调查表(分级、分类)

林班号：＿＿＿＿ 小班号：＿＿＿＿ 标准地号：＿＿＿＿

编号	树种	胸径	树高	枝下高	林木分类（目标树 1、辅助树 2、干扰树 3、其他树 4）	林木分级（5 级）同龄人工林	（采伐木点）

表 3-10 每木调查表(径阶记录)

林班号：＿＿＿＿ 小班号：＿＿＿＿ 标准地号：＿＿＿＿ 树种：＿＿＿＿

径阶	活立木		枯立木株数合计	胸高断面积合计(m^2)	倒木株数
	计数	株树合计			
合计					
标准地内某树种平均胸高断面积 $\bar{g}=G/N=$＿＿＿m^2；某树种平均每公顷胸高断面积 $m^2/km^2=$＿＿＿m^2			平均胸径 $D_R=\sqrt{\frac{4}{n}\bar{g}}=$＿＿＿cm		

(5)测定树高

测高的主要目的是确定各树种的平均高。

①对于主要树种　应按树种分别径阶测定树高，可在每木调查时将各径阶的第 1 株树作为测高树，以后按每隔若干株(如 5 株或 10 株)选取一株测高树。应测 25~30 株，即中央 3 个径阶选测 3~5 株，与中央径阶相邻的径阶各测 2~3 株，最大或最小径阶测 1~2 株。凡测高的树木应实测其胸径，将测得的胸径与树高值记入表 3-11 中。

②对于次要树种　可选 3~5 株相当于平均胸径大小的树木测高，填入表 3-12，取其算术平均值为平均高。

③对于优势木　标准地每 100 m^2 测一株树高最高、树冠完整的树木；或在标准地中均匀分为 6 个小区，在每个小区选一优势木测高，求算术平均值即林分优势木平均高。

表 3-11 主要树种测高记录表

林班号：＿＿＿＿ 小班号：＿＿＿＿ 标准地号：＿＿＿＿ 树种：＿＿＿＿

径阶	测高样本(树高 h_i/胸径 d_i)实测值						$\sum h_i/\sum d_i$	$\bar{h}/\bar{d}$
	1	2	3	4	5	6		

表 3-12　次要树种树高测定表

树种	树号					算术平均高 H
	1	2	3	4	5	

3.3.3.3　林分特征数的计算

(1)林分平均胸径

采用胸高断面积加权平均法计算。

①数据录入及径阶整化并统计　径阶的整化就是将实测的径阶(带有小数)整化为不带小数，并归于某一径阶之内。例如，确定径阶组距为 1 cm 时，那么记载的径阶序列应该是…4，5，6，7，8…，这里，每一个径阶都代表各该径阶组成的组中值，如径阶为 5 cm，即代表 4.5~5.4 cm 的所有实测径阶值。若某株树实测直径是 4.4 cm，那么就应该记入 4 cm 径阶，若实测径阶为 4.6 cm，则应该记入 5 cm 径阶。

②平均胸径计算

$$D_g = \sqrt{\frac{4}{\pi}\bar{g}} = \sqrt{\frac{4}{\pi}\frac{1}{N}\sum_{i=1}^{k} g_i} = \sqrt{\frac{1}{N}\sum_{i=1}^{k} n_i d_i^2} \tag{3-26}$$

式中　D_g——林分平均胸径(cm)，如为混交林实则是某一树种平均胸径；

k——径阶个数；

n_i——第 i 径阶株数；

d_i——第 i 径阶胸径大小(cm)；

N——样地内某树种总株数；

$\bar{g}$——某树种平均胸高断面积(m^2)。

当林分为混交林时，D_g 应分别不同树种求算。林分平均胸径计算过程见表 3-13。

表 3-13　林分平均胸径计算过程表

径阶 (cm)	株数	断面积(m^2)	断面积合计(m^2)	计算结果
6	8	0.00283	0.02264	
8	11	0.00503	0.05533	
10	19	0.00785	0.14915	$\bar{g}=\frac{G}{N}=\frac{1.55068}{119}=0.01303\ m^2$
12	30	0.01131	0.33930	
14	25	0.01539	0.38475	$D_g=\sqrt{\frac{4}{\pi}\bar{g}}=12.9\ cm$
16	15	0.02011	0.30165	
18	8	0.02545	0.20360	或$D_g=\sqrt{\frac{\sum n_i d_i}{\sum n_i}}=12.9\ cm$
20	3	0.03142	0.09426	
总计	119		1.55068	

(2)图解法求算林分条件平均高

在标准地内，随机选取一部分林木测定树高和胸径的实际值，一般每个径阶内应量测3~5株林木，平均直径所在的径阶内测高的株数要多些，其余递减，测定树高的林木株数不能少于25株。将标准地中各样木的胸径按2 cm径阶整化，分别径阶利用算术平均法计算出各径阶的平均胸径、平均高及株数。

在方格纸上以横坐标表示胸径(D)、纵坐标表示树高(H)，选定合适的坐标比例，将各径阶平均胸径和平均高点绘在方格纸上，并注记各点代表的林木株数。根据散点分布趋势随手绘制一条均匀圆滑的曲线，即树高曲线。要用径阶平均胸径对应的树高值与曲线值和株数进行曲线的调整。利用调整后的曲线，依据林分平均直径(D_g)由树高曲线上查出相应的树高，即林分条件平均高。同理，可由树高曲线确定各径阶的平均高。树高曲线图表格见表3-14。

树高曲线实质是一条平均值曲线，但同一份资料每人随手绘出的曲线常常会不相同，因此需要通过检查调整来保证曲线反映出平均值。通常采用计算平均离差的方法进行调整，平均离差的计算方法为：

$$\Delta = \sum_{i=1}^{k} f_i (H_{0i} - H_{Ti}) \tag{3-27}$$

$$\bar{\Delta} = \frac{\Delta}{\sum_{i=1}^{k} f_i} \tag{3-28}$$

式中 Δ——离差代数和；

f_i——第i径阶的林木株数；

H_{0i}——第i径阶林木平均高的实际值(m)；

H_{Ti}——第i径阶林木平均高的曲线值(m)；

k——径阶个数；

$\bar{\Delta}$——平均离差。

根据离差的“+”或“-”调整曲线的高低，直到调整后的曲线满足平均离差等于“0”或接近“0”，则曲线可以使用。采用图解法绘制树高曲线，方法简便易行，但绘制技术和实践经验要求较高，必须保证树高曲线的绘制质量。

表3-14 树高曲线图

林班号：________ 小班号：________ 标准地号：________ 树种名称：________

	各径阶平均高(曲线值)	
	径 阶 (cm)	径阶平均高 (m)
该树种条件平均高 (m) =		

（3）优势木平均高

为了评定立地质量，需要求算林分的优势木平均高，通常状况下，在林分内按每 100 m^3 内选一株最粗大的优势木或亚优势木测定胸径和树高，最终以算术平均值作为优势木平均高。也可以在标准地中均匀设 3～6 个观测点，在每个点上以 10 m 为半径的范围内量测一株最高树的高度，求算术平均值即林分优势木平均高。

（4）树种平均胸高断面积

某树种的胸高断面积计算公式：$g=\frac{\pi}{4}d^2$，那么某树种平均胸高断面积（$\bar{g}$）= 断面积合计（G）/株数（N）。某树种平均每公顷胸高断面积 = 树种胸高断面积合计×10000/400，如 1.55068×10000/400。标准地全部树种的平均每公顷胸高断面积之和，就是该林分的平均每公顷胸高断面积。

（5）其他林分数量特征计算

①每公顷株数与断面积的换算　将标准地各树种的株数与断面积分别除以标准地面积，即换算成每公顷株数和断面积。

②树种组成　按各树种的蓄积量（或断面积、株数）占林分总蓄积量（或断面积、株数）的比值，用整数十分法表示。树种组成用组成式表示。

③疏密度　指现实林分每公顷断面积（蓄积量）与标准林分每公顷断面积（蓄积量）之比。

④地位级和地位指数　根据林分平均年龄，平均高查地位级表确定地位级；据优势树种平均年龄和优势木高，查该树种地位指数表确定地位指数。

以上是同龄林的计算项目，如为复层混交林，通常按林层分别树种调查记载。

3.3.3.4　幼树和灌木层调查

以标准地面积 20 m×20 m 为例，一般情况下，需要在标准地的四角和中心设置 5 个 2 m×2 m 样方，调查样方内灌木的种类、株数、相对盖度、平均高等，以及高度大于 30 cm 且胸径小于 5 cm 的幼树名称、高度、地径编号等，填入表 3-15。

表 3-15　幼树和灌木层调查表

编号	种类	平均高（m）	株数（盖度）	编号	种类	平均高（m）	株数（盖度）

3.3.3.5　更新幼苗和草本层调查

在幼树和灌木层样方内设置 1 m×1 m 草本和幼苗层样方，对更新幼苗的实生苗和草本进行调查。调查样方内植物种类、数量、高度、盖度，以及高度在 30 cm 以下苗木的树种名称和株数，填入表 3-16。

表 3-16 更新幼苗和草本层调查表

编号	种类	平均高(cm)	盖度(%)

3.3.3.6 林分蓄积量的计算

标准地调查法计算林分蓄积量的实施步骤是先设立标准地，然后进行实测，用其结果推算小班单位面积和整个小班范围内的蓄积量等因子。林分蓄积量的计算有多种方法，如平均标准木法、分级标准木法、材积表法、形高法等。

使用标准地调查法减少误差的关键是所选标准地应尽可能地“标准”，即标准地的状况要具有调查总体的平均水平。另外，标准地面积必须保证一定的规模，如果面积过小，则难以保证所选标准地的代表性，推算总体时将会产生较大的偏差。但是，标准地面积过大会使工作量加大，增加调查时间和工作成本。还有，布设标准地时应尽量避免产生系统误差。

我国森林资源规划设计标准地调查中，一般利用材积表或形高表确定蓄积量。

(1)利用一元材积表确定林分蓄积量

根据径阶整化结果得各径阶株数，径阶断面积、总断面积，再查该树种的一元材积表，得各径阶的单株木材积，乘以各径阶株数，即得各径阶材积，将各径阶材积求和，即得某树种材积，各树种材积之和即标准地蓄积量(M)。

$$M = n_1 v_1 + n_2 v_2 + \cdots + n_n v_n \tag{3-29}$$

式中 n_1，n_2，…，n_n——各径阶株数；

v_1，v_2，…，v_n——各径阶单株材积(m^3)。

换算为每公顷蓄积量时，某树种平均每公顷蓄积量(m^3/hm^2)= M/标准地面积(hm^2)。标准地内有多少个树种，就分几次计算。

林分每公顷蓄积量(m^3/hm^2)= 各树种平均每公顷蓄积量之和。

林分蓄积量(m^3)= 林分每公顷蓄积量(m^3)×林分面积(hm^2)。

若林分有多个标准地，可以取林分每公顷蓄积量平均值，然后乘以林分面积，得到林分蓄积量。利用一元材积表确立林分蓄积量的测量计算表和测量汇总表，分别见表 3-17 和表 3-18。

表 3-17 林分蓄积量测量计算表(一元材积表法)

径阶	树种			
	株数	胸高断面积合计(m^2)	单株材积(m^3)	径阶材积(m^3)
合计			/	

表 3-18　林分蓄积量测量汇总表(一元材积表法)

树种	平均胸径(cm)	条件平均高(m)	平均每公顷胸高断面积(m^2/hm^2)	株数密度(株/hm^2)	平均每公顷蓄积量(m^3/hm^2)
小班蓄积量=平均每公顷蓄积量×小班面积=					

注：树高(取至0.1 m)，胸径(取至0.1 cm)，蓄积量(取至0.1 m^3)。主要树种的平均高为条件平均高，次要树种为算术平均高。

(2)二元材积表法确定林分蓄积量

根据径阶中值从树高曲线上读出径阶平均高，再依径阶中值和径阶平均高(取整数或用内插法)从树种二元材积表上查出各径阶单株平均材积。也可将径阶中值和径阶平均高代入二元材积式计算出各径阶单株平均材积，再乘以径阶林木株数，即可得到径阶材积。各径阶材积之和就是该树种标准地蓄积量。

(3)利用形高表计算林分蓄积量

根据形高 $fh=V/G$，可以用一元材积表引出一元形高表。用各径阶总胸高断面积乘以各径阶对应的形高，得各径阶材积。各径阶材积之和就是该树种标准地蓄积量。

某树种分径阶平均每公顷蓄积量(m^3/hm^2)= 树种形高 fh×树种平均每公顷胸高断面积(m^2，分径阶)/标准地面积(hm^2)。标准地内有多少个树种、多少个径阶，就分几次计算。

某树种平均每公顷蓄积量(m^3/hm^2)= 某树种分径阶平均每公顷蓄积量之和。

林分每公顷蓄积量(m^3/hm^2)= 各树种平均每公顷蓄积量之和。

林分蓄积量(m^3)= 林分每公顷蓄积量(m^3)×林分面积(hm^2)。

若林分有多个标准地，可以取林分每公顷蓄积量平均值，然后乘以林分面积(如小班面积)，得到林分蓄积量。

(4)按照实测胸径计算蓄积量

①分别树种、活立木、枯立木、倒木计算平均胸径。

②根据给定的一元材积表，根据 $V=a_0D^{a_1}$ 求解每个树种一元材积回归方程的2个参数 a_0 和 a_1。

③根据每个树种的一元材积回归方程，计算每个树种的总材积，合计为标准地总蓄积量，换算为每公顷蓄积量。

上述因子计算完毕之后，填入表 3-19。

表 3-19　标准地调查因子一览表

林班号：__________　小班号：__________　标准地号：__________

林层号	树种组成	年龄	平均胸径(cm)	高度(m)		郁闭度	每公顷断面积(m^2/hm^2)	每公顷蓄积量(m^3/hm^2)		备注
				平均高	上层高			活立木	枯立木	

（续）

林层号	树种组成	年龄	平均胸径（cm）	高度（m）		郁闭度	每公顷断面积（m^2/hm^2）	每公顷蓄积量（m^3/hm^2）		备注
				平均高	上层高			活立木	枯立木	

注：年龄、胸径、高度只填写主要树种，其他数据分林层填写。

3.4 角规测树

角规是以一定视角构成的林分测定工具，利用角规能够按照既定视角在林分中有选择地计测为数不多的林木就可以高效率地测定出有关林分调查因子。用角规测定林分单位面积的胸高断面积总和时，无须进行面积测定的每木检尺。

3.4.1 角规的构造

3.4.1.1 杆式水平角规

最初的角规由一根长 $L=50$ cm 的木尺以及一端装有 $l=1$ cm 宽缺口的金属薄片构成，也称为 1/50 角规。如果从木尺的一端中央处瞄视端口，可以形成一个角度为 $1°8'45.4''\alpha$ 的视角。通过这个视角去观测树干的胸高断面，可以实现对树木胸高断面积的测量。但是如果使用杆式角规在坡地上进行测量，则需要在求算最终结果时乘以坡度的正割值（sec 值）。

3.4.1.2 自平杆式角规

由南通光学仪器厂生产的 LZG-1 型自平杆式角规（图 3-11），相较于传统杆式角规，具有新颖小巧、轻便适用、能自动改平等特点，在外业调查中得到广泛的应用。

测定立木胸高断面积时，将拉杆全部伸长或末端 2 节缩进，即可以实现角规断面积常数为 1 或 2 的转换。当坡度为 θ 时，拉杆与坡面平行，其倾斜角也为 θ，金属圈也相应转动 θ，金属圈内的缺口宽度 l 相应变窄成为 $l\cos(\theta)$ 值（$l=1.0$ cm）。

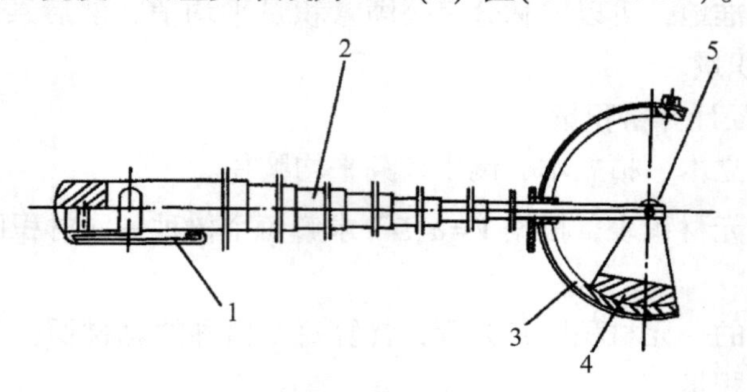

图 3-11 自平杆式角规

1. 挂钩；2. 指标拉杆；3. 曲线缺口圈；4. 平衡座；5. 小轴

3.4.2 角规绕测

3.4.2.1 角规绕测的方法

使用角规进行绕测，确定林分的每公顷断面积值是角规在林业外业调查中最基本也是最重要的功能，应用也最为广泛。具体使用方法是：

(1)选点绕测

在远离林缘的林分内选择具有代表性的一个位置作为测点，并以此为中心绕测一周。特别需要注意的是：

①在人体发生旋转时，不能发生位移。

②角规接触眼睛的一端，必须使之位于角规点垂直线上。

③如待测树干胸高部位被遮挡，在保证测点与树木距离不变的情况下，移动到通视的位置进行测量，测量结束后，继续回到原角规点进行测量。

④要进行正反绕测，两次相差不能超过 1/2 计数值。

⑤对于相切的树木，要按照角规控制检尺法确定计数值。

(2)计数方法

与角规视线相割的计数 1 株，相切计数 0.5 株，相余不计数，最终绕测一周得到计数的总株树为 Z。

(3)林分每公顷断面积的计算

使用 $G=F_gZ$ 进行林分每公顷断面积的求算。其中，$F_g=2500(\frac{l}{L})^2$ 为角规断面积常数。

为了提高调查的精度，通常在调查前需要参照林分平均胸径和林分密度，选用适宜的断面积系数进行测量。在我国，$F_g=1$ 或者 2 的角规应用相对广泛，观测株数以 5~20 株为宜。具体参照标准见表 3-20。

表 3-20　林分特征与选用断面积系数参照表

林分特征	F_g
平均直径 8~16 cm 的中龄林，任意平均直径且疏密度为 0.3~0.5 的林分	0.5
平均直径 17~28 cm，疏密度为 0.6~1.0 的中龄林、近熟林	1.0
平均直径 28 cm 以上，疏密度为 0.8 以上的成、过熟林	2 或 4

3.4.2.2　角规绕测时需要注意的问题

①角规要严格掌握观测林木的胸高处，胸径在 5 cm 以下林木或断梢木、枯死木不参加观测统计。

②观测时应对准胸高部位。山坡从上坡起算树高 1.3 m 处，1.3 m 以下分叉木按实际株数观测，1.3 m 以上(含 1.3 m)分叉的按 1 株计算。1.3 m 处出现明显膨大，有瘿瘤、分叉等异常现象时，绕测部位应提高至正常部位。

③角规测树必须分别树种记数，在每个角规点上按顺、逆时针方向各绕测一次，10 个断面积(株)以下的不得有误差；10 个断面积以上的误差不得超过 1 个断面积。在误差范围内取 2 次绕测平均数。

④记住第一株绕测树，作出标记，以免漏测或重测，填入表 3-21。

⑤报树名和株数同步进行：如杨 1、刺 0.5 等。

⑥在幼龄林中无法进行角规绕测时，采用 3 个相邻的 3.26 m 半径的样圆。样圆内每株都应检尺，样圆材积按平均胸径、平均高，胸高断面积查形高表。

表 3-21　角规点抽样结合标准表求林分蓄积量记录表

测点号	相切(株数)	相割(株数)	断面积 Z_iF_g
林分平均直径			
树高 1/直径 1		树高 2/直径 2	
树高 3/直径 3		树高 4/直径 4	
树高 5/直径 5		树号 6/直径 6	

注：用画“正”字的办法记录株数。测量林分平均直径时先目测林分的平均直径(记录)，后实测树高(记录)。

3. 4. 2. 3　林分平均高和平均胸径的计算

在一个角规点上，林分平均高分别树种进行计算，方法是分别树种选取选测 3～6 株接近林分平均直径的林木的进行胸径、树高测定，平均树高采用算术平均数，平均胸径采用平方平均数。计算两个或多个绕测点各树种的平均树高和平均胸径。平均树高和平均胸径采用加权平均法计算，计算公式如下：

$$\bar{H} = \frac{\sum_{i=1}^{n} H_i G_i}{\sum_{i=1}^{n} G_i} \tag{3-30}$$

$$\bar{D} = \frac{\sum_{i=1}^{n} D_i G_i}{\sum_{i=1}^{n} G_i} \tag{3-31}$$

式中　$\bar{H}$——某树种平均高(m)；

$\bar{D}$——某树种平均胸径(cm)；

H_i——某树种在第 i 个绕测点平均高(m)；

D_i——某树种在第 i 个绕测点平均胸径(cm)；

G_i——某树种在第 i 个绕测点胸高断面积(cm^2)。

若角规点上测到的树木中缺少某树种，求该树种平均值时，此角规点不参与计算。

3. 4. 3　角规控制检尺

用角规测定林分蓄积量的方法和测定断面积方法步骤相同，不同之处就是对绕测时计数的林木(相割和相切的林木)还要实测其胸径值，这项工作称作角规控制检尺。森林调查中，对于难以确定相割或相切的临界木或者在需要精确测定或复查确定林木动态变化时，都可采用角规控制检尺方法，常用记录表见表 3-26 与表 3-27。

具体的做法是：

量观测点至树干中心的水平距(L)及胸径($D_{实测}$)。根据选定的断面积系数，用围尺测出树干胸径，用皮尺测出树干中心到角规点的水平距离(S)，并根据水平距离(S)与该树木的样圆半径(R)的大小确定计数木株数。树干胸径(d)，样圆半径(R)和断面积系数(F_g)之间的关系为：

$$R=\frac{50}{\sqrt{F_g}}d$$

由此式可知：$F_g=0.5(m^2/hm^2)$时，$R=70.70d$；

$F_g=1$ 时，$R=50d$；

$F_g=2$ 时，$R=35.35d$；

$F_g=4$ 时，$R=25d$。

这样，只要测量出树木胸径(d)及树木距角规点的实际水平距离(S)，根据选用的断面积系数(F_g)，利用上式计算出该树木的样圆半径(R)，则可视 S 与 R 值的大小关系即可作出计数木株数的判定，即当 $S<R$，计 1 株；$S=R$，计为 0.5 株；$S>R$，不计数。

【例 3-1】 某树干胸径 $d=20$ cm，如取以 $F_g=1$，则 $R=10$ m，样点到该树干中心的水平距(S)如小于 10 m 则计数 1 株，等于 10 m 计数 0.5 株，大于 10 m 不计数。如取 $F_g=4$，则 $R=5$ m，实际水平距(S)小于 5 m 计 1 株，等于 5 m 计 0.5 株，大于 5 m 不计数，以此类推。具体算例见表 3-22。

表 3-22　角规控制检尺结果

树木号	1	2	3	4	5	6	7	8	9
树木胸径(cm)	5.8	7.3	9.6	12.7	16.8	24.3	28.4	32.2	29.5
树距样点水平距(m)	3.0	4.2	3.8	5.3	5.9	11.2	7.1	16.1	6.8
$F_g=1$ 应计数木	—	—	1	1	1	1	1	0.5	1
$F_g=4$ 应计数木	—	—	—	—	—	—	0.5	—	1

根据表 3-22 角规控制检尺结果，可以推算该林分每公顷断面积(G)，即当采用 $F_g=1$ 时，角规计数木数 $Z=6.5$，则：$G=F_gZ=1\times6.5=6.5$ m²/hm²；当采用 $F_g=4$ 时，$Z=1.5$，则 $G=F_gZ=4\times1.5=6.0$ m²/hm²。在同一测点上，使用不同 F_g 值角规所得到的林分每公顷断面积不一致，这是正常的现象，因为 F_g 值不同，则意味着样圆面积不同。

3.4.4　林分蓄积量的计算

3.4.4.1　角规绕测求算林分蓄积量

(1)标准表法

已知角规测定断面积为 $g=F_gZ$，根据角规点上测得的林分平均高，选择适合当地的标准表，即可迅速计算林分每公顷蓄积量：

$$M=g(\overline{fh})=F_gZ\frac{M_{表}}{g_{表}} \tag{3-32}$$

式中　$M_{表}$，$g_{表}$——标准表查得的蓄积量和断面积。

(2)林分形高法

在材积三要素中，形数与树高之乘积称作形高，单位面积林分蓄积量与相应的胸高断面积的比值为林分形高，记作 fh。在树干材积或林分蓄积量测算中，只要测定出树干胸高断面积或林分胸高总断面积，乘以相应形高值即可得出树干材积和林分蓄积量，相关信息记录于表 3-23。

表 3-23　形高求林分蓄积量记录表

林班：__________小班号：__________绕测点号：__________

径阶(cm)	树种名称：	
	相切	相割

径阶(cm)	树种名称：	
	相切	相割

合计(每公顷胸高断面积)

树种名称：__________株数合计：__________树种名称：__________株数合计：__________
树种名称：__________株数合计：__________树种名称：__________株数合计：__________

注意：采用画“正”字法记录。记录时，应对非主要树种做出标记，如“正 油松”。

3.4.4.2　角规控制检尺求算林分蓄积量

林分蓄积量等于林分各径阶(如 K 个径阶)林木材积之和，即 $M=\sum_{j=1}^{K}V_j$，而 $V_j=g_j(fh)_j$，则 $M=\sum_{j=1}^{K}g_j(fh)_j$，用角规控制检尺测定林分蓄积量时，$g_j$ 为角规计数木数(Z_j)与角规断面积系数(F_g)之积，即 $g_j=F_gZ_j$。而 $(fh)_j$ 值则依据角规计数木的直径所在径阶值，由一元立木材积(一元形高)表中查出相应的径阶形高值代替(平均高与表中高不符时，可用内插法计算)，形高取 3 位小数(表 3-24)。

表 3-24　角规控制检尺计算林分每分顷蓄积量　　$F_g=1$

径阶(cm)	单株材积 V(m³)	断面积 g(m²)	形高 fh	计数株数 Z	每公顷蓄积量(m³)
6	0.0131	0.00283	4.629	1	4.629
8	0.0245	0.00503	4.871	1	4.871
10	0.0399	0.00785	5.083	2	10.166
12	0.0594	0.01131	5.252	5	26.260
14	0.0831	0.01539	5.400	3	16.200
合计					62.126

一个绕测点上林分蓄积量为：

$$M = F_g \sum_{j=1}^{K} g_j (fh)_j$$

设置 n 个角规点时，平均每公顷蓄积量为：

$$M = \frac{F_g}{n} \sum_{i=1}^{n} \sum_{i=1}^{K} Z_{ij} fh_{ij}$$

在二类调查时，对每个小班所有树种，分别进行角规控制检尺，进而计算得到小班蓄积量(表 3-25)。

表 3-25　森林小班角规控制检尺小班蓄积量计算表

林班号：__________小班号：__________绕测点号：__________每公顷蓄积量：__________

树种名称：				树种名称：				树种名称：				树种名称：			
径阶(cm)	株数(每公顷胸高断面积(m^2/hm^2))	形高(一元)	径阶公顷蓄积量(m^3/hm^2)	径阶(cm)	株数(每公顷胸高断面积(m^2/hm^2))	形高(一元)	径阶公顷蓄积量(m^3/hm^2)	径阶(cm)	株数(每公顷胸高断面积(m^2/hm^2))	形高(一元)	径阶公顷蓄积量(m^3/hm^2)	径阶(cm)	株数(每公顷胸高断面积(m^2/hm^2))	形高(一元)	径阶公顷蓄积量(m^3/hm^2)
6				6				6				6			
8				8				8				8			
10				10				10				10			
12				12				12				12			
14				14				14				14			
16				16				16				16			
18				18				18				18			
20				20				20				20			
22				22				22				22			
24				24				24				24			
26				26				26				26			
…				…				…				…			
…				…				…				…			
合计				合计				合计				合计			
活立木每公顷蓄积量(m^3/hm^2)：															
小班面积(hm^2)：							小班蓄积量(m^3)=2个绕点每公顷蓄积量平均值×小班面积=								

3.4.5　其他特征数计算

(1)径阶平均高测定

根据该径阶所有林木的平均高作为径阶平均高。

(2)每公顷株数的测定

为求得每公顷林木株数(N)，需测定每株计数木的直径实测值和所属径阶。设林分中

林木共有 K 个径阶，其中第 j 径阶的计数木株数为 Z_j，该径阶中值的断面积为 g_j(m^2)，则该径阶的每公顷林木株数(N_j)为：

$$N_j = \frac{F_g}{g_j} Z_j$$

各径阶林木株数(N_j)之和即林分每公顷林木株数 N，则：

$$N = F_g \sum_{j=1}^{k} \frac{1}{g_j} Z_j$$

具体算例见表 3-26。根据表中数据，如不分径阶求林分每公顷株数 N 时，可按下式计算，即每公顷株数(N)为：

$$N = F_g \sum_{j=1}^{Z} \frac{Z_j}{g_j} = 1 \times 385 = 385$$

表 3-26 角规测算每公顷林木株数计算表

$F_g = 1$

计数木号	胸径(cm)	$\frac{1}{g_j}$	径阶(cm)	$\frac{1}{g_j}$	Z_j	各径阶株数$N_j = F_g \frac{Z_j}{g_j}$
1	12.8	77.70				
2	17.3	42.54				
3	20.2	31.20	12	88.42	1	88.42
4	19.5	33.49	16	49.73	2	99.46
5	20.7	29.72	18	39.29	2	78.58
6	18.9	35.64	20	31.83	4	127.32
7	19.3	34.18				
8	16.6	46.21				
9	15.3	54.38				
合计		385.06		209.27		394

如分别径阶计算时，则按表中方法计算，12 cm、16 cm、18 cm 各径阶的株数分别为 88 株、100 株、79 株、127 株，林分每公顷总株数为 394 株。

(3)胸高断面积

根据各树种 2 个绕测点的平均每公顷胸高断面积计算。

在二类调查中，小班特征数的计算，如各树种平均胸径、平均树高和小班平均每公顷株数，见表 3-27。

表 3-27 森林小班各树种平均胸径、平均树高和平均每公顷株数计算表

林班号：__________小班号：__________小班面积(hm^2)：__________

绕测点号	坡度(°)	树种名称：	树种名称：	树种名称：	树种名称：
		株数[每公顷胸高断面积(m^2/hm^2)]	株数[每公顷胸高断面积(m^2/hm^2)]	株数[每公顷胸高断面积(m^2/hm^2)]	株数[每公顷胸高断面积(m^2/hm^2)]
1					
2					

（续）

		树种名称：		树种名称：		树种名称：		树种名称：	
绕测点号	坡度(°)	株数[每公顷胸高断面积(m^2/hm^2)]		株数[每公顷胸高断面积(m^2/hm^2)]		株数[每公顷胸高断面积(m^2/hm^2)]		株数[每公顷胸高断面积(m^2/hm^2)]	
测径测高记录	点号及重复	胸径（cm）	树高（m）	胸径（cm）	树高（m）	胸径（cm）	树高（m）	胸径（cm）	树高（m）
	1-1								
	1-2								
	1-3								
	算术平均								
	2-1								
	2-2								
	2-3								
	算术平均								
平均值(加权平均)									
小班平均每公顷株数（点1和点2平均）：______		绕测点1平均每公顷株数：____							
		绕测点2平均每公顷株数：____							

第四章　森林区划

森林区划是针对林业生产的特点，根据自然地理条件、森林资源以及社会经济条件的不同，将整个林区进行地域上的划分，将林区区划为若干不同的单位。森林区划是对森林经营管理单位进行地域上的划分，将林区在地域上区划为若干个不同的单位，是森林调查规划设计的基础工作。合理的区划对森林资源调查及经营管理具有重要的意义。

4.1　森林区划系统

4.1.1　县级行政单位区划系统

县(市、区)→乡(镇、场)→行政村(林班)→小班。

经营区划应同行政界线保持一致。对过去已区划的界线，应相对固定，无特殊情况不得更改。

4.1.2　经营单位区划系统

(1)国有林场(圃)

林场(圃)→林区(作业区、工区、功能区)→林班→小班，或总场(圃)→分场→林区(作业区、工区、功能区)→林班→小班。

(2)自然保护区

管理局(处)→管理站(所)→功能区(景区)→林班→小班。

(3)森林公园

管理处→功能区(景区)→林班→小班。

经营区划界线同行政界线保持一致。对过去已区划的界线，应相对固定，无特殊情况不得更改。

4.2　森林区划方法和技术

4.2.1　林业局区划

林业局是林区中一个独立的林业生产和经营管理的企业单位。合理确定林业局的范围和境界，是实现森林可持续经营利用的重要保证。在林业局初次区划，确定境界时应该考虑的主要因素有：

①企业类型　林业企业类型是根据林权及经营重点划分的。现阶段我国林地所有权分为全民和集体所有制。在国有林区有林业局、国有林场等企业单位；在集体林区，有乡办或村办的林场。

②森林资源状况　森林资源是林业生产的物质基础。在林业局范围内，只有具备一定数量和质量的森林资源时，才能有效地、合理地进行森林经营利用活动。森林资源主要表

现在林地面积上，从森林可持续利用的要求出发。在北方地区，林业局的经营面积一般以 $15\times10^4 \sim 30\times10^4$ hm^2 为宜。

③自然地形、地势 自然地形、地势对确定林业局的境界和范围有重要作用。一般以大的山系、水系等自然界线和永久性的地物作为林业局的境界，这对于经营、利用、管理、运输生活等方面均有重要作用。

④行政区划 确定林业局界线时应尽量与行政区划相一致，以有利于林业企业和地方行政机构协调关系。林业局的范围，应充分考虑有利于生产、生活以及交通的情况，一般境界线确定后，不宜轻易变动。

4.2.2 林场区划

林场是林业局下属的一个林业生产单位，也有的林场是具备法人资格的企业单位(河南省比较普遍，即由县、市政府直管)。林场的境界线应尽量利用山脊、河流、道路等自然地形和永久性标志。林场的范围应便于开展森林经营活动，合理组织生产和方便职工生活，形状以较规整为宜。

4.2.3 营林区区划

在林场内，为了合理地开展森林经营活动和多种经营以及考虑生产和职工生活的方便，根据有效经营活动范围，特别是护林防火工作量的大小，将林场区划为若干个营林区(林区)。营林区的界线一般与林班线一致，即将若干个林班集中在一起组成营林区。

4.2.4 林班区划

林班是在林场范围内，为了便于森林资源统计和经营管理，将林地划分为若干个面积比较一致的基本单位。林班是林场内具有永久性经营管理的土地区划单位。林班区划线应相对固定，无特殊情况不得更改。对于自然区划界线不太明显或人工区划的林班线应现地伐开或设立明显标志，并在林班线的交叉点上埋设林班标桩。林班号(村)以场(乡)为单位统一编号，工区的林班号应保持连续性，由西向东，从北向南以阿拉伯数字顺序编号。林班区划有人工区划法、自然区划法和综合区划法。林班区划原则上采用自然区划或综合区划法，地形平坦等地物不明显的地区，可以采用人工区划法。

4.2.5 小班区划

4.2.5.1 小班区划条件

为了便于森林调查规划和因地制宜地开展各种经营活动，根据经营要求和林学特征，在林班内划分出不同的地段，这样的地段称为小班。划分出的小班，在内部具有相同的林学特征，因此，其经营目的和经营措施是相同的，小班是森林资源规划设计调查、统计和经营管理的基本单位。

在小班划分时，把握好内部特征相同，而相邻小班又有显著差别是关键。被道路、河流等重要人工、自然界线分隔时一般应单划分小班。非林业用地一般不划分小班，但如被包含于林地范围内，应划分小班(便于计算面积)。

小班划分兼顾资源调查和经营管理的需要，以明显地形地物界线(如山脊线、山谷、溪谷、道路等)和山林权属界为界线，采用自然区划方法进行划分，同时做到一个小班内权属一致、林相类似、宗地完整。一般情况下，小班划分条件如下：

①土地权属不同。

②森林类别或林种不同。

③公益林(地)的事权等级、保护等级不同。

④林地保护等级不同。

⑤林业工程类别不同。

⑥地类不同。

⑦起源不同。

⑧树种组成不同，优势树种(组)比例相差两成以上。

⑨龄组或龄级不同，Ⅵ龄级以下相差一个龄级，Ⅶ龄级以上相差 2 个龄级。

⑩经济林生产期不同。

⑪林分郁闭度不同，商品林郁闭度相差 0.20 以上，公益林相差一个郁闭度级，灌木林相差一个覆盖度级。

实际操作过程中，各地可以结合当地情况增加不同的小班划分条件，如河南省进行小班划分时，除了考虑上述 11 个条件之外，还会考虑四旁树类型或林分经营类型(公益林、商品林)或经营措施类型(集约、粗放)不同，以及农林间作类型不同。

4.2.5.2 小班区划方法

根据实际情况，可分别采用以下方法进行小班调绘：

①采用最新的比例尺为 1∶1 万~1∶2.5 万的地形图到现地进行勾绘。对于没有上述比例尺的地区可采用由 1∶5 万放大到 1∶2.5 万的地形图。

②使用近期拍摄的(以不超过 2 年为宜)、比例尺不小于 1∶2.5 万或由 1∶5 万放大到 1∶2.5 万的航片、1∶10 万放大到 1∶2.5 万的侧视雷达图片在室内进行小班勾绘，然后到现地核对，或直接到现地调绘。

③使用近期(以不超过 1 年为宜)经计算机几何校正及影像增强的比例尺 1∶2.5 万的卫片(空间分辨率 10 m 以内)在室内进行小班勾绘，然后到现地核对。

空间分辨率 10 m 以上的卫片只能作为调绘辅助用图，不能直接用于小班勾绘。现地小班调绘、小班核对以及为林分因子调查或总体蓄积量精度控制调查而布设样地时，可用 GPS 确定小班界线和样地位置。

山区小班应尽量利用明显的地形、地物，如河流、山脊等自然界线作为小班界线；平原地区小班尽量利用现有固定道路、沟渠、河流等明显界线作为小班界线。森林资源复查时，应尽量沿用原有的小班界线。但对上期划分不合理、因经营活动等原因造成界线发生变化的小班，应根据小班划分条件重新区划。

4.2.5.3 小班区划步骤

在森林经理学野外教学实习时，可以利用遥感图像或航片勾绘小班，步骤如下：

(1)转绘行政界线

根据 1∶1 万地形图上所区划的行政界线，将实习区域县(市、区)界、乡(镇、场)界、村界逐一调绘到遥感像片平面图上，并加以注记。主要是为准确划分小班做准备。

(2)初步勾绘小班

根据建立的实际地物与遥感图像(形状、大小、色调等)之间的对应关系(卫片判读方法参阅本教材4.3部分内容)，按森林经营区划土地种类勾绘小班轮廓。结合森林分布图、比例尺1∶1万地形图、年度造林小班图等档案资料，室内将林地范围内不同影像特征的图斑在硫酸纸或聚酯薄膜上用铅笔划分小班，然后转到地形图上。

(3)现地调查与小班校正

携带调查区域比例尺1∶1万遥感图像、1∶1万地形图和GPS，赴实地进行外业调查。将地形图和遥感影像结合起来进行调查，可调查部分遥感影像上显示不出的林地区域。

根据航空像片的区划对象与地形图所标地物的相互关系，现地确定各种界线的准确位置，对已经发生变化的小班进行校正，逐块准确勾绘出小班界线。

提倡采用对坡调绘方法，就是利用地形图在被调绘小班对坡相应位置，对室内划分的小班界线进行调绘修正。在平地上，根据地形、地物借助GPS现地确定界线。勾绘困难时，可测设若干GPS点，利用GPS控制点在图上勾绘小班准确界线。在深入小班调查时，要对小班界线进一步修正。室内铅笔区划的小班界线，经外业调查、校正后应于当天用实线着墨。小班调绘时的各注记、界线、地物等均按《林业地图图式》(LY/T 1821—2009)进行。

(4)其他补充调绘

野外调查同时，对地形图或遥感像片上变化了的地形、地物、地类界线进行补充调绘，并将变化区域在遥感图像和地形图上表示出来。

(5)航片勾绘小班信息转入计算机

利用GIS系统将在计算机上勾绘的遥感图像小班界线与配置好的地形图进行匹配，叠加在一起。

4.2.5.4　小班区划要求

(1)小班面积要求

小班面积的大小应根据森林状况和经营水平而定。商品林小班最大面积为25 hm^2，平原地区小班一般需要0.4 hm^2以上，山区公益林小班一般需要1 hm^2以上，但一般不应大于45 hm^2。小班最小面积一般不小于0.067 hm^2。无立木林地、宜林地、辅助生产林地面积不限。

(2)小班编号要求

小班编号以林班为单位进行，所有小班均应编号。按照方便实用的原则，以实习区域行政村(林区、林班)范围为编号单位，兼顾自然地形顺序相连原则，在相连小班群内按照从上到下，从左到右的“S”形顺序，按1、2、3…的顺序依次连续编号。

小班号原则上可与上期普查一致；如小班界变动较大，也可重新编号。

若实习区存在生态公益林小班，还应在小班调查记录“附记”栏中注明原生态公益林小班号。细班编号是在小班基础上进行划分，如3号小班的1、2号细班的编号为：3-1、3-2。

4.2.6　林带区划

林带包括乔木林带和灌木林带。乔木林带行数应在2行以上且行距小于等于4 m或林冠冠幅水平投影宽度在10 m以上；灌木林带行数应在2行以上且行距小于等于2 m。当林带的缺损长度超过林带宽度3倍时，应视为2条林带。

林带区划以行政村(林区、林班)为单位，以地段为调查单元，对长度 50 m 以上的林带进行区划。不足 50 m 的地段，如与其他优势树种的林带相连续的，可合并为混合林带。

林带区划既可按林带的宽度与长度区划，也可按林带实际投影面积区划。区划图斑统一用面状要素表示，登记小班因子记载表。林带宽度指多行林带量取边缘林木根径之间的距离，乔木林带两边各加 2 m、灌木林带两边各加 1.5 m。林带划分条件为：

①权属不同。

②林种不同。

③林带起源不同。

④树种组成不同。

⑤不同优势树种组成相差两成以上应划分调查单元。

⑥龄级不同，乔木树种(组)相差一个龄级，经济树种龄期不同，应单独划分。

4.2.7 树带区划

对未达到乔木林地标准的单行且冠幅小于 10 m 的连续长度 50 m 以上树带状四旁树，应分别行政村逐条逐段实地勾绘，图上标出起点、终点，并编号，登记树带调查记载表。

4.2.8 非林地小班区划

以行政村(林区、林班等)区域为总体范围，扣除小班和林带面状图斑外的余下部分为非林地小班。

4.2.9 四旁树区划

小班内的非林地上的四旁树要在小班调查时一并区划调查。对于不包含在小班中的非林地上零星分布的四旁树、连续长度 50 m 以下的带状四旁树，应以行政村(林区、林班等)的非林地图斑为调查单元开展调查。

4.2.10 面积求算

林班和小班面积求算是二类调查的主要成果之一。在实习小班勾绘结束后，将外业的勾绘手图带回，在净图上进行转绘、拼图(拼图工作一般在地形图上进行)，核对各种界线有无遗漏，道路、河流是否衔接，在检查中尤其应该注意各工区衔接的地区。检查无误后，拼好的图就作为绘制基本图的底图，并在图上按从上到下、从左到右的原则，重新进行编号，方可进行面积求算工作。

面积求算方法很多，如小班较小时可以采用手持 GPS 绕测、方格纸求算法、电子求积仪、GIS 软件求算等。在生产实际中，主要采用 GIS 成图求算方法，本教材介绍了几种在野外调查中常用的面积求算方法，参见本教材 1.4.3 部分内容。

4.2.11 森林区划要求

4.2.11.1 国有林区划

(1)林场区划

在县境内林场境界应与山脊、河流等自然地形相适应，按有利于经营、方便管理的原则，以天然林为主的林场一般控制在 $1\times10^4 \sim 3\times10^4$ hm^2 为宜；以人工林为主的林场经营面积一般不少于 700 hm^2。

(2)管护站(或工区等)区划

在林场辖区内，按便于生产作业的要求，以山脊、支沟等自然界线划分工区。天然林区工区面积一般为 2000 hm^2，最大不超过 4000 hm^2；人工林区工区面积一般为 300~600 hm^2。森林资源零星分散的可根据实际情况就近挂靠工区或因地制宜独立划分工区。

(3)林班区划

林班既是一级林地区划单位，又是森林资源统计基本单位。在管护区(或工区、功能分区)范围内，林班境界应同自然地形一致，允许"两坡夹一沟"，切勿"两沟夹一山"。林班面积一般为 100~500 hm^2。少林地区、自然保护区和近期不开发林区的林班面积根据需要可以适当放宽。

(4)森林公园、自然保护区区划

如是独立的森林公园或自然保护区，则应单独区划，与林场平级，单独作为一个总体进行调查。在区划时，国家级别的自然保护区、风景名胜区、森林公园的范围界线、功能分区不能变，其他的原则上不变；如是林场下设的森林公园或自然保护区，只作为与管护站(或工区)平级的单位区划出来。

4.2.11.2　集体林区划

未建集体林场的，按县、乡镇、村、社行政界线区划；已建集体林场的，按其经营范围单独区划为一个林班村，按县、乡镇、林班村、林班进行区划。

4.2.11.3　非林地区划

按水田、旱地(含菜地)、建设用地、水域、难利用地及其他非林地进行区划。

①国有林场应在有关境界上竖立不同的标牌、标桩等标志；在人工区划或自然区划界线不太明显的林班线的交叉点上埋设林班标；在不同权属的边界与铁路、公路及县道相交的路旁设立标牌。标牌、标桩的材料，以坚实耐用为原则。

②根据现有材料，将场(乡)、管理局、管理站、工区、林班(行政村)界线转绘到地形图上，在地形图上区划林班。在小班调查时，对区划界线进行现地修正。

4.3　遥感影像应用

借助遥感影像在室内进行小班勾绘，然后到现地核对，可以大大增加区划调查的效率。遥感影像室内判读需要用到目视解译技术。目视解译是指专业人员通过直接观察或借助辅助判读仪器在遥感图像上获取特定目标地物信息的过程。目视解译之前需要对遥感影像进行波段合成，获取彩色遥感影像以提高区分不同植被的精度。

4.3.1　遥感影像几何校正

几何校正是校正成像过程中造成的各种几何畸变，包括几何粗校正和几何精校正。几何粗校正是针对引起畸变的原因而进行的校正，用户下载的遥感数据一般是经过几何粗校正的；几何精校正是利用地面控制点进行的几何校正。ENVI 软件中影像校正有多种几何精校正方法，其中最常用的为图像—地图几何校正。

图像—地图几何校正是指通过地面控制点对遥感图像几何进行平面化的过程，其控制点可以由键盘输入，也可从矢量文件中获取，或者从栅格文件中获取(地形图校正就可采用此方法)。操作过程如下：

①打开图像数据。

②在工具箱中选择【Geometric Correction】→【Registration-Registration：Image to Map】，启动图像到地图的校正模块。

③在 Select Image Display Bands Input Bands 对话框中，选择波段，单击【OK】按钮。

④在 Image to Map Registration 对话框中，设置图像的投影参数、像元大小(X/Y Pixel Size)等，单击【OK】按钮。

⑤采集地面控制点。在校正图像的 Display 中移动方框位置，寻找明显的地物特征点作为输入的控制点，一般采用千米网交叉点。

⑥在 Zoom 窗体中，放大控制点至最小像元，移动定位"十"字光标，将"十"字光标定位到地物特征点上。

⑦在 Ground Control Points Selection 对话框中，根据 Cursor Location/Value 用键盘输入这个点的坐标值。重复上述步骤，继续采集地面控制点。

采集 4 个点后，下一个点可通过 Predict 预测功能预测图上的大致位置。在 Ground Control Points Selection 中，选择【Options】→【Warp File】，选择校正文件，单击【OK】按钮。在打开的 Registration Parameters 对话框中，输入保存路径，单击【OK】按钮开始执行校正操作。

⑧在视窗中对比原始图像和校正后的结果图像，检查校正结果的精度。

4.3.2 遥感影像裁剪

在实际工作中，经常需要根据研究工作范围对图像进行裁剪(Subset Image)。ENVI 中提供的图像分幅裁剪有规则分幅裁剪(Rectangle Subset)和不规则分幅裁剪(Polygon Subset)两类。本节以 Landsta TM 5 图像为例，介绍图像裁剪的具体操作过程。

(1)规则分幅裁剪

规则分幅裁剪是指裁剪图像的边界范围是一个矩形，通过左上角和右下角两点的坐标、图像文件、地图坐标，确定图像的裁剪位置的方法。下面介绍规则裁剪的具体操作过程。

①启动 ENVI，打开裁剪图像。

②在工具箱中，选择【Raster Management】→【Resize Data】，在 Resize Data Input File 对话框中，输入裁剪图像，单击【Spatial Subset】按钮，在 Select Spatial Subset 对话框中，选择 Image。

③拖动红色矩形框到需要裁剪的区域，或输入行列号确定矩形框的大小，并拖动矩形框到需要裁剪的区域，单击【OK】按钮。

④在 Resize Data Input File 对话框中单击【OK】按钮，弹出 Resize Data Parameters 对话框，设置采样方式、输出路径和名称，保存裁剪文件。单击【OK】按钮，进行裁剪。

(2)不规则分幅裁剪

不规则分幅裁剪是指裁剪图像的边界范围是任意多边形裁剪。在 ENVI 中，不仅可以手工绘制"感兴趣区"(Region of Interest，ROI)裁剪影像，还可以直接用矢量数据对栅格影像进行裁剪。除此之外，可用一个矢量对 n 个同一区域的栅格进行裁剪。用 ROI 进行图像裁剪的操作过程如下：

①打开影像，单击工具栏上的【ROI】按钮，或在 Layer Manager 中右键单击 landsta TM5 数据，选择 New Region Of Interest，弹出 Region of Interest(ROI)Tool 对话框。

②在 Region of Interest(ROI)Tool 对话框中，单击按钮，在窗口中创建 ROI。

③在 Region of Interest(ROI)Tool 对话框，选择【Options】→【Subset Data with ROIs】，出现 Spatial Subset via ROI Parameters 对话框。

④Spatial Subset via ROI Parameters 对话框，将 Mask pixels outside of ROI 选择 Yes，将掩膜背景值设置为 0 或者 255。

⑤设定输出文件路径和名称，保存文件。

使用矢量数据裁剪图像的操作过程如下：

①打开图像数据和矢量数据。

②在工具箱中选择【Regions of interest】→【Subset Data via ROIs】，在 Select Input Files to Subset via ROI 对话框中选择需要裁剪的文件，单击【OK】按钮。

③在 Spatial Subset via ROI Parameters 对话框中，选择矢量数据。将 Mask pixels outside of ROI 选为 Yes，将背景值设置为 0 或 255，设定输出文件路径和名称，保存文件。

4.3.3　影像镶嵌

图像镶嵌拼接(Mosaicking)是指将多幅具有重叠部分的图像制作成一幅没有重叠的新影像。ENVI 提供了无缝镶嵌的工具，使用该工具可以更精细地控制图像镶嵌，包括镶嵌匀色、接边线生成和预览镶嵌效果等。以下是对两幅相邻影像的无缝镶嵌过程：

①启动 ENVI，打开需要镶嵌的两幅影像。

②在工具箱中选择【Mosaicking】→【Seamless Mosaic】，弹出 Seamless Mosaic 对话框，单击【Add Scenes】按钮，在 File Selection 对话框中选择待镶嵌的影像单击【OK】按钮，将 2 幅影像添加到 Seamless Mosaic 对话框中。

③在【Color Correction】对话框，选择【Histogram Matching】选项，选中 Overlap Area Only，统计重叠区域直方图进行匹配；或者选中 Entire Scene，统计整幅图像直方图进行匹配。

④在【Seamlines】→【Feathering】窗口中选中 Apply Seamlines，取消使用接边线，若需要添加接边线，可选择【Seamlines】→【Auto Generate Seamlines】，自动在影像上生成接边线；在羽化设置中可以选择 None(不使用羽化处理)、Edge Feathering(使用边缘羽化)和 Seamline Feathering(使用接边线羽化)。

⑤在 Export 窗口中设置输出格式、输出文件名及路径和背景值等，设置完成后，单击【Finish】按钮完成镶嵌过程。

4.3.4　遥感影像判读区划

4.3.4.1　建立解译标志

遥感影像解译标志又称判读标志，它指能够反映和表现目标地物信息的遥感影像各种特征，这些特征能帮助判读者识别遥感图像上目标地物或现象。包括色调与颜色、阴影、形状、纹理、大小、位置、图型等直接判读标志和目标地物成因、成像时间等间接判读标志。

(1)解译标志建立原则

①遥感信息与地学资料相结合原则。

②室内解译与专家经验、专题资料相结合原则。

③综合分析与主导分析相结合原则。

④类型全面性与代表性、典型性相结合原则。

⑤地物影像特征差异最大化与特征最清晰化相统一原则。

(2)解译标志建立方法

①室内预判　在全面观察调查区遥感影像，了解调查区地貌、气候、植被等概况的基础上，根据解译任务制定统一的分类系统，并选择已知或典型的判读类型，预判勾绘不同判读类型的典型图斑。

②现地调查或踏查　以景为单元，按照类型与特征齐全、典型性强、资料丰富、交通方便等原则，选取 3 条调查(踏查)线路，在每条调查线路上按地类、树种(组)、龄组、坡向等类型选取 3~5 个调查点，调查记载室内预判图斑的现地信息，利用 GNSS 采集其坐标，并拍摄实物照片，建立起影像特征和地物间的关系库。

③室内分析　依据现地调查(踏查)确定的影像和地物间的对应关系，借助有关辅助信息(专业调查图件、资料及地形、物候等)，建立遥感影像图上反映的色彩、形态、结构、相关分布、地域分布等与判读类型的相关关系。

④建立判读标志　卫星图像的判读标志可以分为直接判读标志和间接判读标志，由于卫星图像所反映的是广大地区的多波段和多时相的同步环境信息，是地表自然综合体的高度综合图像，因此，比航空像片要概括的多，其主要判读标志包括色调和图型结构两个方面：

a. 色调。卫星图像上，色调是地物电磁辐射特性的反映，其中黑白影像的色调是地物波谱特征的直接记录，彩色合成图像上的色彩是地物在几个波段上的波谱特性的综合反映。利用色调和色彩进行地物识别，是卫星图像判读的重要依据。

b. 图型结构。卫星图像的图型结构标志是地物形态特征和波谱特征的综合反映。地物在影像上的图型结构，主要取决于地物的平面形态和高低起伏特征，也与地物的波谱特征所造成的基本色调有一定的关系。卫星图像的图型结构通常表现为不同地物的形状、大小、纹理、排列特征等，具体表现为规则、不规则、线性、方形、颗粒、螺旋、平行、条带以及粗糙、细密、稀疏、均匀、不均匀、明显、模糊等，并与其色调特征结合起来进行描述。

总的来说，解译标志的建立应根据所调查地区的特点和资源分布状况，以卫星遥感数据景的物候期为单位，每景选择若干条包括该区域内各地类有代表性的勘察路线。将卫星影像特征与实地情况相对照，获得各地类在影像图上的影像特征，并记录各地类影像的色调、图型结构、地形地貌、地理位置(包括地名)空间关系等特征，以建立目视判读标志表(表 4-1)。每一景卫片要分别建立解译标志，保证不同地类、不同树种(组)、不同坡向的组合类型的解译标志点的数量都不少于 3 个。

表 4-1　遥感影像判读标志表

卫星：＿＿＿＿＿＿＿＿　　遥感影像景号：＿＿＿＿＿＿＿＿

序号	地类	树种（组）	坡向	标志描述							
				颜色	色调	阴影	形状	纹理	大小	位置	图型

⑤修改完善　判读标志建立后，要进行反复的检验和校正，力求具全面的代表性和可操作性，每种类型都应取得相应典型的图像标志。

4.3.4.2　判读区划

(1)判读区划原则

①先图外，后图内的原则　判读区划时，首先要了解影像图框外提供的各种信息，包括图像覆盖的区域及其所处的地理位置、影像比例尺、影像重叠符号、影像注记、影像灰阶等内容。

②先整体，后局部的原则　对判读区划影像作整体的观察，了解各种地理环境要素在空间上的联系，综合分析目标地物与周围环境的关系。

③勤对比，多分析的原则　在判读区划过程中要及时进行多个波段、不同时相、不同地物等方面的对比分析。

④充分利用现有成果的原则　要利用前期二类调查成果、森林工程检查验收成果、森林经营分类区划成果等。

(2)判读区划方法

①直接判读法　根据遥感影像解译标志，区划人员在数字正射遥感影像图上直接判读区划图斑，并记载图斑的地类、树种(组)、坡向等判读结果。

②对比分析法　此方法包括同类地物对比分析法、空间对比分析法和时相动态对比法。同类地物对比分析法是在同一景遥感影像图上，区划人员综合运用其他各种可参考的辅助信息、专业知识和直接判读经验，由已知地物推出未知目标地物的方法。

③信息覆合法　利用其他专业调查成果图(前期清查森林分布图、二类调查林相图、沙化土地分布图、荒漠化土地分布图、湿地分布图等)或者透明地形图与遥感图像重合，根据其他专业调查成果图或者地形图提供的多种辅助信息，识别遥感图像上目标地物类型与范围的方法。

④综合推理法　综合考虑遥感图像多种解译特征，区划人员结合其他各种可参考的辅助信息、专业知识、判读和调查经验，分析、推断某种目标地物类型与范围的方法。

⑤相关分析法　根据判读类型中各种要素之间的相互依存，相互制约的关系，借助专业知识，分析推断某种类型状况与分布的方法。

(3)区划步骤

①判读区划

a. 采用常用的遥感判读区划软件，分景打开经图像处理，并已叠加到村或社行政界线的判读区划工作用图(判读区划图像)。

b. 利用判读区划软件调出该判读区划图像对应的解译标志。

c. 将判读区划图像放大到不低于原图大小的 2 倍，1∶1 万的比例尺至少放大到 1∶5000 的比例尺再进行判读区划。

d. 利用直接判读、对比分析、信息覆合、综合推理和相关分析等判读区划方法，对目的类型进行判读区划，做到区划图斑界线与遥感影像图上不同类型变更线相吻合，且闭合，目的类型的图斑不重不漏。当一个图斑跨 2 景以上遥感数据时，将图斑所涉及的各景遥感数据调在同一屏幕上进行判读区划，做到无缝连接。

e. 填写判读区划信息，见表 4-2。

表 4-2 图斑判读区划信息表

区县	乡镇(林场)	村(管护站)	社(林班)	图斑号	地类	树种(组)	坡向	面积(hm^2)

②现地验证 对于判读区划结果，需要进行现地核实，以检验目视判读的质量和解译精度，修正区划界线。对于判读区划中出现的疑难点、(如难以判读地方)则需要在现地核实过程中完善。同时，通过到社的行政界线(室内未确定到社的行政界线者)、地类、树种等小班区划条件形成小班。并结合现地验证调查各种内容和因子。

(4)质量要求

①判读勾绘图斑界线须与遥感影像图上不同类型变更线相吻合，误差不得超过 1 个像元，图斑界线应闭合，不能交叉、重叠、漏空。勾绘图斑数据不得存在拓扑错误，属性数据不能为空值。相邻景地物要素在逻辑上要保证无缝接边，接边地物要素的属性和拓扑关系均应保持一致。

②遥感影像图镶嵌处同名地物点相差应小于 1 mm，且影像清晰、反差适中、色调均匀、纹理清楚。

4.3.4.3 ENVI 遥感影像区划判读操作

(1)波段组合

①启动 ENVI 5.3，打开 ENVI Classic 界面。

②在【Available Bands List】窗口，选定【RGB Color】，选择 RGB 波段组合，如选 3(red)、2(green)、1(blue)波段组合显示真彩色影像。

③单击【Load Data】按钮，在显示假彩色的窗体中选择【File】→【Save Image as】→【Image File】根据需要选择文件类型和路径。即可完成波段组合。

(2)目视判读

①打开 ENVI Classic 界面，选择 File 打开目标影像(波段组合影像)。

②建立林地遥感影像目视解译标志，见表 4-3。

③从主图像窗口的文件菜单中创建矢量文件：打开【File】→【Create New Vector File】，打开 New Vector Layer Paramters 对话框，输入矢量层文件名，保存路径。

④在打开的矢量参数对话框中，从【Mode】选择【Add New Vector】，设置 Current Layer 颜色，在主图像窗口中单击右键，打开快捷菜单，从矢量类型中选择点、线或面。

⑤在主图像窗口中用鼠标勾绘感兴趣区地物的边界，在结束时单击鼠标右键选择 Accept New Polygon(Polyline 或 Point)。重复以上步骤，绘制需要制图的地物。

⑥保存制图矢量文件：在 Vector Paramters 窗口 文件菜单中选 Exprot Active Layer to ROIs 或 Exprot Active Layer to Shapfiles 保存为 ROI 文件，或 ArcGIS 的“. shp”格式文件。

表 4-3　遥感影像解译标志

类型	标志描述			
	色彩	形态	结构	地域分布
道路	灰白色	不规则线状	纹理较均匀、平滑	城镇及沿着河流
水体	浅蓝色、深褐色或黑色	不规则形状	纹理均匀光滑	规律不明显
农田	浅红色	不规则片状	纹理稍显粗糙	山脚下、城镇边郊等有人口居住的平地
林地	鲜红色	不规则形状	纹理粗糙、不均匀	丘陵或山地
城镇建设用地	灰蓝色	不规则片状	纹理粗糙、不均匀	平地
沙滩	白色	不规则片状	纹理均匀、平滑	水体边缘

4.3.5　林地遥感影像监督分类

监督分类方法是通过训练区内样本的光谱数据计算各类别的统计特征参数，作为各类型的度量标准，然后根据判别规则将图像的各像元分到一定的类别中。常用的判别规则有贝叶斯判别、最大似然判别和最小距离判别等。下面以黄柏山林场为例，对影像进行监督分类，获取各林地类别监督分类图。

4.3.5.1　选取训练样本

在分析选取样本之前，先了解一下 ENVI 的样本选取方式。ENVI 中的样本区域也是“感兴趣区”，即 Region of Interest (ROI)。根据目视解译，原始 TM 影像中的地物类别有水体、居民地和林地 3 类。

第一步新建矢量图层创建训练样本

①在 ENVI 5.3 标准界面主窗体左侧的 Layer Manger 中，在影像图层上单击右键，选择 New Region Of Interest，打开的 Region of Interest (ROI)Tool 窗口进行参数设置。

②以地物类别“居民地”为例介绍 ROI 的创建。在 Region of Interest (ROD) Tool 窗口中设置以下参数：

ROI Name 为居民地；颜色选择为红色。

默认 ROI 绘制类型为多边形，在影像上辨别居民地区域并单击鼠标左键开始绘制多边形样本，绘制结束后，双击鼠标左键或单击鼠标右键，1 个 ROI 中可包含多个多边形或其他形状的记录(record)。在绘制时可根据具体情况选择合适的形状。

③采用同样的方法，在图像的其他区域绘制其他样本，样本尽量均匀分布在整个图像上。

④这样就为居民地选好了训练样本。要对某个样本进行编辑，可在样本上单击右键，选择 Edit Record，选择 Delete Record 则删除样本。

在图像上右键单击并选择 New ROI，按照以上步骤依次添加好之前目测的“居民地”“林地”“水体”3 类 ROI。

4.3.5.2 训练样本评价

这一步主要评价样本的可分离性。在任意一个 Region of Interest (ROI) Tool 窗口上选择【Option】→【Compute ROI Separability】，弹出 Choose ROIs 窗口，选中几类样本，单击【OK】按钮，之后，计算机会进行计算。其中各个样本类型之间的可分离性用 Jeffries-Matusita 和 Transformed Divergence 参数表示，一般来说这 2 个参数的值为 0~2.0，大于 1.9 说明样本之间的可分离性好，属于合格样本；小于 1.8 就需要编辑样本或重新选择样本；小于 1，就要考虑将两类样本合成一类样本。

需要合并样本时，可在 Region of Interest (ROI) Tool 窗口中选择 Options Merge(Union/Intersection) ROIs，在出现的 Merge ROIs 窗口中，选择需要合并的类别，并选择 Delete Input ROIs。

4.3.5.3 执行监督分类

监督分类的分类器在【Toolbox】→【Classification】→【Supervised Classification】下，包括 12 种类型的分类器，下面介绍常用的最大似然值分类法。最大似然分类法是假设每个波段中各类数据统计呈正态分布，计算给定像元属于某一训练样本的似然度，并将该像元划分到似然度最大的一类中。

在 Toolbox 右侧的监督分类列表下选择【Supervised Classification】→【Maximum Likelihood Classification】，在打开的文件输入对话框中选择 TM 分类影像，单击【OK】按钮，打开最大似然参数设置对话框，如图 4-1 所示。参数介绍如下：

①Selet Classes from Regions　列出创建的训练样本，单击【Select All Items】按钮选择全部。

②Set Probability Threshold　设置似然度阈值(0~1)，似然度小于该阈值的像元不划分到该类中。None：不设置标准差阈值；Single Value：为所有训练样本设置一个似然度阈值；Multiple Values：分别为每类训练样本设置似然度阈值。本实验数据中选择 Single Value，值为 0.001。

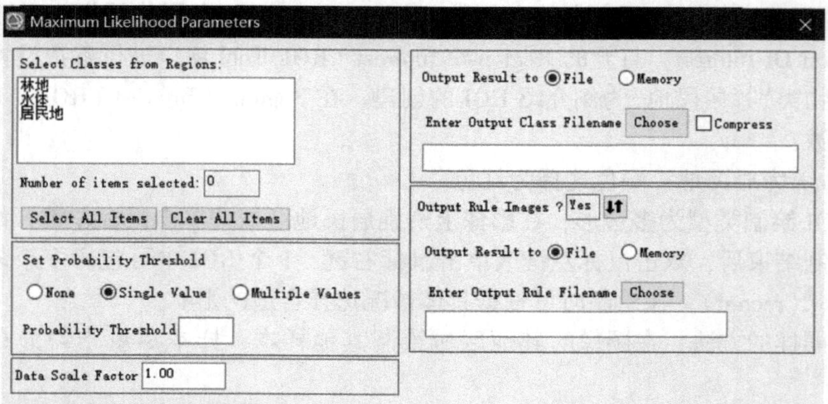

图 4-1　最大似然参数设置对话框

③Data Scale Factor　设置数据比例系数，它是一个比值系数，用于将整型反射率或辐射反射率数据转换成浮点型数据。若反射率数据在0~10000缩放，则设定的比例系数为10000。对于没有定标的整型数据，将比例系数设置为该仪器所能测量的最大值$2n-1$，n为仪器的比特容量。本实验采用默认值。

④Output Result to　选择分类输出路径及文件名。

⑤Output Rule Images　单击选择【Yes】或【No】按钮，选择【Yes】进一步选择规则图像输出路径及文件名；选择【No】不保存规则图像。

⑥设置完成后单击【Preview】按钮可预览分类结果，单击【OK】按钮执行分类。

4.3.5.4　分类后处理

不管是监督分类、非监督分类，还是决策树分类，得到的初始结果都无法满足最终应用需求，不可避免地会产生一些面积很小的图斑。无论是从专题制图的角度，还是从实际应用的角度，都有必要对这些小图斑进行剔除或重新分类。目前常用的方法有聚类处理(Clump)、过滤处理(Sieve)和Majority/Minority分析等。其他分类后处理一般包括分类统计分析、栅格转矢量等。下面选用前面最大似然值分类数据演示。

(1)聚类统计

聚类(clump)统计计算每个分类图斑的面积，记录相邻区域最大图斑面积的分类值，运用形态学算子将邻近的类似分类区域聚类合并。

在工具箱中选择【Classification】→【Post Classification】→【Clump Classes】，选择分类结果，单击【OK】按钮打开Classification Clumping对话框。

①在Dilate Kernel Value中设置行列数。

②在Erode Kernel Value中设置形态学算子大小。

③选择输出文件路径及文件名，单击【OK】按钮执行聚类统计。

(2)过滤分析

过滤分析是对经过聚类处理后的Clump类组影像进行处理，按照定义的数值大小，删除Clump影像中较小的类组图斑，并赋予新的属性值“0”。

在工具箱中选择【Classification】→【Post Classification】→【Sieve Classes】，选择分类结果，单击【OK】按钮打开Classification Sieving对话框。

①单击【Class Order】按钮选择所有类。

②在Minimum Size中设置过滤阈值，将小于该阈值的像元从相应的类中删除。

③在Pixel Connectivity中设置邻域像元个数，值为4或8。

④选择输出文件路径及文件名，单击【OK】按钮。

(3)分类统计

分类统计(class statistics)的统计内容包括类别中的像元数、最小值、最大值、平均值以及类中每个波段的标准差等，可绘制相应统计图。

①在ENVI新界面中，打开分类结果和原始影像。

②在Toolbox工具单击【Classification】→【Post Classification】→【Class Statistics】，在弹出的Classification Input File窗口中选择“分类”，单击【OK】按钮。

③在Statistics Input File窗口中，选择原始影像，单击【OK】按钮。

④在弹出的 Class Selection 窗口中，点击【Select All Items】，统计所有分类的信息，单击【OK】按钮，打开 Compute Statistics Parameters 窗口。

⑤在 Compute Statistics Parameters 窗口中可以设置统计信息，如 Basic Stats(基本统计)、Histograms(直方图统计)、Covariance(协方差统计)，根据具体需要勾选。

4.3.5.5 精度评价

精度评价通过比较实际数据与处理数据来确定处理过程的准确度。分类结果评价是进行土地覆盖、遥感动态监测的重要一环，也是分类结果是否可信的一种度量。最常用的评价方法是误差矩阵或混淆矩阵法，从误差矩阵计算各种精度统计值，如总体正确率、使用者正确率、生产正确率、Kappa 系数等。

在图像精度评价中，混淆矩阵主要用于比较分类结果与实测值。混淆矩阵是通过将每个实测像元的位置和分类与分类图像中的相应位置和分类相比较计算得到的。混淆矩阵的每一列代表实际测得的信息，数值等于实际测得像元在分类图像中对应于相应类别的数量。混淆矩阵的每行代表遥感数据的分类信息，每行中的数值等于遥感分类像元在实测像元相应类别中的数量。在 ENVI 中，生成混淆矩阵可以使用 2 种真实参考源：一是标准的分类图；二是选择的感兴趣区(验证样本区)。

在 ENVI 中使用混淆矩阵的详细操作步骤如下：

①打开分类结果影像“聚类统计 . dat”。

②打开验证样本，选择【File】→【Open】，选中“精确 ROI. xml”。

③在工具箱中选择【Cassification】→【Post lassification】→【Confusion Matrix】→【Using Ground Truth ROIs】选中混淆矩阵计算工具，在弹出的窗口中选择目标文件，单击【OK】按钮。

④软件会根据分类代码自动匹配，如不正确，可以手动更改。单击【OK】按钮后，选择混淆矩阵显示风格(像素和百分比)。

⑤单击【OK】按钮，即可得到精度报表。

第五章　森林资源调查技术标准

森林资源调查技术标准主要参考《森林资源连续清查技术规程》(GB/T 38590—2020)、《森林资源规划设计调查技术规程》(GB/T 26424—2010)、《国家林业和草原局 2022 年全国森林、草原、湿地调查监测技术规程》《森林资源规划设计调查主要技术规定(2014)》《国家级公益林区划界定办法》以及河南省二类调查细则等相关技术标准。

5.1　林地类型

5.1.1　分类系统

林地是指县级以上人民政府规划确定的用于发展林业的土地。林地分两级，其中一级分为 7 类，包括乔木林地、竹林地、疏林地、灌木林地、未成林造林地、迹地、苗圃地。灌木林地、未成林造林地各分为 2 个二级地类，迹地分为 3 个二级地类(表 5-1)。地类划分的最小面积为 1 亩①。

5.1.2　技术标准

林地是国家重要的自然资源和战略资源，包括郁闭度 0.2 以上的乔木林地、竹林地、疏林地、灌木林地、未成林造林地、迹地、苗圃地(表 5-1)。

(1)乔木林地

乔木郁闭度大于或等于 0.20 的林地不包括森林沼泽。其中，林带行数应在 2 行以上且行距小于等于 4 m 或林冠冠幅水平投影宽度在 10 m 以上；当林带的缺损长度超过林带宽度 3 倍时，应视为 2 条林带；2 平行林带的带距小于等于 8 m 时按片林调查。包括郁闭度达不到 0.20，但已到成林年限且生长稳定，保存率达到 80%(年均降水量 400 mm 以下，不具备灌溉条件的地区为 65%)以上人工起源的林分，也包括由以乔木型红树植物为主体组成的红树林群落。

(2)竹林地

生长竹类植物，郁闭度大于或等于 0.20 的林地。包括天然起源、人工造林更新 2 年以上(不含 2 年)、郁闭度大于等于 0.2 或每亩株数大于等于 20 株的毛竹林(含刚竹，下同)；天然起源、人工造林更新 2 年以上(不含 2 年)、覆盖度大于等于 30%的杂竹林。

在竹木混交情况下，如竹类郁闭度或株数(或乔木郁闭度)达到规定标准的就确定为竹林(或乔木林地)；二者均达到规定标准的，按经营目的确定。如果确定为竹林，则其内的乔木记为散生木；如果确定为乔木林，则其内的毛竹记为散生竹。

---

①　1 亩≈0.067 hm^2。

表 5-1 林地分类

<table>
<tr><th>一级</th><th>二级</th></tr>
<tr><td>(一)乔木林地</td><td>—</td></tr>
<tr><td>(二)竹林地</td><td>—</td></tr>
<tr><td>(三)疏林地</td><td>—</td></tr>
<tr><td rowspan="2">(四)灌木林地</td><td>(1)特殊灌木林地</td></tr>
<tr><td>(2)一般灌木林地</td></tr>
<tr><td rowspan="2">(五)未成林造林地</td><td>(1)未成林人工造林地</td></tr>
<tr><td>(2)未成林封育地</td></tr>
<tr><td rowspan="3">(六)迹地</td><td>(1)采伐迹地</td></tr>
<tr><td>(2)火烧迹地</td></tr>
<tr><td>(3)其他迹地</td></tr>
<tr><td>(七)苗圃地</td><td>—</td></tr>
</table>

(3)疏林地

乔木郁闭度在 0.10~0.19 的林地。竹林、经济林不划分疏林地。

(4)灌木林地

灌木林地指灌木覆盖度大于或等于 40%的林地，不包括灌丛沼泽。

①特殊灌木林地　指分布在年均降水量 400 mm 以下的干旱(含极干旱、干旱、半干旱)地区，生态环境脆弱，专为防护用途，且覆盖度大于 40%，平均高度 0.5 m 以上的灌木林地，不包括多年生、木质化的半灌木。

②一般灌木林地　不属于特殊灌木林地的其他灌木林地。

(5)未成林造林地

未成林造林地指人工造林(包括直播、植苗)、飞播造林和封山(沙)育林后在成林年限前分别达到人工造林、飞播造林、封山(沙)育林合格标准的林地。成林年限标准见表 5-2。

表 5-2 不同营造方式成林年限表　　年

<table>
<tr><th colspan="2" rowspan="3">营造方式</th><th colspan="6">造林区域</th></tr>
<tr><th colspan="2">热带区、亚热带区</th><th colspan="2">暖温带区、中温带区、寒温带区</th><th colspan="2">半干旱区、干旱区、极干旱区、高寒区</th></tr>
<tr><th>乔木</th><th>灌木</th><th>乔木</th><th>灌木</th><th>乔木</th><th>灌木</th></tr>
<tr><td colspan="2">封山(沙)育林</td><td>5~8</td><td>3~6</td><td>5~10</td><td>4~6</td><td>8~15</td><td>5~8</td></tr>
<tr><td colspan="2">飞播造林</td><td>5~7</td><td>4~7</td><td>5~8</td><td>5~7</td><td>7~10</td><td>5~7</td></tr>
<tr><td rowspan="2">人工造林</td><td>直播</td><td>3~8</td><td>2~6</td><td>4~8</td><td>3~6</td><td>4~10</td><td>4~8</td></tr>
<tr><td>植苗、分殖</td><td>3~5</td><td>3~5</td><td>3~5</td><td>3~5</td><td>3~5</td><td>3~5</td></tr>
</table>

注：成林年限确定时，热带区、亚热带区的石漠化地区、干热河谷地区等宜取上限；慢生树种宜取上限，速生树种宜取下限；商品林宜取下限，生态公益林宜取上限。

未成林造林地包括未成林人工造林地和未成林封育地 2 类，其中未成林人工造林地指人工造林(包括直播、植苗)、飞播造林在成林年限前分别达到人工造林、飞播造林合格标准的林地；未成林封育地指封山(沙)育林后在成林年限前达到封山(沙)育林合格标准的林地。

人工造林合格标准见《造林技术规程》(GB/T 15776—2016)；飞播造林合格标准见《飞播造林技术规程》(GB/T 15162—2018)；封山(沙)育林合格标准见《封山(沙)育林技术规程》(GB/T 15163—2018)。

(6)迹地

迹地指乔木林地、灌木林地在采伐、火灾、平茬、割灌等作业活动后，分别达不到疏林地、灌木林地标准、尚未人工更新的林地。迹地包括采伐迹地、火烧迹地和其他迹地。

①采伐迹地　乔木林地采伐后3年内活立木达不到疏林地标准、尚未人工更新的林地。

②火烧迹地　乔木林地火灾等灾害后3年内活立木达不到疏林地标准、尚未人工更新的林地。

③其他迹地　人工造林、封山(沙)育林后达到成林年限但尚未达到疏林地标准的林地，以及灌木林地经采伐、平茬、割灌等经营活动或火灾发生后，盖度达不到40%的林地。

(7)苗圃地

固定的林木和木本花卉育苗用地。不包括母树林、种子园、采穗圃、种质基地等种子、种条生产用地以及种子加工、储藏等设施用地。苗圃地应依据《苗圃建设规范》(LY/T 1185—2013)等的有关规定确定。

5.2　林种

5.2.1　分类系统

林种是按森林经营利用的主要目标而划定的森林类别。《中华人民共和国森林法》规定，森林分防护林、特种用途林、用材林、能源林和经济林。根据经营目标的不同，将有林地、疏林地、灌木林地分为5个一级林种、24个亚林种，见表5-3。

按照主导功能的不同将森林(含林地)分为生态公益林(地)和商品林(地)两大类。生态公益林又分为防护林(下有7个亚林种)和特种用途林(下有7个亚林种)；商品林分为用材林(下有3个亚林种)、能源林(下有2个亚林种)和经济林(下有5个亚林种)。

5.2.2　技术标准

5.2.2.1　防护林

防护林指以发挥生态防护功能为主要目的森林、林木和灌木林。

(1)水源涵养林

水源涵养林指以涵养水源、改善水文状况、调节区域水分循环，防止河流、湖泊、水库淤塞，以及保护饮用水水源为主要目的的森林、林木和灌木林。具有下列条件之一者，可划为水源涵养林：

①流程在500 km以上的江河发源地汇水区，主流与一级、二级支流两岸山地(如伊河、淮河及其支流汝河、沙河、洪河、颍河等的源头处)自然地形中的第一层山脊以内的

森林、林木和灌木林。

②流程在 500 km 以下的河流，但所处地域雨水集中，对下游工农业生产有重要影响，其河流发源地汇水区及主流、一级支流两岸山地(如白河、唐河、湍河、老灌河等)自然地形中的第一层山脊以内的森林、林木和灌木林。

③大中型水库与湖泊(大型指库容 1.0 亿 m^3 以上；中型指库容 0.1 亿~1.0 亿 m^3)周围山地自然地形第一层山脊以内或平地 1000 m 以内，小型水库与湖泊周围自然地形第一层山脊以内或平地 250 m 以内的森林、林木和灌木林。

④雪线以下 500 m 和冰川外围 2 km 以内的森林、林木和灌木林。

⑤保护城镇饮用水源的森林、林木和灌木林。

(2)水土保持林

水土保持林指以减缓地表径流、减少冲刷、防止水土流失、保持和恢复土地肥力为主要目的的森林、林木和灌木林。具备下列条件之一者，可划为水土保持林：

①东北地区(包括内蒙古东部)坡度在 25°以上，华北、西南、西北等地区坡度在 35°以上，华东、中南地区坡度在 45°以上，森林采伐后会引起严重水土流失的森林、林木和灌木林；河南省大别、桐柏山区坡度大于等于 40°；伏牛、太行山区坡度大于等于 36°，森林采伐后会引起严重水土流失的森林、林木和灌木林。

②因土层瘠薄，岩石裸露，采伐后难以更新或生态环境难以恢复的森林、林木和灌木林。

③土壤侵蚀严重的黄土丘陵区塬面，侵蚀沟、石质山区沟坡、地质结构疏松等易发生泥石流地段的森林、林木和灌木林。

④主要山脊分水岭两侧各 300 m 范围内的森林、林木和灌木林。

表 5-3　林种分类系统表

森林类别	一级林种	亚林种
一、生态公益林(地)	(一)防护林	11. 水源涵养林
		12. 水土保持林
		13. 防风固沙林
		14. 农田牧场防护林
		15. 护岸林
		16. 护路林
		17. 其他防护林
	(二)特种用途林	21. 国防林
		22. 实验林
		23. 母树林
		24. 环境保护林
		25. 风景林
		26. 名胜古迹和革命纪念林
		27. 自然保护区林

（续）

森林类别	一级林种	亚林种
二、商品林(地)	(三)用材林	31. 短轮伐期用材林
		32. 速生丰产用材林
		33. 一般用材林
	(四)能源林	41. 油料能源林
		42. 木质能源林
	(五)经济林	51. 果树林
		52. 食用原料林
		53. 林化工业原料林
		54. 药用林
		55. 其他经济林

(3)防风固沙林

防风固沙林指以降低风速、防止或减缓风蚀，固定沙地，以及保护耕地、果园、经济作物、牧场免受风沙侵袭为主要目的的森林、林木和灌木林。具备下列条件之一者，可划为防风固沙林：

①重度风蚀地区，常见流动、半流动沙地(丘、垄)地段的森林、林木和灌木林。

②与沙地交界 250 m 以内的森林、林木和灌木林。

③海岸基质类型为沙质、泥质地区，顺台风盛行登陆方向离固定海岸线 1000 m 范围内，其他方向 200 m 范围内的森林、林木和灌木林。

④珊瑚岛常绿林。

⑤其他风沙危害严重地区的森林、林木和灌木林。

(4)农田牧场防护林

农田牧场防护林指以保护农田、牧场减免自然灾害，改善自然环境，保障农、牧业生产条件为主要目的的森林、林木和灌木林。具备下列条件之一者，可划为农田牧场防护林：

①农田、草牧场境界外 100 m 范围内，与沙质地区接壤 250~500 m 的森林、林木和灌木林。

②为防止、减轻自然灾害，在田间、牧场、阶地、低丘、岗地等处设置的林带、林网、片林。

(5)护岸林

护岸林指以防止河岸、湖岸冲刷崩塌、固定河床为主要目的的森林、林木和灌木林。具备下列条件之一者，可以划为护岸林：

①主要河流两岸各 200 m 及其主要支流两岸各 50 m 范围内的，包括河床中的雁翅林。

②堤岸、干渠两侧各 10 m 范围内的森林、林木和灌木林。

③红树林或海岸 500 m 范围内的森林、林木和灌木林。

(6)护路林

护路林指以保护铁路、公路免受风、沙、水、雪侵害为主要目的的森林、林木和灌木林。具备下列条件之一者，可划为护路林：

①林区、山区国道及干线铁路路基与两侧(设有防火线的在防火线以外，下同)的山坡或平坦地区各200 m以内，非林区、丘岗、平地和沙区各50 m以内的森林、林木和灌木林。

②林区、山区、沙区的省、县级道路和支线铁路路基与两侧各50 m以内，其他地区各10 m范围以内的森林、林木和灌木林。

(7)其他防护林

其他防护林指以防火、防雪、防雾、防烟、护鱼等其他防护作用为主要目的的森林、林木和灌木林。

5.2.2.2 特种用途林

特种用途林指以保存物种资源、保护生态环境，用于国防、森林旅游和科学实验等为主要经营目的的森林、林木和灌木林。

(1)国防林

国防林指以掩护军事设施和用作军事屏障为主要目的的森林、林木和灌木林。具备下列条件之一者，可划为国防林：

①边境地区的国防林，其宽度按照有关要求划定。

②经林业主管部门批准的军事设施周围的。

(2)实验林

实验林指以提供教学或科学实验场所为主要目的的森林、林木、灌木林，包括科研试验林、教学实习林、科普教育林、定位观测林等。

(3)母树林

母树林指以培育优良种子为主要目的的森林、林木、灌木林，包括母树林、种子园、子代测定林、采穗圃、采根圃、树木园、种质资源和基因保存林等。

(4)环境保护林

环境保护林指分布在城市及城郊接合部、工矿企业内、居民区与村镇绿化区，以净化空气、防止污染、降低噪音、改善环境为主要目的的森林、林木、灌木林。

(5)风景林

风景林指分布在风景名胜区、森林公园、度假区、滑雪场、狩猎场、城市公园、乡村公园及游览场所内，以满足人类生态需求，美化环境为主要目的的森林、林木和灌木林。

(6)名胜古迹和革命纪念林

名胜古迹和革命纪念林指位于名胜古迹和革命纪念地(包括自然与文化遗产地、历史与革命遗址地)内的，以及纪念林、文化林、古树名木等森林、林木、灌木林。

(7)自然保护区林

自然保护区林指各级自然保护区、自然保护小区内以保护和恢复典型生态系统和珍贵、稀有动植物资源及栖息地或原生地，或者保存和重建自然遗产与自然景观为主要目的的森林、林木和灌木林。

5.2.2.3 用材林

用材林指以生产木材或竹材为主要目的的森林、林木和灌木林。

(1)短轮伐期工业原料林

短轮伐期工业原料林指采取集约经营措施进行定向培育，以生产纸浆材及特殊工业用木质原料为主要目的的森林、林木和灌木林。

(2)速生丰产用材林

速生丰产用材林指通过使用良种壮苗和实施集约经营，森林生长指标达到相应树种速生丰产林国家或行业标准的森林、林木和灌木林。

(3)一般用材林

一般用材林指其他以生产木材和竹材为主要目的的森林、林木和灌木林。

5.2.2.4　能源林

能源林指以生产燃料、生物质能源原料为主要经营目的的森林、林木和灌木林。

(1)油料能源林

油料能源林指以生产生物柴油、工业乙醇所需原料为主要经营目的的森林、林木和灌木林。油料能源林是由树体或某一器官富含油分或类似石油乳汁的树种组成。

(2)木质能源林

木质能源林指以生产薪炭材、木质生物质能源燃料为主要经营目的的森林、林木和灌木林。木质能源林是利用树木木质成分直接燃烧，或经过化学或物理转化获得生物质燃料(生物油、木煤气、固体成型燃料等)。

5.2.2.5　经济林

经济林指以生产油料、干鲜果品、工业原料、药材及其他副特产品为主要经营目的的森林、林木和灌木林。

(1)果树林

果树林以生产各种干鲜果品为主要目的，如油茶、核桃、黄连木、茶、猕猴桃、花椒、桂花等。

分为干果林(以生产干果为主的果树林)和水果林(以生产水果为主的果树林)。

(2)食用原料林

食用原料林以生产食用油料、饮料、调料、香料等为主要目的。

分为油料林(以生产食用或工业油料为主的经济林，如油茶等)、饮料林(以生产饮料为主的经济林，如茶)、调料林(以生产调料为主的经济林，如花椒)和香料林(以生产香料、提取香精等为主的经济林)。

(3)林化工业原料林

林化工业原料林以生产树脂、橡胶、木栓、单宁等非木质林产化工原料为主要目的，如漆树、油桐、乌桕等。

(4)药用林

药用林以生产药材、药用原料为主要目的，如杜仲、银杏、山茱萸、辛夷等。

(5)其他经济林

其他经济林以生产其他林副特产品为主要目的，如香椿、(蚕)桑、(蚕)柞、白蜡(条、杆)、柳(杆)、桑(杈)、紫穗槐等。

5.2.3　林种优先级确定

当某地块同时满足一个以上林种划分条件时，应根据先公益林、后商品林的原则区划。经过区划界定的公益林，按区划界定时确定的林种登记；未经区划界定的其他公益林，按以下优先顺序确定：

国防林、自然保护区林、名胜古迹和革命纪念林、风景林、环境保护林、母树林、实验林、护岸林、护路林、其他防护林、水土保持林、水源涵养林、防风固沙林、农田防护林。

5.3 树种(组)、优势树种(组)与树种组成

5.3.1 树种(组)

外业调查样木树种时，记载树种或树种组。调查样地的优势树种时，应按该树种蓄积量占样地总蓄积量65%以上确定。当为无蓄积量或蓄积量很少的幼龄林和未成林地时，可按株数的组成比例确定；如树种很多分不清优势时，可将树种合并为树种组记载。乔木树种(组)分类见表5-4。

表 5-4 乔木树种(组)分类表

树种(组)	名称	具体树种
针叶树种(组)	马尾松	马尾松
	黄山松	黄山松
	黑松	黑松
	华山松	华山松
	湿地松	湿地松
	火炬松	火炬松
	其他松类	金钱松、雪松等
	杉木	杉木
	柳杉	柳杉、日本柳杉
	水杉	水杉
	池杉	池杉、落羽杉
	冷杉	百山祖冷杉、日本冷杉
	铁杉	南方铁杉
	油杉	油杉、江南油杉
	紫杉	南方红豆杉、榧树、长叶榧、红豆杉、紫杉
	其他杉类	水松、三尖杉、罗汉松、竹柏等
	柏木	柏木、圆柏、刺柏、福建柏、日本扁柏、日本花柏、侧柏
阔叶树种(组)	栎类	青冈栎、苦槠、石栎、东南石栎、甜槠、米槠、麻栎、槲栎、青栲、栲树、小叶栎、白栎、尖叶栎、钩栗、水青冈
	桦木	光皮桦、桤木、江南桤木
	樟木	香樟、浙江樟、普陀樟、华南樟、长果桂、沉水樟、豹皮樟
	楠木	闽楠、紫楠、红楠、浙江楠、刨花楠、华东润楠、浙江润楠
	榆树	长序榆、白榆、榔榆、多脉榆、红果榆、刺榆、杭州榆、其他榆类、紫弹树、黑弹树、天目朴、珊瑚朴、朴树、西川朴、其他朴类、光叶榉、榉树、青檀

（续）

树种(组)	名称	具体树种
阔叶树种(组)	木荷	木荷
	枫香	枫香
	其他硬阔类	黄檀、冬青、无患子、杜英、鹅耳枥、木兰、乐昌含笑、花榈木、红豆树、皂荚、重阳木、女贞、玉兰、黄连木等
	椴树	浆果椴、短毛椴、糯米椴、华东椴、南京椴
	檫木	檫木
	杨树	响叶杨、加拿大杨、小叶杨、毛白杨、意大利杨
	柳树	银叶柳、紫柳、垂柳、旱柳(柳)
	泡桐	泡桐
	桉树	大叶桉、细叶桉、广叶桉、赤桉、白皮桉、薄皮大叶桉等
	木麻黄	木麻黄、细枝木麻黄、粗枝木麻黄
	楝树	楝树
	其他软阔类	枫杨、拟赤杨、鹅掌楸、香椿、臭椿、喜树、刺楸、构树、梓树、银钟花以及速生硬阔类(合欢、栾树、香果树、蓝果树、南酸枣、法国梧桐、银荆等)

5.3.2　优势树种(组)

在乔木林、疏林中，按蓄积量(株数)组成比重确定小班的优势树种(组)。分为以下4种情况：

①当某一树种蓄积量(株数)占总蓄积量(株数)比重占65%及以上时，该树种(组)为小班优势树种(组)。

②当某一针叶树种蓄积量(株数)比重小于65%，但多个针叶树种蓄积量(株数)比重占65%及以上时，优势树种(组)为针叶混。

③当某一阔叶树种蓄积量(株数)比重小于65%，但多个阔叶树种蓄积量(株数)比重占65%及以上时，优势树种(组)为阔叶混。

④当小班内为针阔混交林，但针、阔叶树种蓄积量(株数)均小于65%时，优势树种(组)为针阔混。

未达到起测胸径的幼龄林、竹林、未成林造林地小班，按株数组成比例确定，株数占总株数最多的树种(组)为小班的优势树种(组)。

经济树乔木林、灌木林按株数或丛数比例确定，株数或丛数占总株数或丛数最多的树种(组)为小班的优势树种(组)。

5.3.3　树种组成

乔木林按十分法确定树种组成。复层林应分别林层按十分法确定各林层的树种组成。

树种从大到小排列，树种前加比例系数，如“7马2栎1杉”。系数相等时，根据小班各树种的经营目的或经济价值的重要性依次排列，如“5马5栎”。组成比达不到5%的树种，树种前用“+”“-”表示，大于等于3%的计“+”，小于3%的计“-”。

5.4　龄级、龄组、生产期与竹度

5.4.1　龄级与龄组

《主要树种龄级与龄组划分》(LY/T 2908—2017)标准规定了我国用材林、防护林、特用林和木质能源林(薪炭林)的主要树种龄级和龄组划分原则与指标。根据树种、林种(经营目的)、起源、经营水平的不同，划定不同的龄级期限，选择不同的森林成熟类型，确定相应的龄级、龄组标准。一是根据树种特性、经营水平，确定龄级期限；二是以森林成熟理论为指导，根据林种(经营目的)不同，选择不同的森林成熟类型，确定相应的主伐年龄、更新采伐年龄，结合龄级期限划定不同龄组。

5.4.1.1　龄级

龄级是树木或林分按年龄的分级。即根据森林经营要求及树种生物学特性，按龄级期限作为间距划成的若干个级别。龄级代码一般采用罗马数字Ⅰ、Ⅱ、Ⅲ…表示，数字越大，表示龄级越高、年龄越大。

龄级期限指的是每一龄级所包括的年数，是林木年龄的量化尺寸。一般受树种生物学特性、立地条件、经营水平影响，反映林分生长速度，常用的有20年、10年、5年、2年和1年。

龄级期限划分为5类，见表5-5。

表5-5　龄级期限划分表　年

类别	Ⅰ类	Ⅱ类	Ⅲ类	Ⅳ类	Ⅴ类
成熟年龄范围	≤6	7~15	16~40	41~80	≥81
龄级期限	1	2	5	10	20

不同龄级期限对应的龄级划分，见表5-6。

表5-6　龄级划分表　年

龄级期限	龄级阶段										
	Ⅰ	Ⅱ	Ⅲ	Ⅳ	Ⅴ	Ⅵ	Ⅶ	Ⅷ	Ⅸ	Ⅹ	Ⅺ以上
1年	1	2	3	4	5	6	7	8	9	10	11以上
2年	1~2	3~4	5~6	7~8	9~10	11~12	13~14	15~16	17~18	19~20	21以上
5年	1~5	6~10	11~15	16~20	21~25	26~30	31~35	36~40	41~45	46~50	51以上
10年	1~10	11~20	21~30	31~40	41~50	51~60	61~70	71~80	81~90	91~100	101以上
20年	1~20	21~40	41~60	61~80	81~100	101~120	121~140	141~160	161~180	181~200	201以上

注：对超过Ⅺ以上龄级的，依龄级期限推定。

5.4.1.2　龄组

龄组是根据林木生长发育阶段和经营目的而进行的对林分龄级的分组。龄组符号为Ag。乔木林分为幼龄林、中龄林、近熟林、成熟林和过熟林5个龄组，各龄组代码分别为Ag1、Ag2、Ag3、Ag4、Ag5。以优势树种的平均年龄作为乔木林、竹林的平均年龄，以此确定龄级、龄组；针阔混按针叶树年龄确定龄级、龄组。对于人工短轮伐期菇木林和工业原料林的龄组，按工艺成熟年龄确定，其龄组原则上分为幼龄林和成熟林。河南省主要树种龄级与龄组划分见表 5-7。

表 5-7　河南省主要树种龄级、龄组划分　　年

树种	起源	龄级划分	龄组划分(龄级/年限)				
			幼龄林	中龄林	近熟林	成熟林	过熟林
侧柏、圆柏、柏木	天然	20	Ⅰ~Ⅱ 1~40	Ⅲ 41~60	Ⅳ 61~80	Ⅴ~Ⅵ 81~120	Ⅶ 121 以上
	人工	20	Ⅰ 1~20	Ⅱ 21~40	Ⅲ 41~60	Ⅳ 61~80	Ⅴ 81 以上
落叶松	天然	20	Ⅰ~Ⅱ 1~40	Ⅲ 41~60	Ⅳ 61~80	Ⅴ~Ⅵ 81~120	Ⅶ 121 以上
	人工	10	Ⅰ~Ⅱ 1~20	Ⅲ 21~30	Ⅳ 31~40	Ⅴ~Ⅵ 41~60	Ⅶ 61 以上
油松、华山松、马尾松、黄山松、国外松	天然	10	Ⅰ~Ⅲ 1~30	Ⅳ~Ⅴ 31~50	Ⅵ 51~60	Ⅶ~Ⅷ 61~80	Ⅸ 81 以上
	人工	10	Ⅰ~Ⅱ 1~20	Ⅲ 21~30	Ⅳ 31~40	Ⅴ~Ⅵ 41~60	Ⅶ 61 以上
栎类、椴、水曲柳、胡桃楸、其他硬阔	天然	20	Ⅰ~Ⅱ 1~40	Ⅲ 41~60	Ⅳ 61~80	Ⅴ~Ⅵ 81~120	Ⅶ 121 以上
	人工(萌生)	10	Ⅰ~Ⅱ 1~20	Ⅲ~Ⅳ 21~40	Ⅴ 41~50	Ⅵ~Ⅶ 51~70	Ⅷ 71 以上
桦木、榆、枫香	天然	10	Ⅰ~Ⅱ 1~20	Ⅲ~Ⅳ 21~40	Ⅴ 41~50	Ⅵ~Ⅶ 51~70	Ⅷ 71 以上
	人工(萌生)	10	Ⅰ 1~10	Ⅱ 11~20	Ⅲ 21~30	Ⅳ~Ⅴ 31~50	Ⅵ 51 以上
杨、柳、泡桐、刺槐、枫杨、其他软阔	天然	5	Ⅰ~Ⅱ 1~10	Ⅲ 11~15	Ⅳ 16~20	Ⅴ~Ⅵ 21~30	Ⅶ 31 以上
	人工(萌生)	5	Ⅰ 1~5	Ⅱ 6~10	Ⅲ 11~15	Ⅳ~Ⅴ 16~25	Ⅵ 26 以上
杉木、柳杉、水杉	人工	5	Ⅰ~Ⅱ 1~10	Ⅲ~Ⅳ 11~20	Ⅴ 21~25	Ⅵ~Ⅶ 26~35	Ⅷ 36 以上
毛竹、刚竹、淡竹、桂竹	人工	2	Ⅰ 1~2	Ⅱ 3~4	Ⅲ 5~6	Ⅳ~Ⅴ 7~10	Ⅵ 11 以上

注：乔木经济树种，山区按硬阔而平原按软阔划分龄级、龄组；飞播林同人工林。

5.4.2　生产期和竹度

5.4.2.1　生产期

经济林按产期划分为产前期、初产期、盛产期和衰产期。经济林的产期因品种、繁殖方式、经营水平等不同而有较大差异，应根据具体情况确定。

①产前期　定植后至尚未开花结实的经济林。

②初产期　开始结果尚未进入大量结实阶段的经济林。

③盛产期　产量达高峰期的经济林。

④衰产期　虽有结实能力，但产量明显降低的经济林。

河南省主要经济树种生产期划分见表 5-8。

表 5-8　河南省主要经济树种生产期划分　年

树种	产前期	初产期	盛产期	衰产期
桃	1~2	3	4~18	19 以上
苹果	1~3	4	5~25	26 以上
李、杏	1~2	3	4~25	26 以上
葡萄、猕猴桃	1~2	3	4~25	26 以上
梨	1~2	3~4	5~30	31 以上
樱桃	1~2	3~5	6~25	26 以上
石榴	1~3	4	5~30	31 以上
山楂	1~3	4	5~50	51 以上
核桃	1~3	4~5	6~50	51 以上
枣	1~2	3~4	5~80	81 以上
柿	1~3	4~5	6~60	61 以上
板栗	1~3	4~5	6~30	31 以上
银杏	1~5	6~7	8~80	81 以上
杜仲	1~4	4~5	6~80	81 以上
木兰	1~5	6~7	8~80	81 以上
山茱萸	1~5	6~8	8~80	81 以上
油茶	1~3	4~9	10~60	61 以上
木瓜	1~2	3~5	6~60	61 以上
茶树	1	2~3	4~30	31 以上
油桐	1~3	4~5	6~25	26 以上
黄连木	1~5	6~10	11~100	101 以上
花椒	1~2	3	4~30	31 以上
蚕柞	1~3	4~10	11~80	81 以上

注：①表中未列入的树种，结合当地实际情况，参考该表树种调查记载。②产前期 1~2 年的经济树种人工造林成林年限为 2 年，其他产前期的经济树种成林年限为 3 年。

5.4.2.2　竹度

竹林以竹度表示其龄组，一个大小年的周期一般为 2 年，称为一度。一度为幼龄竹，二、三度为壮龄竹，四度以上为老龄竹。

5.5　植被类型

依据《中国植被》(1980) 分类系统，将中国植被分为自然植被和栽培植被两大类别，其中自然植被分 9 个植被型组，31 个植被型；栽培植被分 3 个植被型组，11 个植被型。

依据《河南省2022年森林样地调查操作细则》，将河南省自然植被划分为5个植被型组，14个植被型；栽培植被分为3个植被型组，11个植被型(表5-9)。

表5-9　中国植被类型划分及河南省植被分布情况

类别	植被型组	植被型	备注
自然植被	1. 针叶林	1. 寒温性针叶林	分布于我国北温带或其他带有一定海拔高度的地区，主要由冷杉属、云杉属和落叶松属的树种组成的针叶林。在河南省分布如下： ①天然落叶松林生长于伏牛山、太行山海拔1000 m以上的山区。 ②太白冷杉林分布于灵宝(老鸦岔、小秦岭)，嵩县(杨树岭、龙池墁)，鲁山(尧山)等地的海拔1800~2100 m的山坡地
		2. 温性针叶林	分布于我国中温带和南温带地区平原、丘陵、低山以及亚热带、热带中山的针叶林。在河南省分布如下： ①油松林在伏牛山的北坡、太行山分布很广，海拔600~1600 m或至1926 m的坡地或山脊处均有生长。 ②白皮松林见于灵宝朱阳乡、卢氏、泌阳神农山等地，修武西村乡影寺村也有小面积。多生长于海拔1200~1400 m的山地。 ③华山松林是豫西、豫北部中山常见的针叶林，分布于海拔1000~1800 m的山地。 ④黄山松林在大别山区有分布，见于商城的金刚台、黄柏山和九峰尖、新县的禅堂等地，多生长于海拔600~1500 m的山地和山脊，多呈块状分布，多系纯林。 ⑤侧柏林在济源等地有分布。 ⑥铁杉林分布于伏牛山海拔1600 m以上的山地，常零星生长，成林见于灵宝的老鸦岔、西峡的南岭和细辛、鲁山的尧山等处
		3. 温性针阔混交林	分布于我国中温带和南温带地区平原、丘陵、低山以及亚热带、热带中山的针叶树与阔叶树混交的森林。此植被型在河南省没有分布
		4. 暖性针叶林	分布于我国亚热带低山、丘陵和平地的针叶林。在河南省分布如下： ①杉木林主要分布在大别山、桐柏山，伏牛山南坡也有少量分布。 ②马尾松林分布在大别山，桐柏山和伏牛山南坡的浅山、丘陵地区，多生长于海拔800 m以下的山地
		5. 暖性针阔混交林	分布于我国上述地区针叶树与阔叶树混交的森林。河南省马尾松、栓皮栎混交林分布于大别山桐柏以及伏牛山南麓，还可见马尾松和茅栗组成混交，在土壤较湿润的地区，也可见马尾松与枫香组成混交林
		6. 热性针叶林	分布于我国北热带和中热带丘陵、平地及低山的针叶林。此植被型在河南省没有分布
		7. 热性针阔混交林	分布于我国上述地区针叶树与阔叶树混交的森林。此植被型在河南省没有分布
	2. 阔叶林	1. 落叶阔叶林	以落叶阔叶树种为主的森林，落叶成分所占比例在七成以上。在河南省分布如下： (1)山地落叶阔叶林 分布于各山区的低、中山地带，具有明显的垂直带谱。包含有20个群系。 ①山杨林是各山地(大别、桐柏山除外)较常见的一种零星分布的群落。 ②白桦林分布于豫西山地海拔1300~1600 m的深山区。 ③红桦林分布于伏牛山区海拔1600~2100 m的山坡上。 ④坚桦林分布于栾川、卢氏、鲁山、灵宝、西峡、内乡、南召等县海拔1800 m以上的山顶或山坡上。

（续）

类别	植被型组	植被型	备注
自然植被	2. 阔叶林	1. 落叶阔叶林	⑤千金榆林分布于各山区(大别、桐柏山除外)海拔 1200～1800 m 的阴湿沟谷或坡地上。 ⑥锐齿槲栎林分布于豫西山地、太行山等山地海拔 1400～1800 m 的山坡上。 ⑦栓皮栎林在河南省各山区都有分布，栓皮栎林可分成皮栎林和栓皮栎、化香林。 ⑧短柄枹林分布于豫西、豫南海拔 1000～1300 m 的山坡上。 ⑨麻栎林分布于豫南、豫西等地海拔 1000 m 以下的山地。 ⑩槲栎林主要分布于北部和西部的山地，大别山、桐柏山也有分布。 ⑪石灰树林分布于西峡县烟镇林场的伏牛山老界岭的山脊上(海拔 2020 m)，群落呈矮曲状。 ⑫茅栗、板栗林分布于各山区，常呈小面积分布于平缓的山坡上，浅山区多为次生林或嫁接后而成的板栗林，深山区为天然林。 ⑬漆树林分布于豫西山地海拔 800 m 以上的沟坡上，常呈小片状镶嵌于沟坡杂木林之中。 ⑭黄连木林分布于海拔 500～800 m 的低山区。 ⑮黄檀林主要分布在豫南和豫西海拔 500～800 m 的低山区，纯林者少，通常与其他树种混生。 ⑯化香林广泛分布于豫南和豫西等地海拔 1000 m 以下的向阳山坡。 ⑰赤杨林分布于商城、新县的低山区，沿河谷两侧呈带状分布。 ⑱枫杨林分布于豫西、豫南等地海拔 1000 m 以下的沟谷及河岸，常呈带状分布于沟溪两旁。 ⑲枫香林分布于大别山地海拔 400～700 m 的谷地或山坡下部，为天然次生林，纯林少，常与栓皮栎或马尾松等树种混交成林。 ⑳香果树林见于新县三石门林杨禅堂附近的沟谷山坡上，呈次生林状态。香果树常被砍伐，从伐桩上萌发出新枝，致使群落外貌极不整齐。 (2)平川落叶阔叶林 分布于河流冲积地带因水流带来的种子自然形成的植被类型，可分为 2 个群系。 ①榆林常呈小片状分布于各地，呈纯林或杂生有一些平原地带常见的树种，如臭椿、桑、构树等。 ②杨林指那些适应于平原和丘陵地区，以杨属的多种植物各自形成的植被类型
		2. 常绿落叶阔叶混交林	以落叶树种和常绿树种共同组成的森林，落叶或常绿的比例均不超过七成。河南省分布如下： (1)落叶、常绿栎混交林 分布于大别山和桐柏山低海拔山地，建群植物以落叶栎类为主，如栓皮栎、麻栎、白栎等；常绿植物主要是青冈。栓皮栎、青冈林分布于大别山的低海拔山坡上。 (2)落叶、半常绿栎类混交林 呈片状散布于豫西山地海拔 900～1400 m 的陡峻山坡上。半常绿树种为橿子栎及其变种多毛橿子栎，落叶树种较多，以栎属和鹅耳枥植物占优势
		3. 常绿阔叶林	以常绿阔叶树种为主的森林，常绿成分所占比例在七成以上。在河南省以山顶常绿阔叶矮曲林为主，分布于伏牛山、小秦岭海拔 2000 m 以上的山顶或山脊

（续）

类别	植被型组	植被型	备注
自然植被	2. 阔叶林	4. 硬叶常绿阔叶林	以壳斗科栎属中高山栎组树种组成的森林，叶绿色革质坚硬，叶缘常具尖刺或锐齿。此植被型在河南省没有分布
		5. 季雨林	分布于我国北热带、中热带有周期性干、湿季节交替地区的一种森林类型，特征是干季部分或全部落叶，有明显的季节变化。此植被型在河南省没有分布
		6. 雨林	分布于我国北热带、中热带高温多雨地区，由热带种类组成的高大而终年常绿的森林植被。此植被型在河南省没有分布
		7. 珊瑚岛常绿林	分布于我国珊瑚岛屿上的热带植被类型。此植被型在河南省没有分布
		8. 红树林	在我国生长在热带和亚热带海岸潮间带或海潮能够达到的河流入海口，着生有红树科植物或其他在形态上和生态上具有相似群落特性科属植物的林地。此植被型在河南省没有分布
		9. 竹林	着生有胸径 2 cm 以上的竹类植物的林地。在河南省分布如下： (1)单轴型竹林分布在海拔 1600 m 以下的山地或平川，多系人工经营的竹林。 (2)合轴型竹林分布于海拔 1700 m 以上的山地。 (3)阔叶箬竹林主要分布于大别山地的低海拔山地的林缘
	3. 灌丛和灌草丛	1. 常绿针叶灌丛	分布于我国西部高山地区，由耐寒的中生或旱中生常绿针叶灌木构成的灌丛。此植被型在河南省没有分布
		2. 常绿革叶灌丛	由耐寒的、中旱生的常绿革叶灌木为建群层片，苔藓植物为亚建群层片组成的常绿革叶灌丛。此植被型在河南省没有分布
		3. 落叶阔叶灌丛	由冬季落叶的阔叶灌木所组成的灌丛。在河南省分布如下： (1)中生落叶灌丛 由中生的落叶灌木组成的植被类型，广泛分布在山地、丘陵和平原上。它们的适应性强，是河南省的主要植被类型。 (2)石灰岩灌丛是一种喜钙而又适应土壤干旱的植被类型，河南省仅有马桑灌丛，分布于豫西南海拔 400～700 m 的干旱丘陵地带，以西峡的丹江河流附近的山坡丘陵最多，淅川次之。 (3)盐生灌丛是由耐盐的落叶灌木组成的植被类型，零星分布于豫东和豫东北的盐碱洼地以及河滩地上
		4. 常绿阔叶灌丛	分布于我国热带、亚热带地区由常绿阔叶灌木所组成的灌丛。在河南省仅见于大别山的低海拔的沟谷山坡，呈片状分布
		5. 灌草丛	以中生或旱中生多年生草本植物为主要建群种，包括有散生灌木的植物群落和无散生灌木的植物群落。在河南省分布如下： (1)温性灌草丛是华北地区低山丘陵的地带性植被，河南的西北部和北部的低山丘陵地段广有分布。温性灌草丛含 2 个群系，其中荆条、酸枣、黄背草灌草丛广泛分布于太行山、嵩山、外方山、熊耳山、小秦岭等山区的浅山丘陵和黄土塬地带；荆条、酸枣、白羊草灌草丛广布于太行山、嵩山、外方山、崤山和小秦岭等地的山前丘陵岗地上。 (2)暖性灌草丛分布于河南省境内北亚热带地区的低山区，是森林植被被严重破坏后出现的一种次生植被
	4. 草原和稀树草原	1. 草原	由耐寒的旱生多年生草本植物(有时为旱生小半灌木)为主组成的植物群落。此植被型在河南省没有分布

（续）

<table>
<tr><th>类别</th><th>植被型组</th><th>植被型</th><th>备注</th></tr>
<tr><td rowspan="10">自然植被</td><td>4. 草原和稀树草原</td><td>2. 稀树草原</td><td>在热带干旱地区以多年生耐旱的草本植物为主所构成大面积的热带草地，混杂期间还生长着耐旱灌木和非常稀疏（郁闭度小于 0.10）的孤立乔木。此植被型在河南省没有分布</td></tr>
<tr><td rowspan="2">5. 荒漠（包括肉质刺灌丛）</td><td>1. 荒漠</td><td>在具有稀少的降雨和强蒸发力而极端干旱的、强度大陆性气候的地区或地段上所生长的以超旱生小半灌木或灌木为主的群落。此植被型在河南省没有分布</td></tr>
<tr><td>2. 肉质刺灌丛</td><td>西南干热河谷以肉质、具刺的仙人掌和大戟科植物组成的灌丛。此植被型在河南省没有分布</td></tr>
<tr><td>6. 冻原</td><td>高山冻原</td><td>高海拔寒冷、湿润气候与寒冻土壤条件下发育的，由耐寒小灌木、多年生草类、藓类和地衣构成的低矮植被。此植被型在河南省没有分布</td></tr>
<tr><td rowspan="2">7. 高山稀疏植被</td><td>1. 高山垫状植被</td><td>在高海拔山地由呈垫状伏地生长的植物所组成的植被。此植被型在河南省没有分布</td></tr>
<tr><td>2. 高山流石滩稀疏植被</td><td>分布于高山植被带以上、永久冰雪带以下，由适应冰雪严寒生境的寒旱生或寒冷中旱生多年生轴根性杂类草以及垫状植物等组成的亚冰雪带稀疏植被类型。此植被型在河南省没有分布</td></tr>
<tr><td>8. 草甸</td><td>草甸</td><td>由多年生中生草本植物为主体的群落类型。此植被型在河南省分布广泛，组成草甸的植物常见有 150~200 种，以禾本科和莎草科植物最多，依次为菊科、豆科、蔷薇科、毛茛科、伞形科、蓼科、百合科等</td></tr>
<tr><td rowspan="2">9. 沼泽和水生植被</td><td>1. 沼泽</td><td>在多水和过湿条件下形成的以沼生植物占优势的植被类型。此植被型在河南省分布广泛</td></tr>
<tr><td>2. 水生植被</td><td>生长在水域环境中的植被类型。此植被型在河南省分布广泛</td></tr>
<tr><td colspan="3"></td></tr>
<tr><td rowspan="11">栽培植被</td><td rowspan="3">1. 草本类型</td><td>1. 大田作物型</td><td>旱地或水田以农作物为经济目的的人工植被。此植被型在河南省分布广泛</td></tr>
<tr><td>2. 蔬菜作物型</td><td>以蔬菜为经济目的的人工植被。此植被型在河南省分布广泛</td></tr>
<tr><td>3. 草皮绿化型</td><td>以绿化环境为目的的人工植被。此植被型在河南省分布广泛</td></tr>
<tr><td rowspan="5">2. 木本类型</td><td>1. 针叶林型</td><td>由针叶乔木树种组成的人工植被。此植被型在河南省分布广泛</td></tr>
<tr><td>2. 针阔混交林型</td><td>由针叶和阔叶乔木树种组成的人工植被。此植被型在河南省分布广泛</td></tr>
<tr><td>3. 阔叶林型</td><td>由阔叶乔木树种组成的人工植被。此植被型在河南省分布广泛</td></tr>
<tr><td>4. 灌木林型</td><td>由灌木树种组成的人工植被。此植被型在河南省分布广泛</td></tr>
<tr><td>5. 其他木本类型</td><td>由竹类植物或红树植物组成的人工植被。此植被型在河南省分布广泛</td></tr>
<tr><td rowspan="3">3. 草本木本间作类型</td><td>1. 农林间作型</td><td>农作物和除果树外的其他树种间作。此植被型在河南省分布广泛</td></tr>
<tr><td>2. 农果间作型</td><td>农作物和果树树种间作。此植被型在河南省分布广泛</td></tr>
<tr><td>3. 草木绿化型</td><td>以绿化环境为目的的人工草木结合植被。此植被型在河南省分布广泛</td></tr>
</table>

5.6 湿地

湿地指具有显著生态功能的自然或人工的、常年或者季节性积水地带、水域，包括低潮时水深不超过 6 m 的海域，但是水田以及用于养殖的人工的水域和滩涂除外。

5.6.1 湿地类型

湿地类型划分为五大类 38 个小类（表 5-10），各类型及其划分标准如下：

(1)近海及海岸湿地

包括低潮时水深6 m以内的海域及其沿岸海水浸湿地带。

①浅海水域　低潮时水深不超过6 m的永久浅水域，植被盖度小于30%，包括海湾、海峡。

②潮下水生层　海洋低潮线以下植被盖度大于等于30%，包括海洋草地。

③珊瑚礁　由珊瑚聚集生长而成的湿地。包括珊瑚岛及其有珊瑚生长的海域。

④岩石性海岸　底部基质75%以上是岩石，植被盖度小于30%的硬质海岸，包括岩石性沿海岛屿、海岩峭壁以及低潮水线至高潮浪花所及地带。

⑤潮间沙石海滩　植被盖度小于30%，底质以砂、砾石为主。

⑥潮间淤泥海滩　植被盖度小于30%，底质以淤泥为主。

⑦潮间盐水沼泽　植被盖度大于等于30%的盐沼。

⑧红树林沼泽　以红树植物群落为主的潮间沼泽。

⑨海岸性咸水湖　有通道与海水相连的咸水潟湖。

⑩海岸性淡水湖　与海水相连的通道已经阻隔，逐渐形成了淡水湖，包括淡水三角洲潟湖。

⑪河口水域　从近口段的潮区界(潮差为零)至口外河海滨段的淡水舌锋缘之间的永久性水域。

⑫三角洲湿地　河口区由沙岛、沙洲、沙嘴等发育而成的低冲积平原。

(2)河流湿地

河流湿地是宽度10 m以上、长度5 km以上的河流。

①永久性河流　仅包括河床。

②季节性或间歇性河流。

③洪泛平原湿地　河水泛滥淹没的河流两岸地势平坦地区，包括河滩、泛滥的河谷、季节性泛滥的草地。

(3)湖泊湿地

①永久性淡水湖　常年积水的淡水湖泊。

②季节性淡水湖　季节性或临时性的洪泛平原湖。

③永久性咸水湖　常年积水的咸水湖泊。

④季节性咸水湖　季节性或临时性积水的咸水湖。

(4)沼泽湿地

①藓类沼泽　以藓类植物为主的泥炭沼泽。

②草本沼泽　植被盖度大于等于30%、以草本植物为主的沼泽。

③沼泽化草甸　包括分布在高山和高原地区的具有高寒性质的沼泽化草甸、冻原池塘、融雪形成的临时水域。

④灌丛沼泽　以灌木为主的沼泽，植被覆盖度大于等于30%。

⑤森林沼泽　以乔木为主的沼泽，植被郁闭度大于等于0.20。

⑥内陆盐沼　分布于我国北方干旱和半干旱地区的盐沼。由一年生和多年生盐生植物群落组成，水含盐量达0.6%以上，植被覆盖度大于等于30%。

⑦地热湿地　由温泉水补给的沼泽湿地。

⑧淡水泉或绿洲湿地。

(5)人工湿地

①蓄水区　水库、拦河坝、水电坝。

②运河、输水河。

③淡水养殖场。

④海水养殖场。

⑤农用池塘　包括小型水池。

⑥灌溉用沟、渠。

⑦稻田、冬水田　一季和多季水稻田。

⑧盐田　包括晒盐池、盐水泉。

⑨采矿性积水区　包括砂、砖、土坑、取土坑、采矿地。

⑩废水处理场所。

⑪城市性景观和娱乐水面。

湿地类型按保护程度分成5级，其划分标准见表5-10。

表5-10　湿地保护等级划分标准

保护等级	划分标准
Ⅰ	湿地类型落在国家级自然保护区内
Ⅱ	湿地类型落在省级自然保护区内
Ⅲ	湿地类型落在地(市)级自然保护区内
Ⅳ	湿地类型落在县级自然保护区内
Ⅴ	湿地类型落在非自然保护区内

5.6.2　湿地威胁因素

以资料收集和野外调查相结合的方式，了解湿地受威胁的主要因素。湿地受威胁因子及其含义见表5-11。

表5-11　湿地受威胁因子

受威胁因子类型		因子含义
一级类	二级类	
污染	水污染	湿地水质情况
	固体废弃物污染	湿地内固体废弃物堆积面积所占比例
围垦	围垦	湿地被开垦为耕地、养殖塘等
占用	占用	基础设施、城市建设、港口、码头等建设占用湿地
人为水文干扰	人为干扰造成的湿地水文变化	由于上游修坝、湿地取水、湿地排水等人为因素导致湿地水文过程发生改变，进而导致湿地旱化、沙化、盐碱化、植物群落、植被面积、生物多样性等发生改变
自然水文变化	自然因素导致的湿地水文变化	由于气候变化(包括气温、降水减少或增加、自然灾害)等自然因素变化对湿地水文产生扰动，导致湿地生态系统变化
泥沙淤积	泥沙淤积	湿地中沉积泥沙，导致湿地面积减少、水文调节功能降低或湿地类型变化

（续）

受威胁因子类型		因子含义
一级类	二级类	
生物危害	外来物种	外来物种入侵湿地生态系统，侵占原生物种的生态位，造成湿地生态系统变化
	本土物种	湿地内本土物种异常的增加或减少，导致湿地生物多样性和生态系统发生改变
过度利用	过度捕捞和采集	捕鱼、捕虾、捕蟹、捕猎等过度或非法捕捞活动、挖沙蚕、贝类、虫草等过度采集湿地动植物
	过牧	超出正常载畜量的放牧活动
	挖沙	在河流、湖泊和滩涂上挖沙(砂)和堆积砂石料
其他	其他	除以上威胁因子以外的其他威胁因子，说明具体威胁情况

5.7　森林类别

按主导功能的不同将森林(含林地)分为生态公益林和商品林 2 个类别。

5.7.1　生态公益林

国家根据生态保护的需要，将森林生态区位重要或者生态状况脆弱，以发挥生态效益为主要目的的林地和林地上的森林划定为公益林。生态公益林是以保护和改善人类生存环境、维持生态平衡、保存物种资源、科学实验、森林旅游、国土保安等需要为主要经营目的的有林地、疏林地、灌木林地和其他林地，包括防护林和特种用途林。

公益林由国务院和省、自治区、直辖市人民政府划定并公布。下列区域的林地和林地上的森林，应当划定为公益林：

①重要江河源头汇水区域。

②重要江河干流及支流两岸、饮用水水源地保护区。

③重要湿地和重要水库周围。

④森林和陆生野生动物类型的自然保护区。

⑤荒漠化和水土流失严重地区的防风固沙林基干林带。

⑥沿海防护林基干林带。

⑦未开发利用的原始林地区。

⑧需要划定的其他区域。

5.7.1.1　生态公益林事权等级

生态公益林按事权等级划分为国家级公益林和地方公益林。

(1)国家级公益林

国家级公益林是指生态区位极为重要或生态状况极为脆弱，对国土生态安全、生物多样性保护和经济社会可持续发展具有重要作用，以发挥森林生态和社会服务功能为主要经营目的的防护林和特种用途林。

国家级公益林是由地方人民政府根据《国家级公益林区划界定办法》划定，并经国务院林草主管部门核查认定。

(2)地方公益林

地方公益林由各级地方人民政府根据国家和地方的有关规定划定，并经同级林草主管部门核查认定的公益林(地)。

5.7.1.2　生态公益林保护等级

(1)国家级公益林保护等级

国家级公益林保护等级分为一级和二级，其中，属于林地保护等级一级范围内的国家级公益林，划为一级国家级公益林。一级国家级公益林以外的，划为二级国家级公益林。

一级国家级公益林原则上不得开展生产经营活动，严禁打枝、采脂、割漆、剥树皮、掘根等行为。国有一级国家级公益林不得开展任何形式的生产经营活动。因教学科研等确需采伐林木，或者发生较为严重森林火灾、病虫害及其他自然灾害等特殊情况确需对受害林木进行清理的，应当组织森林经理学、森林保护学、生态学等领域林业专家进行生态影响评价，经县级以上林业主管部门依法审批后实施；集体和个人所有的一级国家级公益林，以严格保护为原则。根据其生态状况需要开展抚育和更新采伐等经营活动，或适宜开展非木质资源培育利用的，应符合相关技术规程，并按有关程序实施。

二级国家级公益林在不影响整体森林生态系统功能发挥的前提下，可以按照相关技术规程的规定开展抚育和更新性质的采伐。在不破坏森林植被的前提下，可以合理利用其林地资源，适度开展林下种植养殖和森林游憩等非木质资源开发与利用，科学发展林下经济。

(2)地方公益林保护等级

地方公益林保护等级分为重点和一般。重点等级指江河两岸、水库及湖泊周围、道路两边划分为地方公益林的有林地、疏林地、未成林造林地；一般等级指地方公益林中除重点公益林以外的公益林。

5.7.1.3　国家级公益林区划范围和标准

依据《国家级公益林区划界定办法》，国家级公益林的区划范围和标准如下：

(1)江河源头

重要江河干流源头，自源头起向上以分水岭为界，向下延伸 20 km、汇水区内江河两侧最大 20 km 以内的林地；流域面积在 10000 km^2 以上的一级支流源头，自源头起向上以分水岭为界，向下延伸 10 km、汇水区内江河两侧最大 10 km 以内的林地。其中，三江源区划范围为自然保护区核心区内的林地。

(2)江河两岸

重要江河干流两岸[界江(河)国境线水路接壤段以外]以及长江以北河长在 150 km 以上且流域面积在 1000 km^2 以上的一级支流两岸，长江以南(含长江)河长在 300 km 以上且流域面积在 2000 km^2 以上的一级支流两岸，干堤以外 2 km 以内从林缘起，为平地的向外延伸 2 km、为山地的向外延伸至第一重山脊的林地。重要江河干流包括：

①对国家生态安全具有重要意义的河流　长江、黄河、淮河、松花江、辽河、海河、珠江。

②生态环境极为脆弱地区的河流　额尔齐斯河、疏勒河、黑河(含弱水)、石羊河、塔里木河、渭河、大凌河、滦河。

③其他重要生态区域的河流　钱塘江(含富春江、新安江)、闽江(含金溪)、赣江、湘江、沅江、资水、沂河、沭河、泗河、南渡江、瓯江。

④流入或流出国界的重要河流　澜沧江、怒江、雅鲁藏布江、元江、伊犁河、狮泉河、绥芬河。

⑤界江、界河　黑龙江、乌苏里江、图们江、鸭绿江、额尔古纳河。

(3)森林和陆生野生动物类型的国家级自然保护区以及列入世界自然遗产名录的林地。

(4)湿地和水库

重要湿地和水库周围 2 km 以内从林缘起，为平地的向外延伸 2 km、为山地的向外延伸至第一重山脊的林地。

(5)边境地区陆路、水路接壤的国境线以内 10 km 的林地。

(6)荒漠化和水土流失严重地区

防风固沙林基干林带(含绿洲外围的防护林基干林带)；集中连片 30 hm^2 以上的有林地、疏林地、灌木林地。

(7)沿海防护林基干林带、红树林、台湾海峡西岸第一重山脊临海山体的林地。

(8)除前 7 条区划范围外，东北、内蒙古重点国有林区以禁伐区为主体，符合下列条件之一的：

①未开发利用的原始林。

②森林和陆生野生动物类型自然保护区。

③以列入国家重点保护野生植物名录树种为优势树种，以小班为单元，集中分布、连片面积 30 hm^2 以上的天然林。

5.7.2　商品林

商品林指以生产木材、竹材、薪材、干鲜果品和其他工业原料等为主要经营目的的森林、林木和林地，包括用材林、能源林和经济林。国家鼓励发展下列商品林：

①以生产木材为主要目的的森林。

②以生产果品、油料、饮料、调料、工业原料和药材等林产品为主要目的的森林。

③以生产燃料和其他生物质能源为主要目的的森林。

④其他以发挥经济效益为主要目的的森林。

商品林按经营状况划分为好、中、差，评定标准见表 5-12。

表 5-12　商品林经营等级评定标准

经营等级	评定条件	
	用材林、能源林	经济林
好	经营措施正确、及时，经营强度适当，经营后林分生产力和质量提高	定期进行垦复、修枝、施肥、灌溉、病虫害防治等经营管理措施，生长旺盛，产量高
中	经营措施正确、尚及时，经营强度尚可，经营后林分生产力和质量有所改善	经营水平介于中间，产量一般
差	经营措施不及时或很少进行经营管理，林分生产力未得到发挥，质量较差	很少进行经营管理，处于荒芜或半荒芜状态，产量很低

5.8　立地因子

5.8.1　地形地貌

5.8.1.1　坡度

坡度指小班的平均坡度。一般情况下，以小班矢量化线与最高、最低等高线的交点范围内的等高线数乘以等高距表示垂直高度，两点连线长度乘以地形图比例尺表示水平距离，通过反正切函数计算。实际调查时，可以通过 GIS 空间分析相关模型，部分立地因子可从 GIS 数据中提取，外业可不作调查。

坡度分为 6 级。Ⅰ级：0°~5°平坡；Ⅱ级：6°~15°缓坡；Ⅲ级：16°~25°斜坡；Ⅳ级：26°~35°陡坡；Ⅴ级：36°~45°急坡；Ⅵ级：大于 46°险坡。

5.8.1.2　坡位

坡位指小班在坡面上的相对位置，分为脊、上、中、下、谷以及平地。

①脊部　山脉的分水线及其两侧各下降垂直高度 15 m 的范围。

②上坡　从脊部以下至山谷范围内的山坡三等分后的最上等分部位。

③中坡　三等分的中坡位。

④下坡　三等分的下坡位。

⑤山谷(或山洼)　汇水线两侧的谷地，若样地处于其他部位中出现的局部山洼，也应按山谷记载。

⑥平地　处在平原和台地上的样地。

5.8.1.3　坡向

坡向指小班主要方位，分为东、南、西、北、东南、东北、西南、西北以及无坡向。

①北坡　方位角 338°~360°，0°~22°。

②东北坡　方位角 23°~ 67°。

③东坡　方位角 68°~112°。

④东南坡　方位角 113°~157°。

⑤南坡　方位角 158°~202°。

⑥西南坡　方位角 203°~247°。

⑦西坡　方位角 248°~292°。

⑧西北坡　方位角 293°~337°。

⑨无坡向　坡度小于 5°的地段。

5.8.1.4　地貌

地貌指在一定范围内所表现出的地形外貌特征，分极高山、高山、中山、低山、丘陵以及平原。

①极高山　海拔大于等于 5000 m 的山地。

②高山　海拔 3500~4999 m 的山地。

③中山　海拔 1000~3499 m 的山地。

④低山　海拔小于 1000 m 山地。

⑤丘陵　没有明显的脉络，坡度较缓和，且相对高差小于 100 m。

⑥平原　平坦开阔，起伏很小。

5.8.1.5　地形因子分类一览表(表5-13)

表5-13　地形因子分类一览表

地貌	坡向	坡位	坡度
极高山	北	脊	平
高山	东北	上	缓
中山	东	中	斜
低山	东南	下	陡
丘陵	南	谷	急
平原	西南	平地	险
	西		
	西北		
	无坡向		

5.8.2　土壤因子

5.8.2.1　土壤名称

根据中国土壤分类系统，记载的土类、土壤分类见表5-14。中国主要土壤发生类型可概括为红壤、棕壤、褐土、黑土、栗钙土、漠土、潮土(包括砂姜黑土)、灌淤土、水稻土、湿土(草甸、沼泽土)、盐碱土、岩性土和高山土等。

河南省主要土类及其分布如下：

①黄棕壤　主要分布在伏牛山南坡与大别山、桐柏山海拔1300 m以下的山地。

②黄褐土　主要分布在沙河干流以南，伏牛山、桐柏山、大别山海拔500 m以下的低丘、缓岗及阶地上。

③棕壤　主要分布在豫西北部的太行山区与豫西伏牛山区800~1000 m以上的中山，及豫南大别山、桐柏山地1000 m以上。从垂直带谱看，伏牛山北坡与太行山下部与褐土相连，伏牛山南坡与大别山和桐柏山地下部与黄棕壤相连，其上部往往与山地草甸土相接。

④山地草甸土　多分布在1500~2500 m的中山平缓山顶，位于棕壤之上。

表5-14　土类名称分类表

土纲	土类	土纲	土类
铁铝土纲	砖红壤	半水成土纲	黑土
	赤红壤		白浆土
	红壤		潮土
	黄壤		砂姜黑土
淋溶土纲	黄棕壤		灌淤土
	棕壤		绿洲土
	暗棕壤		草甸土
	灰黑土	盐碱土纲	盐土
	漂灰土		碱土

（续）

土纲	土类	土纲	土类
半淋溶土纲	燥红土	岩成土纲	紫色土
	褐土		石灰土
	塿土		磷质石灰土
	灰褐土		黄绵土
钙层土纲	黑垆土		风沙土
	黑钙土		火山灰土
	栗钙土	高山土纲	山地草甸土
	棕钙土		亚高山草甸土
	灰钙土		高山草甸土
石膏盐层土纲	灰漠土		亚高山草原土
	灰棕漠土		高山草原土
	棕漠土		亚高山漠土
水成土纲	沼泽土		高山漠土
	水稻土		高山寒冻土

⑤褐土　主要分布在伏牛山主脉与沙河、汾泉河一线以北、京广线以西的广大地区。

⑥潮土　主要分布在河南省东部黄、淮、海冲积平原，西以京广线为界与褐土相连，另外淮河干流以南，唐河、白河，伊河、洛河，沁河、漭河诸河流沿岸及沙河、颍河上游多呈带状小面积分布。

⑦砂姜黑土　主要分布在伏牛山、桐柏山的东部，大别山北部的淮北平原的低洼地区及南阳盆地中南部。

⑧沼泽土　主要分布在太行山东侧山前交接洼地的碟形洼地中。

⑨盐土　集中分布在豫东北黄淮海冲积平原中的交接背河洼地、槽形与碟形洼地。多呈斑状、条带状与潮土插花分布。

⑩盐碱土　盐碱土与盐土、碱土插花分布，主要分布豫东、豫东北黄河、卫河沿岸冲积平原上的二坡地和一些槽形、碟形洼地的老盐碱地上。

⑪碱土　分布于盐土和盐碱土类的稍高地形部位。

⑫水稻土　集中分布在淮南地区，豫西伏牛山区及豫北太行山区较大河流沿岸、峡谷、盆地及山前交接洼地，凡有水源可资灌溉者均有水稻土分布，但较零星。

⑬红黏土　主要分布在京广线以西。

⑭紫色土　集中分布在伏牛山南侧的低山丘陵，呈狭长的带状。

⑮火山灰土　主要分布在豫西熊耳山与外方山的余脉和太行山东侧余脉低山丘陵地区。

⑯风沙土　主要分布在黄河历代变迁的故道滩地，由主流携带的沙质沉积物再经风力搬运而形成的，在豫北、豫东黄河故道均有分布。

⑰新积土　主要分布在河流两侧的新滩地上，经常被河流涨水时所淹没，新积土在任

何气候下均可出现，故河南省各地均有分布。

⑱石质土、粗骨土　主要分布在大别山、桐柏山、伏牛山等地区，可见到的无植被防护或生长稀疏植被的薄层山丘土壤。石质土多分布于母质坚实度大、山坡陡峻的花岗岩、板岩、硅质砂岩、石灰岩地区；粗骨土则多分布于坡度稍缓、母质松软易碎、硬度较小的页岩、千枚岩地区。表层以岩石碎片为主。

5.8.2.2　土层厚度

土层厚度指的是样地内土壤的A+B层厚度，当有BC过渡层时，应为A+B+BC/2的厚度。土层以厘米(cm)为单位，填写整数。土层厚度等级划分为厚层(大于80 cm)、中层(40~79 cm)与薄层(小于40 cm)，具体厚度等级见表5-15。

表5-15　土层厚度等级表

等级	土层厚度(cm)	
	亚热带山地丘陵、热带	亚热带高山、暖温带、温带、寒温带
厚	≥80	≥60
中	40~79	30~59
薄	<40	<30

土壤学上以英文大写字母表示土壤发生层，主要的发生层简述如下：

①O层为残落物层　在通气良好而又较干燥的条件下，植物残落物堆积，有机物不能完全分解并在地表累积而形成。

②H层为泥炭层　在长期水分饱和的条件下，湿生性植物残体在表面累积，是泥炭形成过程中形成的发生层。

③A层为淋溶层　在表土层中，有机质已腐殖质化，生物活动强烈，主要进行着淋溶过程，故称为淋溶层。物质的淋溶程度随水、热条件而异。

④E层为灰化漂白层　在淋溶和机械淋洗的条件下，硅酸盐黏粒和铁。铝化合物淋失，使抗风化力强的石英砂粒与粉粒相对富积，以较浅淡的颜色(灰白色)而区别于A层。通常与灰化过程有关。

⑤B层为淀积层　是淀积过程的产物，与母质层有明显的区别。黏粒、铁、铝或腐殖质在此层淀积或累积。次生黏土矿物形成，具块状或棱柱状结构，颜色变棕或棕红、红等。

⑥C层为母质层　指风化产物没有受到土壤发育过程显著影响的层次，较上面土层紧实。

⑦R层为母岩层　指最下部坚硬的岩石层。

5.8.2.3　土壤湿度

土壤湿度指土壤含水情况，即土壤含水量。在野外进行剖面观察时，土层湿润的程度一般以干、稍润、润、潮、湿衡量，以手试之，有明显凉感为干；稍凉而不觉湿润为稍润；明显湿润，可压成各种形状而无湿痕为润；用手挤压时无水浸出，而有湿痕为潮；用手挤压，渍水出现为湿。

5.8.2.4　土壤紧实度

土壤紧实度，是指土壤抵抗外力的压实和破碎的能力，是土壤性质的其中一个方面。

土壤物理性质还包括土壤质地、结构、孔隙性等，涉及土壤的坚实度、塑性、通透性、排水、蓄水能力、根系穿透的难易等。在野外调查时，土壤紧实度按疏松、稍疏松、较紧密、紧密、极紧密填写。

①疏松　用很小的力量可将刀插入土壤中，土壤没有一点黏结性。

②稍疏松　用较小的力量可将刀插入土壤中。

③较紧密　土壤比较容易掰开，用刀划时划痕宽，痕迹均匀。

④紧密　需要用力才能将土壤掰开。

⑤极紧密　土壤用手掰不开。

5.8.2.5　土壤质地

土壤质地指土壤中不同大小直径的矿物颗粒的组合状况。土壤质地与土壤通气、保肥、保水状况及耕作的难易有密切关系；土壤质地状况是拟定土壤利用、管理和改良措施的重要依据。肥沃的土壤不仅要求耕层的质地良好，还要求有良好的质地剖面。虽然土壤质地主要取决于成土母质类型，有相对的稳定性，但耕作层的质地仍可通过耕作、施肥等活动进行调节。

野外调查时，土壤质地分为黏土、壤土、砂壤土、壤砂土和砂土。

①黏土　黏粒(直径小于0.002 mm的土壤颗粒)含量60%以上，沙粒(0.002~2.00 mm)含量40%以下。干时常为坚硬的土块；湿润时极可塑，通常有黏着性，用手可撮捻成较长的可塑土条。

②壤土　黏粒含量30%~60%，沙粒含量70%~40%。干时成块；湿润时成团，有一定的可塑性，甚至可以撮捻成条，但往往受不住自身重量。

③砂壤土　黏粒含量20%~30%，沙粒含量80%~70%。干时手握成团，用手小心拿不会散开；润时手握成团后，一般性触动不至散开。

④壤砂土　黏粒含量10%~20%，沙粒含量80%~90%。干时手握成团，但极易散落；润时握成团后，用手小心拿不会散开。

⑤砂土　黏粒含量10%以下，沙粒含量90%以上。能见到或感觉到单个砂粒，干时抓在手中，稍松开后即散落；湿时可捏成团，但一碰即散。

5.8.2.6　土壤结构

土壤结构是指土壤颗粒(包括团聚体)的排列与组合形式。在田间鉴别时，通常指那些不同形态和大小，且能彼此分开的结构体。土壤结构是成土过程或利用过程中由物理的、化学的和生物的多种因素综合作用而形成。野外调查时，依据大小、形状、发育程度和稳定性等特征，可按以下6种结构类型进行调查记录：

野外调查时，土壤结构分为6种结构：

①粉状结构　土粒直径0.25~0.5 mm。

②屑状结构　土粒直径0.5~1.0 mm，形状不规则。

③粒状结构　土粒直径1.0~3.0 mm，形状似圆形颗粒。

④块状结构　土粒直径3.0~10.0 mm，具有一定厚度，有不规则的面和边。

⑤片状结构　由薄的层片组成。

⑥核状结构　土粒直径5.0 mm以上，有明显棱角且呈球形。

5.8.2.7　石砾含量

石砾含量指土壤中含有石质(石块)、角砾、石粒多少，以百分数表示。根据石砾含量情况，分为4级：

①轻石质　土壤中石质(石块)、角砾、石粒含量为20%~40%。

②中石质　土壤中石质(石块)、角砾、石粒含量为41%~60%。

③重石质　土壤中石质(石块)、角砾、石粒含量为61%~80%。

④石质土　土壤中石质(石块)、角砾、石粒含量为80%以上。

5.8.2.8　土壤酸碱度

土壤酸碱度又称土壤pH，是土壤酸度和碱度的总称。通常用以衡量土壤酸碱反应的强弱。主要由氢离子和氢氧根离子在土壤溶液中的浓度决定，以pH表示。pH值在6.5~7.5的为中性土壤；6.5以下为酸性土壤；7.5以上为碱性土壤。可用pH试剂比色法测定。

土壤酸碱度一般分为7级：

①强酸性　pH小于4.5。

②酸性　pH 4.5~5.5。

③微酸性　pH 5.5~6.5。

④中性　pH 6.5~7.5。

⑤微碱性　pH 7.5~8.5。

⑥碱性　pH 8.5~9.5。

⑦强碱性　pH大于9.5。

5.8.2.9　腐殖质厚度

腐殖质是有机物经微生物分解转化形成的胶体物质，一般为黑色或暗棕色，是土壤有机质的主要组成部分(50%~65%)。腐殖质主要由碳、氢、氧、氮、硫、磷等营养元素组成，其主要种类有胡敏酸和富里酸(也称富丽酸)。腐殖质具有适度的黏结性，能够使黏土疏松，砂土黏结，是形成团粒结构的良好胶黏剂。

在野外调查时，样地内土壤的A层厚度在有AB层时，应为A+AB/2的厚度，腐殖质层厚度分为3级：

①厚　腐殖厚度大于5 cm。

②中　腐殖厚度2~4.9 cm。

③薄　腐殖厚度小于2 cm。

5.8.2.10　枯枝落叶层厚度

样地内枯枝落叶层的厚度等级划分标准见表5-16。

表5-16　枯枝落叶层厚度等级表

等级	枯枝落叶层厚度(cm)
厚	≥10
中	5~9
薄	<5

5.9　其他常用森林调查因子技术标准

5.9.1　权属

权属包括所有权和使用权(经营权)，分为林地所有权、林地使用权和林木所有权、林木使用权；林地所有权分国有和集体；林木所有权分国有、集体、个人和其他；林地与林木使用权分国有、集体、个人和其他。

5.9.1.1　林地所有权

(1)国有林地

国有林地指全民所有制的林地，包括县级政府以上单位所属的林地，各地的国有林场。

(2)集体林地

集体林地指集体所有的林地，包括乡(镇)、村委会、村民小组所属林地、林场和个人承包的自留地(山)、责任田(山)。为反映集体林权制度改革的情况，可以将集体林地分为农户家庭承包经营、联户合作经营和集体经济组织经营。

①农户家庭承包经营　是指本集体经济组织成员以农户家庭为单位承包经营的集体林地。

②联户合作经营　是指落实家庭承包经营基础上，承包农户自愿联合经营或组成股份林场(公司)、林业专业合作组织等形式经营的集体林地。

③集体经济组织经营　是指由集体经济组织采取多种形式经营管理的集体林地。

5.9.1.2　林木所有权

①国有　林木所有权为国家所有。

②集体　林木所有权为乡(镇)、村委会、村民小组等集体单位所有。

③个人　指林木所有权为私有。

④其他　指合资、合作、合股或权属有争议并未确定归属的林木。

5.9.1.3　林地使用权与林木使用权

分为国有、集体、个人、承包租赁和其他。

5.9.2　森林起源

森林起源即森林形成的方式，包括最初形成时的方式和繁殖的方法。依据林分发育方式，将乔木林、竹林、疏林、灌木林和未成造林地分为天然林和人工林。

①天然林　指由天然下种、人工促进天然更新或天然林采伐等干扰后萌生形成的森林、林木、灌木林。天然林包括天然下种、人工促进天然更新、萌生起源3种形式。

②人工林　指由植苗(包括植苗、分殖、扦插)、直播(穴播或条播)或飞播方式形成，以及人工林采伐等干扰后萌生形成的森林、林木、灌木林，包括植苗、直播、飞播和人工林采伐后萌生4种形式，其中植苗包括植苗、分殖和扦插3种造林方式，直播包括穴播、条播2种造林方式，人工林采伐后萌生特指集约经营的人工林或种植林。

5.9.3　径阶与径组

5.9.3.1　径阶

径阶指胸径的整化记录数据(组中值)，视某一总体平均胸径的大小按2 cm径阶距上限排外法记载。二类调查起测胸径为5.0 cm，其记录的起始径阶为6 cm，径阶距为2 cm。

5.9.3.2　径组

对于异龄林，要求根据乔木林平均胸径划分径组，划分标准如下：

①小径组　指平均胸径小于13.0 cm(6，8，10，12 cm)。

②中径组　指平均胸径13.0~21.0 cm(14，16，18，20 cm)。

③较大径组　指平均胸径21.0~29.0 cm(22，24，26，28 cm)。

④大径组　指平均胸径29.0~37.0 cm(30，32，34，36 cm)。

⑤特大径组　指平均胸径大于等于37.0 cm(38 cm以上)。

5.9.4　林地保护等级

林地保护等级指根据生态脆弱性、生态区位重要性以及林地生产力等级指标进行系统评定后所确定的保护级别。根据《全国林地保护利用规划纲要(2010—2020年)》和《县级林地保护利用规划编制技术规程》(LY/T 1956—2011)的规定，林地保护等级划分为Ⅰ、Ⅱ、Ⅲ、Ⅳ 4个级别。

①Ⅰ级保护林地　是我国重要生态功能区内予以特殊保护和严格控制生产活动的区域，以保护生物多样性、特有自然景观为主要目的。包括流程1000 km以上江河干流及其一级支流的源头汇水区、自然保护区的核心区和缓冲区、世界自然遗产地、重要水源涵养地、森林分布上限与高山植被上限之间的林地。

②Ⅱ级保护林地　是我国重要生态调节功能区内予以保护和限制经营利用的区域，以生态修复、生态治理、构建生态屏障为主要目的。包括除Ⅰ级保护林地外的国家级公益林地、军事禁区、自然保护区实验区、国家森林公园、沙化土地封禁保护区和沿海防护林基干林带内的林地。

③Ⅲ级保护林地　是维护区域生态平衡和保障主要林产品生产基地建设的重要区域。包括除Ⅰ、Ⅱ级保护林地以外的地方公益林地，以及国家、地方规划建设的丰产优质用材林、木本粮油林、生物质能源林培育基地。

④Ⅳ级保护林地　是需要予以保护并引导合理、适度利用的区域，包括未纳入上述Ⅰ、Ⅱ、Ⅲ级保护范围的各类林地。

5.9.5　郁闭度与覆盖度

(1)郁闭度

郁闭度指乔木层树冠垂直投影面积之和(不重叠计算)与小班或调查区域面积之比，幼树和下木层树冠投影不计入郁闭度。郁闭度可通过线段法或望点法进行调查，记至0.01。郁闭度划分为高、中、低3个等级，其标准如下：

①高　郁闭度0.70以上。

②中　郁闭度0.40~0.69。

③低　郁闭度0.20~0.39。

(2)覆盖度

覆盖度指灌木、草本等植被冠幅层垂直投影面积之和(不重叠计算)与小班或调查区域面积之比。按百分率记载，记至1%。覆盖度分为密、中、疏3个等级，其标准如下：

①密　覆盖度70%以上。

②中　覆盖度 50%~69%。

③疏　覆盖度 30%~49%。

5.9.6　可及度

可及度指在现有条件下开展林业生产经营活动的可行程度。用材林近、成、过熟林需要划分可及度。可分为即可及、将可及与不可及。

①即可及　在现有条件下，已经或正在开展采、集、运、营林作业的森林。

②将可及　近期可开展采、集、运、营林作业的森林。

③不可及　地形险要，近期无法开展采、集、运、营林作业的森林。

5.9.7　林分出材率等级

用材林近、成、过熟林林分出材率等级由林分出材量占林分蓄积量的百分比或林分中商品用材树的株数占林分总株数的百分比确定。其划分标准见表 5-17。

表 5-17　林木出材率等级划分标准表

出材率等级	林分出材率(%)			商品用材树比率(%)		
	针叶树	阔叶树	混交林	针叶树	阔叶树	混交林
1	>70	>60	>50	>90	>80	>70
2	50~69	40~59	30~49	70~89	60~79	45~69
3	<50	<40	<30	<70	<60	<45

5.9.8　自然度

按照现实森林类型与地带性顶极森林类型的差异程度，或次生森林类型位于演替中的阶段，将森林划分为 5 级。

①Ⅰ级　原始或受人为影响很小而处于基本原始状态的森林类型。

②Ⅱ级　有明显人为干扰的天然森林类型或处于演替后期的次生森林类型，以地带性顶极适应值较高的树种为主，顶极树种明显可见。

③Ⅲ级　人为干扰很大的次生森林类型，处于次生演替的后期阶段，除先锋树种外，也可见顶极树种出现。

④Ⅳ级　人为干扰很大，演替逆行，处于极为残次的次生林阶段。

⑤Ⅴ级　人为干扰强度极大且持续，地带性森林类型几乎破坏殆尽，处于难以恢复的逆行演替后期，包括各种人工森林类型。

5.9.9　天然更新等级

天然更新等级根据幼苗各高度级的天然更新株数确定，要求幼苗分布均匀，分为良好、中等、不良 3 个等级(表 5-18)。

表 5-18　天然更新等级评定表　　株/hm²

等级	30 cm 以下	31~50 cm	51 cm 以上
良好	≥5000	≥3000	≥2500
中等	3000~4999	1000~2999	500~2499
不良	<3000	<1000	<500

5.9.10　森林健康

(1)森林灾害

①灾害类型　包括森林病害虫害、火灾、气候灾害和其他灾害。其中，病虫害包括病害、虫害；气候灾害包括风折(倒)、雪压、干旱和滑坡或泥石流。

②灾害等级　林地内林木遭受灾害的严重程度，按受害立木株数分为4个等级，评定标准见表5-19。

表5-19　森林灾害等级评定标准

等级	评定标准		
	森林病虫害	森林火灾	气候灾害和其他
无	受害立木株数10%以下	未成灾	未成灾
轻	受害立木株数10%~29%	受害立木20%以下，仍能恢复生长	受害立木株数20%以下
中	受害立木株数30%~59%	受害立木20%~49%，生长受到明显的抑制	受害立木株数20%~59%
重	受害立木株数60%以上	受害立木50%以上，以濒死木和死亡木为主	受害立木株数60%以上

注：受害立木指①受病害叶片达20%、枝梢达10%、果实或种子达20%；②受虫害叶片、枝梢达1/3，果实种子达20%；③雪压、风折断梢部分占全树高的10%以上，枝条占总枝条数的30%以上；④火烧受害木枝条达30%以上、主干受害部分占全树干的10%。

(2)森林健康

根据林木的生长发育，外观表象特征及受灾情况综合评定森林健康状况，分为健康、亚健康、中健康、不健康4个等级，评定标准见表5-20。

表5-20　森林健康等级评定标准表

健康等级	评定标准
健康	林木生长发育良好，枝干发达，树叶大小和色泽正常，能正常结实和繁殖，未受任何灾害
亚健康	林木生长发育较好，树叶偶见发黄，褪色或非正常脱落(发生率10%以下)，结实和繁殖受到一定程度的影响，未受灾或轻度受灾
中健康	林木生长发育一般，树叶存在发黄，褪色或非正常脱落现象(发生率10%~30%)，结实和繁殖受到抑制，或受到中度灾害
不健康	林木生长发育达不到正常状态，树叶多见发黄，褪色或非正常脱落(发生率30%以上)，生长明显受到抑制，不能结实和繁殖，或受到重度灾害

5.9.11　群落结构

森林群落结构指某一小班的植被结构层次。划分时，下木(含灌木和层外幼树)或地被物(含草本、苔藓和地衣)的覆盖度大于等于20%则分别划分植被层；下木(含灌木和层外幼树)和地被物(含草本、苔藓和地衣)的覆盖度均在5%以上且合计大于等于20%则合并为1个植被层。下木层的平均高度一般不能低于50 cm，地被物层的平均高度不能低于5 cm。当地类为特殊灌木林时，视地被物层覆盖度确定为较完整结构或简单结构。

乔木林的群落结构划分为3类，分别为：

①完整结构　具有乔木层、下木层、地被物层(含草本、苔藓、地衣)3个层次。

②较完整结构　具有乔木层和其他1个植被层的林分。

③简单结构　只有乔木 1 个植被层的林分。

5. 9. 12　林层与林龄结构

5. 9. 12. 1　林层结构

在乔木林样地中，根据乔木层分层情况，分为单层林和复层林。复层林中蓄积量最大或经营价值最高的林层为主林层，其余各林层为次林层。复层林的划分条件包括：

①主林层、次林层平均高相差 20%以上。

②各林层平均胸径在 5 cm 以上。

③主林层郁闭度不小于 0. 20，次林层郁闭度不小于 0. 10。

幼树和下木不划林层，复层林一般只划 2 个林层，个别情况考虑划 3 个林层。

5. 9. 12. 2　林龄结构

林龄结构指不同年龄林分的面积或不同年龄林木株数的比例关系。就同龄林而言，指某一经营单位的面积按不同林龄级林分的分配情况；对异龄林而言，指某一林分内的林木株数按不同年龄的林木分配情况。

同龄林指林木年龄相差不超过 2 个龄级的乔木林，包括只有 2 个林层(主林层和次林层)的复层林；异龄林指达不到同龄林标准的乔木林，一般林木年龄相差 2 个龄级以上，径级为反“J”形分布。

5. 9. 13　树种结构

反映乔木林分的针阔叶树种组成，共分 7 个等级，见表 5-21。

对于竹林和竹木混交林，确定树种结构时将竹类植物当乔木阔叶树种对待。若为竹林纯林，树种类型按类型 2(阔叶纯林)记载；若为竹木混交林，按株数和断面积综合目测树种组成，参照有关树种结构划分比例标准，确定树种结构类型，按类型 4、类型 6 或类型 7 记载。

表 5-21　树种结构划分标准表

树种结构类型	划分标准
类型 1	针叶纯林(单个针叶树种蓄积量≥90%)
类型 2	阔叶纯林(单个阔叶树种蓄积量≥90%)
类型 3	针叶相对纯林(单个针叶树种蓄积量占 65%～90%)
类型 4	阔叶相对纯林(单个阔叶树种蓄积量占 65%～90%)
类型 5	针叶混交林(针叶树种总蓄积量≥65%)
类型 6	针阔混交林(针叶树种或阔叶树种总蓄积量占 35%～65%)
类型 7	阔叶混交林(阔叶树种总蓄积量≥65%)

5. 9. 14　生物多样性

生物多样性包括生态系统多样性、物种多样性和遗传多样性。目前以生态系统多样性作为监测重点，条件允许时应逐步考虑物种多样性，而遗传多样性暂不纳入调查范畴。反映生态系统多样性的指标包括：各森林类型(或植被类型)的面积和百分比；各森林类型按龄组的面积和百分比；各森林类型按林种的面积和百分比等。具体按以下几个方面进行评定：

①植被类型多样性。

②森林类型多样性。

③乔木林按龄组的多样性。

④乔木林按林种的多样性。

多样性评价指标采用以下 2 个指数：

①Shannon 指数：

$$H = -\sum_{i=1}^{s} p_i \log p_i \tag{5-1}$$

②Simpson 指数：

$$D = 1 - \sum_{i=1}^{s} p_i^2 \tag{5-2}$$

式中　s——物种数量；

p_i——第 i 个物种的面积(数量)占全部物种面积(数量)的比例。

物种多样性指标同样采用以上 2 个指数计算，此时 s 为物种(如乔木树种)数量，p_i 为第 i 个物种的数量占全部物种数量的比例，而且 s 本身也是一项重要的多样性指标。

5.9.15　火灾等级

森林火灾等级分为 4 级：

①森林火警　受害森林面积不足 1 hm^2 或者其他林地起火的。

②一般森林火灾　受害森林面积在 1 hm^2 以上不足 100 hm^2 的。

③重大森林火灾　受害森林面积在 100 hm^2 以上不足 1000 hm^2 的。

④特大森林火灾　受害森林面积在 1000 hm^2 以上的。

5.9.16　造林保存率

人工造林成林年限内的小班或地段，其保存株数与当时造林时的合理造林密度之比为造林保存率，其等级划分标准见表 5-22。

表 5-22　造林保存率等级划分标准

等级	保存率(%)	应采取措施
1	≥80	抚育管理
2	41~79	补植或补播
3	≤40	重新造林

5.9.17　样地类别

森林资源连续清查样地包括地面调查样地和遥感判读样地两大类，其中地面调查样地再细分为复测、增设、改设、目测、放弃、临时和遥感判读 7 种类别。

①复测样地　指达到复位标准，已复位的地面实测样地。

②增设样地　指本期新增设的地面固定样地。

③改设样地　指前期设置的地面样地，本期复查未复位而重新设置的地面固定样地。

④目测样地　指由于地形条件限制无法进行周界测量和每木检尺，只能用目测方法测定林分主要因子的样地。

⑤放弃样地　指只有样地号，但由于某种原因(如军事禁区)而无法进行现地调查的样地。

⑥临时样地　指不要求做固定标志，下期不复测的地面样地。

⑦遥感判读样地　指采用遥感资料判读主要地类属性的样地。

5.9.18　样木因子

5.9.18.1　立木类型

①林木　指生长在有林地(不含竹林)和疏林地中的树木。

②散生木　指生长在竹林、灌木林地、未成林地、无立木林地、宜林地、非林地上的树木(不包括四旁树)以及幼中龄林上层不同世代的高大树木(霸王木等)。

③四旁树　指生长在非林地中宅旁、地(村)旁、路旁、水旁的树木。

5.9.18.2　采伐管理类型

①林业部门管理树木　采伐时由林业主管部门依照有关规定审核发放采伐许可证的树木，包括国有企业事业单位、机关、团体、部队、学校和其他企业事业单位的树木，以及农村集体经济组织、农民自留山和个人承包集体的树木。

②铁路公路管理树木　分布在铁路、公路两旁，采伐时由铁路、公路有关主管部门依照有关规定审核发放采伐许可证的树木。

③城镇管理树木　分布在城镇建城区范围内(除特别规定外)，采伐时由城镇有关主管部门依照有关规定审核发放采伐许可证的树木。

④农村居民树木　采伐时不需要申请采伐许可证的农村居民自留地和房前屋后个人所有的零星树木。

5.9.18.3　检尺类型

森林资源连续清查固定样木分别复测样地和其他样地确定检尺类型。

(1)复测样地的样木检尺类型

复测样地的样木检尺类型包括如下10类：

①保留木　前期调查为活立木，本期调查时已复位的活立木。

②进界木　前期调查不够检尺，本期调查已生长到够起测胸径的活立木。

③枯立木　前期调查为活立木，本期调查时已枯死的立木。

④采伐木　前期调查为活立木，本期调查时已被采伐的样木。

⑤枯倒木　前期调查为活立木，本期调查时已枯死的倒木。

⑥漏测木　前期调查时已达起测胸径而被漏检的活立木。

⑦多测木　前期为检尺样木，本期调查时发现位于界外或重复检尺或不属于检尺对象的样木。

⑧胸径错测木　两期胸径之差明显大于或小于平均生长量的活立木。

⑨树种错测木　两期调查树种名称不相同，确定为前期树种判定有错的活立木。

⑩类型错测木　前期检尺类型判定有错的样木，特指前期错定为采伐木、枯立木、枯

倒木而本期调查时仍然存活的复位样木。

(2)其他样地(包括改设样地、增设样地和临时样地)的样木检尺类型

分活立木、枯立木、枯倒木3类。只要求对活立木进行编号和检尺，枯立木、枯倒木不检尺。复测样地上未复位的保留木和新增检尺对象(如经济乔木树种)样木按活立木对待。

5.9.19　农田林网

(1)农田林网界定标准

农田林网是指大面积耕地上由许多垂直相交的主副林带构成的方形林网。防护效果显著优于单条林带，窄林带小网络的防护效果又显著优于宽林带。我国华北平原营造的窄林带小网格农田林网，主林带间距200 m左右，副林带间距300~500 m，每条林带由4~8行树木组成，林带占地较少。

主林带指农田林网中面向主要害风方向、对风害起主要防御作用的林带，防护效果以垂直于主要害风方向的最好，主林带一般由4~8行乔木与灌木组成，带宽8~12 m，带间距离一般是树高的16~25倍。自然条件较好的地方，林带可较窄，带距可较大。

副林带指林网中垂直于主林带的林带，起防御次要害风、增强主林带防护效果的作用，一般由2~6行乔木和灌木组成，宽4~8 m，带距300~1000 m，视耕地规划和机耕要求等具体情况而定。

(2)农田林网分级标准

农田四周的林带基本完整(如有缺口，不长于50 m)，有一定的防护效益时，即达到农田林网标准。网格范围内的面积即为农田林网控制面积，有树木的村庄、丘陵和山地也可视为林带的组成部分。

①已建林网

一级林网　林网网格单格平均控制面积在13.3 hm^2(200亩)以下；

二级林网　林网网格单格平均控制面积在13.3~20 hm^2(200~300亩)；

三级林网　林网网格单格平均控制面积在20.1~26.7 hm^2(300~400亩)；

高标准农田林网　林网网格单格面积在16.7 hm^2(250亩)以下并达到有关绿化标准。

②宜建林网　网格单格面积超过26.7 hm^2(400亩)或应建林网但尚无林网的地区。

5.9.20　幼树幼苗调查

(1)幼树

凡胸径5 cm以下，慢生针叶树高度在1.5~2.5 m，速生针叶树和硬阔叶树的高度在2~3 m，软阔叶树的高度在2.5~3.5m，且年龄在幼龄林阶段的乔木树种称为幼树。

(2)幼苗

慢生针叶树高度在5 cm以上，速生针叶树和阔叶树高度在10 cm以上，且低于幼树标准的乔木树种称为幼苗。

对中龄以上(含中龄)的森林、疏林地小班，应调查幼树幼苗的树种组成、年龄(可记平均年龄或年龄分布幅度)、平均高度、单位面积株数、生长情况和分布状况。

5.9.21　下木资源调查

下木是指林下幼树、幼苗以外的木本植物，包括灌木、藤本及非目的树种的小乔木。

调查记载其中的优势种和有指示作用以及经济价值较高的下木名称、高度、总覆盖度和分布状况。灌木林地的灌木作为林木按一般林分调查记载，不做下木调查记载。

5.9.22 散生木与四旁资源调查

(1)散生木

生长在竹林地、灌木林地、未成林造林地、无立木林地和宜林地上达到起测胸径的林木，以及散生在幼龄林中的高大林木。

(2)四旁树

在宅旁、地(村)旁、路旁、水旁等地栽植的、面积不到 0.067 hm^2 的各种竹丛、林木。

河南省四旁树类型分为下列 4 种：

①村镇树　指村镇、城市、独立机构、工矿区栽植的树木。村镇树再分为村庄树和城镇树。村庄树是指生长在村庄内房前屋后的树木；城镇树是生长在乡镇以上城镇建城区的树木。

②间作树　指农林间作区耕地内间种的树木。农林间作区内面积小于 0.067 hm^2 的成片林木也按间作树调查。农田林网内又实行农林间作的，统一按间作树调查。

③林网树　按一定规格设计栽植，网格面积在 20.1 hm^2 以下(高产区和稻区网格面积不得超过 26.8 hm^2，沙区网格面积不得超过 13.4 hm^2)的树木。

④零星树　除村镇、林网、间作树外，在耕地、田埂、水旁、路旁、渠旁等零星或成带栽植的树木及非农林间作区 0.067 hm^2 以下的片林，统一按零星树调查。

(3)四旁树占地面积折算标准

四旁树木林冠的地面水平投影面积即为占地面积。成带、成片栽植的树木占地面积按其投影的几何形状求算。零星四旁树占地面积折算为一般阔叶树 100~120 株/亩，针叶树 150~180 株/亩，经济树木 40~50 株/亩。

5.9.23 森林覆盖率与林木绿化率

(1)森林覆盖率

$$\text{森林覆盖率}(\%) = \frac{\text{森林总面积}}{\text{土地总面积}} \times 100 \tag{5-3}$$

式中　森林总面积=乔木林面积+竹林面积+国家特别规定灌木林面积

(2)林木绿化率

$$\text{林木绿化率}(\%) = \frac{(\text{乔木林面积}+\text{竹林面积}+\text{灌木林面积}+\text{四旁树占地面积})}{\text{土地总面积}} \times 100 \tag{5-4}$$

5.9.24 森林结构评价指标

分别森林面积和储量计算国有林和集体林、天然林和人工林、公益林和商品林，以及乔木林各林种、树种(组)、龄组、林层结构、群落结构的森林面积和储量占森林总面积和储量的百分比。

$$P_m(\%) = \frac{S_m}{S} \times 100 \tag{5-5}$$

式中　P_m——m 类森林面积或储量百分比；

S_m——树干平均直径为 m 类森林面积或储量；

S——森林总面积或总储量。

5.9.25　森林质量评价指标

（1）平均指标（$\bar{y}$）

通常采用平均胸径、平均高、平均郁闭度（覆盖度）、平均株数等指标值来评价森林质量。计算平均指标时，以各林层乔木林面积为权重，按加权平均法计算，其中平均胸径应以总株数（平均株数乘面积）为权重计算。

$$\bar{y} = \sum_{h=1}^{L} W_h y_h \tag{5-6}$$

式中　y_h——第 h 层某个平均指标的平均值；

W_h——第 h 层的面积或总株数权重。

（2）单位面积储量（$\overline{M}$）

$$\overline{M} = \frac{M}{S} \tag{5-7}$$

式中　M——森林总储量（蓄积量、生物量，m^3）；

S——森林总面积（hm^2）。

第六章　国家森林资源连续清查

国家森林资源连续清查(以下简称一类调查)是以掌握宏观森林资源现状与动态为目的，以省(直辖市、自治区，以下简称省)为单位，利用固定样地为主进行定期复查的森林资源调查方法，是全国森林资源与生态状况综合监测体系的重要组成部分。森林资源连续清查成果是反映全国和各省森林资源与生态状况，制定和调整林业方针政策、规划、计划，监督检查森林资源消长任期目标责任制的重要依据。

6.1　调查方法

森林资源连续清查原则上应采用以设置固定样地(或配置部分临时样地)并结合遥感进行调查的方法。调查前应开展包括调查表格和地形图等图面材料、各种调查工具和仪器、各种调查和规划成果及其他有关资料的收集等。

6.1.1　固定样地布设

①固定样地按系统抽样布设在国家新编比例尺 1∶5 万或 1∶10 万地形图千米网交叉点上。为了保证样点的布设做到不重不漏，要尽可能采用 GIS 等计算机技术。

②固定样地形状一般采用方形，也可采用矩形、圆形样地或角规控制检尺样地。样地面积大于等于 0.06 hm^2。

③固定样地编号以调查总体为单位，从西北向东南顺序编号，永久不变。

④固定样地布设应与前期保持一致。如果改变抽样设计方案或固定样地数量、形状和面积，必须提交论证报告并经有关部门审批。

以河南省为例，从 2003 年开始，以全省面积为一个总体，统一建立新的森林资源连续清查抽样体系。该体系以比例尺 1∶5 万地形图上的 4 km×4 km 网交叉点布设实测固定样地 10358 个，样地面积为 0.08 hm^2(28.28 m×28.28 m)。

根据《2022 年全国森林、草原、湿地调查监测技术方案》和《河南省 2022 年森林样地调查操作细则》，河南省按 5 年一个调查周期，将全部固定样地均匀为 5 组，每年地面调查 1 组样地，5 年内地面调查全覆盖。每年遥感判读和模型更新其余 4/5 样地。为提高调查精度并获得沙化土地、荒漠化土地和湿地资源数据，在比例尺 1∶5 万卫片上按间距 2 km×2 km 设置遥感图像判读样地，进行地类判读，共 41486 个判读样地。

6.1.2　固定样地标志

6.1.2.1　样地标志

对于方形(矩形)样地，样地固定标志应包括西南角点标桩，西北、东北、东南角的直角坑槽或角桩，西南角定位物(树)，界外木刮皮，以及其他辅助识别标志(如土壤识别坑、中心点标桩和有关暗标)；对于圆形样地，在正东、南、西、北方向边界处应设置土坑等固定标志；对于角规控制检尺样地，除中心点标桩外，还应设置土壤识别坑等辅助识别标志。

6.1.2.2　样木标志

样地内所有样木都应作为固定样木，统一设置识别标志，如样木标牌。标牌位置一般应在树干基部不显眼的地方，以防止标志遭到破坏或引起特殊对待。胸高位置可通过画油漆线或其他方法予以固定。

6.1.2.3　引点标志

对于接收不到GPS信号或信号微弱、不稳定的样地，应记录引线测量的有关数据和修复引点标志，包括引点桩(坑)和引点定位物(树)，为保证固定样地下期复位提供参照依据。

6.1.3　样地复位

样地复位率要求达到98%以上。样地复位标准为样地4个角点、4条边界、样地树木编号及固定标志全部找到，视为完全复位。考虑到人为活动频繁，样地固定标志易遭破坏的情况，《河南省2022年森林样地调查操作细则》规定，可按下列标准确定复位与否。

(1)乔木林地、竹林地、疏林地样地满足下列条件之一者均视为复位样地。

①找到4个角点(桩)者。

②找到3个角点(桩)，第4个角点(桩)可以通过交会法确定者。

③只找到1或2个角点，但能明显区别出4条边界者。

④只找到西南和东北角土坑，虽找不到任何角点(桩)，但通过其他方法能准确确定4条边界者。

⑤找不到角点和土坑，通过3株或任何1株定位树能找到西南角点，或直接找到移动后的角桩，采用其他方法能明显确定4条边界者。

⑥找不到土坑、角点和定位树，通过界外刮树皮涂红漆的树木可以相对确定样地位置，并通过样木位置图的样木方位角距离可以确定4条边界者。

⑦找不到角点(桩)、土坑，通过边界刮树皮树木也无法确定4条边界，但通过样木位置图的样木方位角和距离可以确定4条边界者。

⑧上述固定标志都不存在，但通过样木复位可以确定4条边界(或4个角点)者。

⑨前期样地内的林木已被采伐或火烧或毁灭性病虫危害，找不到任何固定标志，但通过原向导或原调查人员能确认(如利用前期的GPS坐标)原样地落在采伐迹地、火烧迹地或病虫害危害迹地内时，也可定为复位样地。

(2)灌木经济林和未成林造林地在原向导或原调查人员带领下找到西南(或移动后的)角点(桩)者；通过3个定位物(树)或样木位置图的样木方位角和距离可以确认西南角点(桩)者；虽找不到固定标志，但能通过其他方法确认样地位置者，可视为复位样地。

(3)一般灌木林地、苗圃地和其他林地样地经原向导或原调查人员带领并通过3个定位物(树)或样木位置图的样木方位角和距离确定西南角点，进而确认样地位置者可定为复位样地。

(4)根据原引点位置、引线方位角、距离进行引线测量，找到原西南角点，地类未发生变化或地类虽发生变化，但符合变化规律者，仍视为复位样地。若原为无测树样地变成有测树样地，引线确定西南角点，回采 GNSS 坐标，按不同地类要求增设固定标志，进行样地调查。

(5)能找到前期所设样地，虽然样地位置由于随机原因(或前期引点选错或距离、角度量错或引线有错)发生位移，但符合复位条件时，视为复位样地。

(6)当前期样地在本次复查期内发生地类(如变为建设用地或矿区或水面，年限不应超过 5 年，经资料查证或当地知情人指认证明)、林种变化。但通过上述方法仍能确定样地位置时仍视为复位样地。

(7)目测样地前后两期主要目测因子(样地位置、地类、林分类型等)无误者，即视为复位样地。

6.2 固定样地调查

6.2.1 地面样地定位

6.2.1.1 复测样地

根据前期样地位置记录描述(或已经采集的 GPS 坐标)，采用 GPS 导航、引线定位和向导带路等多种方法找到固定样地，并采集样地西南角点或中心点的 GPS 坐标值。下期复查可根据本期采集的 GPS 坐标直接导航找点。样地定位后，首先要利用保存的标志对周界进行复位，并按固定标志设置要求，修复和补设有关标志。在周界复位时，要认真分析前后期测量误差的影响，仔细寻找前期的固定标志，避免因周界复测产生位移而出现漏测木和多测木。

6.2.1.2 改设、增设、临时样地

当前期固定样地无法复位而必须改设，以及调整抽样设计方案而新增固定样地或临时样地时，均可采用 GPS 直接定位。无 GPS 信号或 GPS 信号微弱、不稳定时，应采用引线定位，但可采用 GPS 辅助确定引点位置。样地定位后，要进行周界测量，并按要求设置固定样地标志。改设样地必须严格进行审核审批。

6.2.2 样地因子调查

主要因子调查记载方法按顺序说明如下：

①样地号　总体内布设的各类别样地的统一编号。

②样地类别　根据样地所属类别记录。

③纵坐标　地形图上样地所在千米网交叉点的纵坐标值，填写 4 位数。

④横坐标　地形图上样地所在千米网交叉点的横坐标值，填写 5 位数。

⑤GPS 纵坐标　方形样地采集西南角点纵坐标值；圆形样地(含角规样地)采集中心点纵坐标值，填写 7 位数，以 m 为单位，记至 5 m。

⑥GPS 横坐标　方形样地采集西南角点横坐标值；圆形样地(含角规样地)采集中心点横坐标值，填写 8 位数，以 m 为单位，记至 5 m。

⑦县(局)代码　采用国家颁发编码。

⑧地貌　按大地形确定样地所在的地貌。

⑨海拔　按样地所在千米网交叉点(方形样地西南角点或圆形样地中心点)，用海拔仪

或查地形图确定海拔值，以 m 为单位，记至 10 m。

⑩坡向　按中地形确定样地所在坡向。

⑪坡位　按中地形确定样地所在坡位。

⑫坡度　按等高线垂直方向测定样地平均坡度。

⑬地表形态　调查林地样地地表的形态。

⑭沙丘高度　调查林地样地内沙丘的平均相对高度，以 m 为单位，记至 0.1。

⑮覆沙厚度　调查林地样地内地表流沙覆盖的厚度，以 cm 为单位，整数记载。

⑯侵蚀沟面积比例　调查林地样地内侵蚀沟面积所占的百分比，记至 1%。

⑰基岩裸露　调查林地样地内基岩裸露面积所占的百分比，记至 1%。

⑱土壤名称　调查样地地类所属土类。

⑲土壤质地　调查林地样地的土壤质地。

⑳土壤砾石含量　调查林地样地土壤中砾石所占的百分比，记至 1%。

㉑土壤厚度　调查样地地类所属土类的土层厚度，以 cm 为单位，整数记载。

㉒腐殖质厚度　调查样地地类所属土类的腐殖层厚度，以 cm 为单位，整数记载。

㉓枯枝落叶厚度　调查样地地类上的枯枝落叶层厚度，以 cm 为单位，整数记载。

㉔植被类型　按面积优势法确定样地所属植被类型。

㉕灌木覆盖度　样地内灌木树冠垂直投影覆盖面积与样地面积的比例，采用对角线截距抽样或目测方法调查，按百分比记载，记至 5%。

㉖灌木平均高　样地内灌木层的平均高度，采用目测方法调查，以 m 为单位，记至 0.1。

㉗草本覆盖度　样地内草本植物垂直投影覆盖面积与样地面积的比例，采用对角线截距抽样或目测方法调查，按百分比记载，记至 5%。

㉘草本平均高　样地内草本层的平均高度，采用目测方法调查，以 m 为单位，记至 0.1。

㉙植被总覆盖度　样地内乔灌草垂直投影覆盖面积与样地面积的比例，采用对角线截距抽样或目测方法调查，或根据郁闭度与灌木和草本覆盖度的重叠情况综合确定，按百分比记载，记至 5%。

㉚地类　按面积优势法确定样地所属地类。

㉛土地权属　确定样地所在土地权属。

㉜林木权属　对于乔木林地、竹林地、疏林地和其他有检尺样木的样地，要求调查林木权属。

㉝森林类别　依据有关资料填写。

㉞公益林事权等级和保护等级　依据有关资料填写。

㉟商品林经营等级　对于森林类别确定为商品林(地)的乔木林地、灌木林地、竹林地和疏林地，根据经营状况调查确定经营等级。

㊱抚育措施　对于已郁闭的乔木林地和竹林地，通过查阅森林抚育规划、设计、实施和验收报告等资料，确定抚育措施。

㊲林种　对于乔木林地、灌木林地、竹林地、疏林地，根据当地林地保护利用规划、

森林资源规划设计调查结果和森林经营方案等资料，确定林种。

㊳起源　对于乔木林地、灌木林地、竹林地、疏林地和未成林造林地，按技术标准调查确定起源。

㊴优势树种　对于乔木林地、灌木林地、竹林地、疏林地和未成林造林地，按技术标准调查确定优势树种(组)。野外调查时，一般可参照断面积的比例确定蓄积量的组成。

㊵平均年龄　对于乔木林、疏林地、人工灌木林地和未成林造林地，应调查记载平均年龄，其中乔木林的平均年龄为主林层优势树种平均年龄。对于人工林，可直接在前期平均年龄基础上加上间隔期长度；对于天然林，不能简单加上间隔期长度，应综合考虑进界木、采伐木和枯死木情况及前后期平均胸径的变化，如果后期平均胸径还小于前期，则年龄也应小于前期。

㊶龄组　对于乔木林，应根据平均年龄与起源确定龄组；对于混交林，龄组的确定应综合考虑主要和次要树种的平均年龄；对于毛竹林地，调查记载竹度。

㊷产期　对于经济林，应调查产期。

㊸平均胸径　对于乔木林，应根据主林层优势树种的每木检尺胸径，采用平方平均法计算平均胸径，以 cm 为单位，记至 0.1。对于竹林，调查记载平均胸径。

㊹平均树高　对于乔木林，应根据平均胸径大小，在主林层优势树种中选择 3~5 株平均样木测定树高，采用算术平均法计算平均树高，以 m 为单位，记至 0.1。对于竹林，调查和记载平均竹枝下高。

㊺郁闭度　乔木林地、竹林地或疏林地样地内乔木(竹)树冠垂直投影覆盖面积与样地面积的比例，可采用对角线截距抽样或目测方法调查，记至 0.01。当郁闭度较小时，宜采用平均冠幅法测定，即用样地内林木平均冠幅面积乘以林木株数得到树冠覆盖面积，再除以样地面积得到郁闭度。如果样地内包含 2 个以上地类，郁闭度应按对应的乔木林地、竹林地或疏林地范围来测算。对于实际郁闭度达不到 0.20，但保存率达到 80%(年均降水量 400 mm 以下地区为 65%)以上生长稳定的人工幼龄林，郁闭度按 0.20 记载。

㊻森林群落结构、林层结构、树种结构　对于乔木林地、竹林地，要求目测调查上述反映森林结构的因子，其中树种结构等级的确定应与乔木林的优势树种协调一致。确定竹林的群落结构、林层结构、树种结构时，将竹类植物视为乔木树种，其中树种组成按株数和断面积进行综合目测。

㊼自然度　对于乔木林地、灌木林地和竹林地，应调查自然度。

㊽可及度　对于用材林近成过熟林，应按技术标准调查可及度等级。

㊾森林灾害类型和灾害等级　对于乔木林地、竹林地和特殊灌木林地，应调查森林灾害类型，并根据受害样木株数，确定受害等级。

㊿森林健康等级　对于乔木林地、竹林地和特殊灌木林地，应按技术标准调查森林健康等级。

(51)四旁树株数　填写样地内达到及未达起测胸径的四旁树株数之和。未达起测胸径的四旁树，要求针叶树树高在 0.3 m(北方)或 0.5 m(南方)以上，阔叶树树高在 0.5 m(北方)或 1 m(南方)以上。

(52)杂竹株数　调查记载竹林和其他地类中样地内杂竹(胸径大于等于 2 cm)总株数。

㊸天然更新等级　对于疏林地、灌木林地(特殊灌木林地除外)、迹地和宜林地，应调查天然更新等级。

㊹地类面积等级　按样地地类的连片面积大小确定面积等级。当连片面积较大且有遥感资料可用时，要尽量采用遥感资料确定。

㊺地类变化原因　对于前后期地类发生变化的样地(如成熟林采伐更新后变成了幼龄林)，要求调查地类变化原因。

㊻有无特殊对待　在对样地进行各项调查之前，应对样地内和样地周围较大范围内的人为活动情况作对比分析。

6.2.3　样木复位

样木复位率要求达到95%以上。凡样地内前期样木的编号及胸径检尺位置能正确确定，并经胸径复测，前期树种、胸径均无错测者为复位样木。考虑到特殊情况的存在，《河南省2022年森林样地调查操作细则》规定，满足下列条件之一者也视为样木复位：

①能确认前期样木已被采伐或枯死者。

②样木编号能确认，但因采脂、虫害、火灾等因素，引起间隔期内胸径为“负生长”(后期胸径小于前期胸径)的样木，以及前期树种判定和胸径测量有错的样木。

③样木编号已不能确认，但依据样木位置图(或方位角和水平距)，按样木与周围样木的相互关系及树种、胸径判断，能确定为前期对应样木者。

样木复位应根据上期记载的树种、编号顺序、样木位置图上的标注以及胸径变化规律等进行综合分析。避免脱离实际情况、生拼硬凑、样木复错位的情况出现。

6.2.4　样地每木检尺

6.2.4.1　检尺基本要求

①每木检尺对象为乔木树种(包括经济乔木树种)，检尺起测胸径为5.0 cm。检尺对象的确定主要考虑林木的形态特征，乔木型灌木树种应检尺，灌木型乔木树种不检尺。

②每木检尺一律用钢围尺，读数记到0.1 cm，检尺位置为树干距上坡根颈1.3 m高度(长度)处，并应长期固定。

③对于附着在树干上的藤本、苔藓等附着物，检尺前应予以清除。

④凡树干基部落在边界上的林木，应按等概原则取舍。一般取西、南边界上的林木，舍东、北边界上的林木。

⑤胸高位置不得用锯子锯口或打钉，以防胸高位置生长树瘤而影响胸径测定。可以采用统一的标牌高度来固定胸径测量位置。在人为活动较频繁的地区，原则上不要在胸高位置画明显的红油漆线，以尽量避免造成人为特殊对待。

6.2.4.2　每木检尺记录说明

①样木号　固定样地内的检尺样木均应编号，并长期保持不变。样木号以样地为单元进行编写，不得重号和漏号。固定样木被采伐或枯死后，原有编号原则上不再使用，新增样木(如进界木、漏测木)编号接前期最大号续编。当样木号超过999时，又从1号开始重新起编。

②林木类型　分别林木、散生木、四旁树记录。

③检尺类型　按技术标准确定样木的检尺类型。对于复测样地，原则上要求全部样木复位。如果样木标牌遭到破坏，应根据样木的位置、树种、胸径等因子通过综合分析进行复位，其中采伐木、枯倒木要确认伐根、站杆等。

④树种名称　按技术标准所列树种(组)调查记载。

⑤胸径　开展野外调查前，可事先将前期除采伐木、枯立木、枯倒木和多测木以外的所有样木的胸径全部转抄到前期胸径栏内。条件允许时，可将前期每木检尺数据库中上述样木的样木号、胸径等因子直接印制在每木检尺记录卡片上。本期测定的胸径，应与前期胸径对照；对于生长量过大或过小的样木，要认真复核，尤其应注意大径组和特大径组的样木。考虑到胸径的测量误差，对于生长量很小的样木，允许出现后期胸径比前期胸径略小的情况。胸径以 cm 为单位，记至 0.1。本期确定的采伐木、枯立木、枯倒木的胸径按前期调查记录转抄。

⑥采伐管理类型　对于确定为采伐木者，按技术标准确定其采伐管理类型。

⑦林层　确定样木所属林层。

⑧方位角、水平距离　每株样木均应测量方位角和水平距离。方位角以度为单位，水平距离以 m 为单位，记至 0.1(对于角规测树检尺，水平距离记至 0.01)。

样木方位角和水平距离的测定，原则上要求以样地中心点为基点。对于地形复杂、不便在样地中心点定位的样木，可以选择 4 个角点中的任何一个为基点进行定位，但需在记录表中记载清楚。为了提高工作效率，应逐步引进和使用激光测距仪等新设备。除了用方位角和水平距定位以外，允许探索和采用其他样木定位方法，如坐标方格法等。

⑨备注　补充记载一些有必要说明的信息。如胸高部位异常，则注明实测胸高的位置；国家Ⅰ、Ⅱ级保护树种和其他珍贵树种、野生经济树种、分叉木、断梢木、同蔸样木等有关信息，均可注明。

6.2.4.3　样木位置图

为了直观反映样木在样地中的位置，应该根据每株样木的方位角和水平距(或其他定位测量数据)绘制样木位置图。对于样地内有标识作用的明显地物和地类分界线，也应标示在样木位置图上，方便下期样木复位。

6.2.4.4　其他因子调查

(1)树高测量

对于乔木林样地，应根据样木平均胸径，选择主林层优势树种平均样木 3~5 株，用测高仪器或其他测量工具测定树高，记至 0.1 m；对于竹林地，选择 3 株平均竹，量测胸径、枝下高，其中胸径记至 0.1 cm，枝下高记至 0.1 m。

(2)森林灾害情况调查

对于乔木林地、竹林地和特殊灌木林地，调查森林灾害类型、危害部位、受害样木株数，评定受害等级。

(3)植被调查

在按 20 km×20 km 间隔系统抽取的固定样地上，通过设置样方调查下木、灌木和草本主要种类、平均高度和覆盖度。样方布设在样地西南角向西 2 m 处，大小为 4 m×4 m。样方的四角应进行固定，样方所代表的植被类型原则上应与样地一致。如果不一致，则按西北角(向北 2 m)、东北角(向东 2 m)、东南角(向南 2 m)的顺序设置植被调查样方。在样方内应调查以下因子：

①下木(胸径小于 5 cm、高度大于等于 2 m 的幼树)的树种名称、高度、胸径，按树种调查记载。

②灌木(含高度小于 2 m 的幼树)的主要种名称、株数、平均高、平均地径、盖度，按主要灌木种记载。

③草本的主要种名称、平均高、盖度，按主要草本种记载。对样方内的珍稀物种和具有较大开发利用价值物种应调查记载到“样地情况说明”。

(4)天然更新调查

对于疏林、一般灌木林、灌丛、迹地和其他林地，以及乔木林中的成过熟林，选择在样地中有代表性的地方设置 7 个 2 m×2 m 小样方调查和评定天然更新状况。树种最多记 3 个，其他树种合并于相近树种，并分别平均高小于 30 cm、平均高 30～50 cm、平均高大于等于 50 cm，推算每公顷株数。分别幼树种类、不同高度株数、健康状况、破坏情况，同时按照相关标准确定天然更新等级。

(5)复查期内样地变化情况调查

调查记载样地前后期的地类、林种等变化情况，注明变化原因；确定样地有无特殊对待，并作出有关文字说明。

(6)未成林造林地调查

调查记载造林树种、造林年度、苗龄、造林密度、苗木成活(保存)率和抚育管护措施等。其中：

①造林年度　按初始造林的实际年度填写。

②苗龄　按造林所用苗木的年龄填写。

③造林密度　按造林的初植密度填写，单位为“株/hm^2”。

④苗木成活(保存)率　调查时成活苗木株数占初植株数的百分比。

⑤抚育管护措施　按灌溉、补植、施肥、抚育、管护 5 种措施调查。

⑥树种组成　按十分法分别记载树种名称和株数比例。

附录 6-1 森林资源连续清查样地调查表

国家森林资源连续清查________省第________次复查

样 地 调 查 记 录

总体名称：________________ 样地号：________________

样地形状：________________ 样地面积：________________

样地地理坐标：纵：________横：________ 样地间距：________________

地形图图幅号：________________ 卫片号：________________

地方行政编码：□□□□□□ 林业行政编码：□□□□□□

地(市、州)：________________ 林业企业局：________________

县(市、旗)：________________ 自然保护区：________________

乡(镇)：________________ 森林公园：________________

村：________________ 国有林场：________________

小地名：________________ 集体林场：________________

调查员：________________ 工作单位：________________

向 导：________________ 单位及地址：________________

检查员：________________ 工作单位：________________

调查日期：________________ 检查日期：________________

一、样地定位与测设

样地号：________ 驻地出发时间：________ 找到样点标桩时间：________________

样地引点位置图

坐标方位角________

磁方位角________

引线距离________

罗差________

N ↑

⊙

	名称	编号	方位角	水平距
引点定位物（树）				

样地位置图

N ↑

⊙

	名称	编号	方位角	水平距
样地西南角定位物(树)				

引点特征说明：________________ 样地特征说明：________________

注：特征说明指引点或样地附近的小路、山谷、山峰、建筑物、输电线路等有利于寻找的信息。

样地引线测量记录

测站	方位角	倾斜角	斜距	水平距	累计	测站	方位角	倾斜角	斜距	水平距	累计

样地周界测量记录

测站	方位角	倾斜角	斜距	水平距	累计	测站	方位角	倾斜角	斜距	水平距	累计
						绝对闭合差		相对闭合差		周长误差	

二、样地因子调查记录

1 样地号		—	28 湿地类型			55 森林类别		
2 样地类别		—	29 湿地保护等级			56 公益林事权等级		
3 地形图图幅号		—	30 荒漠化类型			57 公益林保护等级		
4 纵坐标		—	31 荒漠化程度			58 商品林经营等级		
5 横坐标		—	32 沙化类型			59 森林灾害类型		
6 GPS 纵坐标		—	33 沙化程度			60 森林灾害等级		
7 GPS 横坐标		—	34 石漠化程度			61 森林健康等级		
8 县(局)			35 沟蚀崩塌面积比			62 森林生态功能等级	—	—
9 流域			36 土壤水蚀等级	—	—	63 森林生态功能指数	—	—
10 林区	—	—	37 土壤风蚀等级	—	—	64 四旁树株数		—
11 气候带	—	—	38 土地权属			65 毛竹林分株数		—
12 地貌			39 林木权属			66 毛竹散生株数		—
13 海拔			40 林种			67 杂竹株数		—
14 坡向			41 起源			68 天然更新等级		
15 坡位			42 优势树种			69 地类面积等级		
16 坡度		—	43 平均年龄		—	70 地类变化原因		
17 土壤名称			44 龄组			71 有无特殊对待		
18 土层厚度		—	45 产期			72 样木总株数		—
19 腐殖层厚度		—	46 平均胸径		—	73 活立木总蓄积量	—	—
20 枯枝落叶厚度		—	47 平均树高		—	74 林木蓄积量	—	—
21 灌木覆盖度		—	48 郁闭度		—	75 散生木蓄积量	—	—
22 灌木高度		—	49 森林群落结构			76 四旁树蓄积量	—	—
23 草本覆盖度		—	50 林层结构			77 枯损木蓄积量	—	—
24 草本高度		—	51 树种结构			78 采伐木蓄积量	—	—
25 植被总覆盖度		—	52 自然度			79 造林地情况		
26 地类			53 可及度			80 调查日期	—	—
27 植被类型			54 工程类别					

三、跨角林调查记录

1 样地号		—	—	6 林木权属				11 郁闭度			
2 跨角地类序号	1	2	3	7 林种				12 平均树高			
3 面积比例				8 起源				13 森林群落结构			
4 地类				9 优势树种				14 树种结构			
5 土地权属				10 龄组				15 商品林经营等级			

四、每木检尺记录

样地号：____________

样木号	立木类型	检尺类型	树种		胸径(cm)		采伐管理类型	林层	跨角地类序号	方位角	水平距(m)	备注
			名称	代码	前期	本期						
1												
2												
3												

五、样木位置示意图

样地号：____________

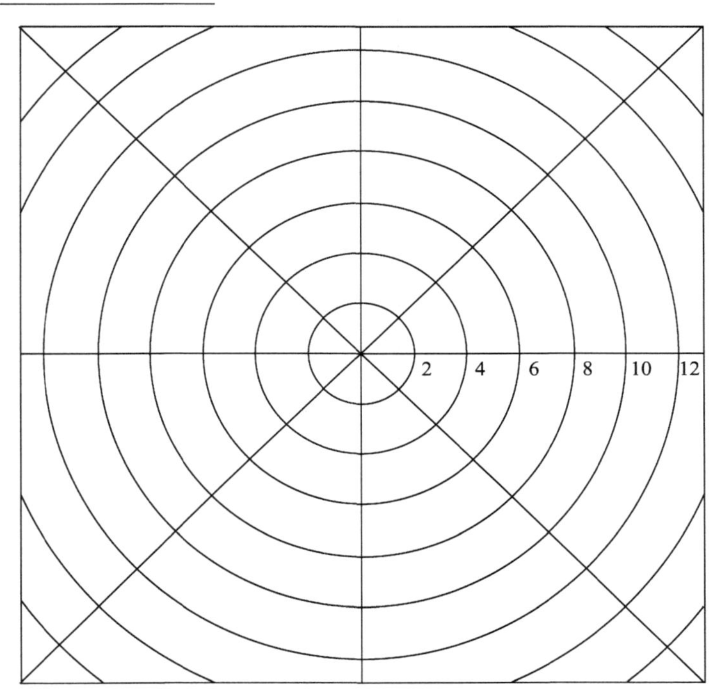

固定标志说明：

注：包括样地标志保存，前期有无错误处理，本期标志补设，中心点暗标设置，挖土壤坑槽等情况。

六、树(毛竹)高测量记录

样木号	树种	胸径(cm)	树高(m)	竹枝下高(m)	样木号	树种	胸径(cm)	树高(m)	竹枝下高(m)
					平均	—	—		

注：乔木树种测量胸径和树高，毛竹测量胸径和竹枝下高。

七、森林灾害情况调查记录

序号	灾害类型	危害部位	受害样木株数(%)	受害等级			
				无	轻微	中等	严重

八、植被调查记录

灌　木					草　本			地被物		
名称	株数	平均高(cm)	平均地径(cm)	盖度(%)	名称	平均高(cm)	盖度(%)	名称	平均高(cm)	盖度(%)

九、下木调查记录

名称	高度(m)	胸径(cm)	名称	高度(m)	胸径(cm)	名称	高度(m)	胸径(cm)

十、天然更新情况调查记录

树种	株　数			健康状况	破坏情况
	高<30 cm	30≤高<50 cm	高≥50 cm		

十一、未成林造林地调查记录

未成林造林地情况	造林年度	苗龄	初植密度(株/hm^2)	苗木成活(保存)率(%)	抚育管护措施					树种组成	
					灌溉	补植	施肥	抚育	管护	树种	比例

样地调查结束时间：________　　　　返回驻地时间：________

第七章　森林资源规划设计调查

森林资源规划设计调查(以下简称二类调查)是以经营管理森林资源的企业、事业或行政区划单位(如县)为对象，为满足编制森林经营方案、检查评价森林经营效果等而进行的森林资源调查。森林资源规划设计调查一般 10 年进行一次，经营水平高的地区或单位也可 5 年进行一次。两次二类调查的间隔期也称为经营管理期。

7.1　调查内容和方法

7.1.1　调查目的和任务

森林资源规划设计调查主要任务是：

①查清森林、林地和林木资源的种类、数量、质量与分布。

②查清林地地类、林地保护利用以及林地管理属性等现状情况。

③建立森林资源管理信息系统，更新森林资源数据库基础数据。

④综合分析与评价森林资源与生态状况及经营管理成效，提出对森林资源培育、保护与利用的意见。

7.1.2　调查内容

①核对森林经营单位的境界线，并在经营管理范围内进行或调整经营区划。

②调查各类林地的面积。

③调查各类森林、林木蓄积量。

④调查主要树种单株材积和生长率以及主要林分不同龄组近 5 年的生长量；并调查了解近 5 年内各林分消耗量(如采伐、盗伐等)与损失量(如林地征占用、塌方、病虫灾害、雪压、风折、火灾等)。

⑤调查与森林资源有关的地形、地势、土壤、植被、气象、水文等自然地理环境和生态环境因素。

⑥调查森林经营条件、前期主要经营措施与经营成效。

⑦建立森林资源图形数据库、属性数据库、遥感影像数据库，建立森林资源管理信息系统。

7.1.3　调查方法

7.1.3.1　林业用地调查方法

在二类调查时，应尽量采用最新的地形图和遥感影像资料，通过叠加地形图的遥感影像图区划、实地林分因子目测、标准地实测相结合的方法，完成森林资源调查工作。

(1)区划

①利用调查区最新的比例尺 1：2.5 万或 1：1 万地形图，现地勾绘(山区采用对坡勾

绘方法)，小班调查时进行修正。

②利用最新的高分辨率遥感图像进行区划，并转绘到地形图上，小班调查时进行修正。

(2)面积求算

①应用网点板或透明方格纸以千米网格控制求算面积。

②应用 GIS 求算面积。

③应用林调通等野外调查软件求算面积。

④应用求积仪求算面积。

(3)小班因子及蓄积量调查

采用小班调查的方法进行。

7.1.3.2 四旁树调查方法

①区划、面积求算、小班因子调查同林业用地调查方法。

②进行株数、蓄积量调查时，对村镇树调查，采用以户或单位为单元系统抽样调查；对农田林网、农林间作调查，采用典型标准地(段、行)或线状抽样的方法进行调查；对零星树调查，实测小班内的树木。

7.2 调查准备

7.2.1 技术资料准备

7.2.1.1 地形图或影像资料

①地形图　森林资源二类调查需要最新的比例尺 1∶2.5 万或 1∶1 万地形图。

②遥感影像　获取近期拍摄的(不超过 2 年)比例尺 1∶1 万航片或经正射校正及影像增强处理的卫片，如高分系列、IKONOS、QuickBird、WorldView 卫片等，空间分辨率优于 2.5 m 的遥感影像可以直接用于小班勾绘，低于 2.5 m 的遥感影像只能作为调绘辅助用图。

7.2.1.2 外业调查底图制作

二类调查底图宜将地形图与遥感影像资料相结合，帮助判断林相、地类；同时，叠加各级行政界线和预区划的小班界等，提高小班外业勾绘工作的质量、精度、效率。

计算机遥感影像底图制作方法如下：

①对遥感影像进行计算机正射校正、影像增强处理，再叠加等高线等地形地物测绘信息，作为基础底图。

②在基础底图上叠加各级行政界线，以及修正后的公益林矢量数据图层等；利用前期二类调查数据，根据遥感影像对图斑界线进行室内判读调整，修正后作为外业调查底图，供现地验证与调查使用。

③打印输出作为二类调查外业调查用图。

7.2.1.3 林业数表

收集调查地区疏密度表、立地类型表、森林经营类型表、森林经营措施类型表等林业数表。

7.2.1.4 历史资料

在二类调查开始前，应收集以往调查、规划、林业经营管理资料等成果资料，如上期小班调查成果和小班经营档案、林地落界或变更数据库、森林分类区划、母树林、自然保护(小)区资料。

7.2.1.5　森林资源经营管理情况

①林业生产与管理情况　山林权属与林业生产责任制落实情况，主要乡、村林场，专业队组织形式及人员，育苗、造林、抚育管理，林政管理，森林保护管理等方面情况。

②木材和林副特产生产、消耗情况　着重了解上一年度的木、竹及其他林特产品的生产、销售情况，消耗及需求情况；林产工业情况；历史上最高产量及年度等。

7.2.1.6　社会经济情况资料

调查了解、收集调查区域的有关社会经济资料，为调查规划提供依据(收集资料以前一年度末的统计资料为准)。

①社会基本情况　调查区域的社会基本情况，如县、乡、场、村的户数，人口，劳动力，耕地面积，产业与国民经济，林业的地位与作用，居民收入与生活水平等情况。

②水陆交通运输情况　包括运输类型，林区道路网密度及水运情况等。

7.2.2　仪器工具准备

①仪器工具　计算器、测高器、皮尺、测树围尺、角规、GPS、罗盘仪、平板电脑等。

②调查记录用表　小班(林带)调查记载卡、树带调查记载表、零星四旁树记载表、标准地调查记录表、样地调查记录表等。

③其他调查用品　工作袋、砍刀、讲义夹、铅笔、红绿铅笔、清绘笔、铅笔刀、三角板、量角器、防暑药、防蛇药等。

7.3　小班调查

小班是以林分为基础划分的，而林分是林学、生物学特性基本相同，与周围森林地段有明显差异的森林地段，是森林资源构成的基本群体单元。为了科学地开展森林资源经营管理工作，必须将各种林分调查因子落实到小班，开展小班调查正是实现这个目的的途径。

小班调查对象包括两大类，一是可以区划为小班的林地，包括山地、平原、城镇、村庄的林地(含平原农区、村庄内的片林)，小班内的散生木、四旁树，小班调查时一并调查；二是达到乔木林或灌木林标准的林带(乔木林带行数大于等于 2 且行距小于等于 4 m 或林冠冠幅水平投影宽度大于等于 10 m，灌木林带行数 2 行以上且行距小于等于 2 m)。

林带调查按小班调查要求开展外业调查，登记小班调查记载表。

小班非测树因子调查用设调查线、调查点的方法进行。在小班内设 1~2 条调查线(调查线贯穿全小班，且与等高线呈一定夹角)，或设几个有代表性的点，调查小班非测树因子。

7.3.1　小班调绘

根据森林经营单位的实际情况，可采用地形图、卫星像片(卫片)、航摄像片(航片)进行小班调绘。小班调绘时须遵循小班的划分条件。根据各种调查底图采用相应的小班调绘操作方法。

(1)室内判读，实地复核修正小班线

利用空间分辨率优于2.5 m的近期遥感影像叠加等高线作调查底图，根据建立的实际地物与图像(形状、大小、色调、纹理等)之间的对应关系，结合上期二类调查、林地落界(变更)档案资料，先在室内进行小班、林带勾绘，界线不清楚的用虚线表示。再到现地全面核对小班、林带区划是否合理，并进行现场修正。

(2)高分辨率影像实地勾绘小班线

利用空间分辨率优于2.5 m的遥感影像叠加等高线作调查底图，在山区采用对坡勾绘方法勾绘小班线。

(3)利用地形图勾绘小班，并用遥感影像辅助调绘

利用地形图作调查底图，采用实地对坡勾绘方法勾绘小班线，并用遥感影像辅助调绘小班线。如果遥感影像的空间分辨率低于2.5 m的，不能直接用于小班勾绘，只能作为调绘辅助用图，帮助判断林相、地类。

(4)补充调绘

外业调查同时，对图或像片上变化了的地形、地物进行补充调绘。

7.3.2 小班测树因子调查方法

小班测树因子调查方法采用样地实测法和目测法。

7.3.2.1 样地实测法

适用于林带、林相整齐的片林。在小班范围内，随机布设样地(带)，在样地(带)内实测各项调查因子，由此推算小班调查因子，查一元材积表求算小班蓄积量。无蓄积量小班调查株数、优势树种、平均高、平均年龄、郁闭度、生长状况等森林小班因子。布设的样地(带)应符合随机原则，样地(带)数量视小班面积而定(表7-1)。

表7-1 样地(带)个数参考表

面积(hm^2)	3以下	4~7	8~12	13以上
个数	1	2	3	4

7.3.2.2 目测法

适用于坡度大于36°的有林小班调查。调查前，调查人员要通过25块以上的标准地目测练习和一个林班的小班目测调查练习，并经过考核，各项调查因子目测的数据80%项次以上达到允许的精度要求时，才可以进行目测调查。

小班目测调查时，必须深入小班内部，选择有代表性的调查点进行调查。利用角规样地或固定面积样地以及其他辅助方法进行实测，用以辅助目测。目测调查点数视小班面积而定(表7-2)。

表7-2 小班目测调查点(角规绕测点)数参考表

面积(hm^2)	3以下	4~7	8~12	13以上
点数	2	3	4	5

7.3.3　小班调查因子与调查记载

7.3.3.1　小班调查因子

分别商品林和公益林小班按地类调查或记载不同调查因子，详见表 7-3。

表 7-3　不同地类小班调查因子表

调查项目＼地类	乔木林	竹林	疏林地	特殊灌木林	一般灌木林	未成林造林地	苗圃地	采伐迹地	火烧迹地	其他迹地	造林失败地	规划造林地	其他宜林地
空间位置	1，2	1，2	1，2	1，2	1，2	1，2	1，2	1，2	1，2	1，2	1，2	1，2	1，2
地形地势	1，2	1，2	1，2	1，2	1，2	1，2	1，2	1，2	1，2	1，2	1，2	1，2	1，2
土壤/腐殖质	1，2	1，2	1，2	1，2	1，2	1，2	1，2	1，2	1，2	1，2	1，2	1，2	1，2
立地质量等级	1，2	1，2	1，2	1，2	1，2	1，2	1，2	1，2	1，2	1，2	1，2	1，2	1，2
林地管理类型	1，2	1，2	1，2	1，2	1，2	1，2	1，2	1，2	1，2	1，2	1，2	1，2	1，2
林地保护等级	1，2	1，2	1，2	1，2	1，2	1，2	1，2	1，2	1，2	1，2	1，2	1，2	1，2
交通区位	1，2	1，2	1，2	1，2	1，2	1，2	1，2	1，2	1，2	1，2	1，2	1，2	1，2
林地质量等级	1，2	1，2	1，2	1，2	1，2	1，2	1，2	1，2	1，2	1，2	1，2	1，2	1，2
植被状况	1，2	1，2	1，2	1，2	1，2	1，2	1，2	1，2	1，2	1，2	1，2	1，2	1，2
森林群落结构	1，2	1，2	—	1，2	—	—	—	—	—	—	—	—	—
自然度	1，2	1，2	—	1，2	—	—	—	—	—	—	—	—	—
森林灾害	1，2	1，2	—	1，2	—	—	—	—	—	—	—	—	—
森林健康等级	1，2	1，2	—	1，2	—	—	—	—	—	—	—	—	—
森林类别	1，2	1，2	1，2	1，2	1，2	1，2	1，2	1，2	1，2	1，2	1，2	1，2	1，2
事权等级	1	1	1	1	1	1	—	—	1	1	1	1	1
公益林保护等级	1	1	1	1	1	1	—	—	1	1	1	1	1
工程类别	1，2	1，2	1，2	1，2	1，2	1，2	—	1，2	1，2	1，2	1，2	1，2	1，2
公益林界定情况	1	1	1	1	1	1	—	—	1	1	1	1	1
林带调查因子	1，2	1，2	—	1，2	1，2	1，2	—	—	—	—	—	—	—
地类	1，2	1，2	1，2	1，2	1，2	1，2	1，2	1，2	1，2	1，2	1，2	1，2	1，2
权属	1，2	1，2	1，2	1，2	1，2	1，2	1，2	1，2	1，2	1，2	1，2	1，2	1，2
林种	1，2	1，2	1，2	1，2	1，2	—	—	—	—	—	—	—	—
起源	1，2	1，2	1，2	1，2	1，2	1，2	—	—	—	—	—	—	—
树种组成	1，2	1，2	1，2	1，2	1，2	1，2	—	—	—	—	—	—	—
年龄、龄组或产期	1，2	1，2	1，2	1，2	—	1，2	—	—	—	—	—	—	—
平均胸径	1，2	—	1，2	—	—	—	—	—	—	—	—	—	—
平均高	1，2	—	1，2	1，2	1，2	1，2	—	—	—	—	—	—	—
郁闭度/覆盖度	1，2	1，2	1，2	1，2	1，2	—	—	—	—	—	—	—	—
单位面积株数	1，2	1，2	1，2	—	—	1，2	—	—	—	—	—	—	—
单位面积蓄积量	1，2	—	1，2	—	—	—	—	—	—	—	—	—	—
散生木	1，2	1，2	1，2	1，2	1，2	1，2	—	1，2	1，2	1，2	1，2	1，2	1，2

（续）

调查项目＼地类	乔木林	竹林	疏林地	特殊灌木林	一般灌木林	未成林造林地	苗圃地	采伐迹地	火烧迹地	其他迹地	造林失败地	规划造林地	其他宜林地
造林地调查	—	—	—	—	—	1，2	—	—	—	—	1，2	—	—
调查日期	1，2	1，2	1，2	1，2	1，2	1，2	1，2	1，2	1，2	1，2	1，2	1，2	1，2
调查员姓名	1，2	1，2	1，2	1，2	1，2	1，2	1，2	1，2	1，2	1，2	1，2	1，2	1，2

注：1为公益林，2为商品林。

7.3.3.2 小班调查重点

在开展二类调查时，应根据当地森林资源调查目的和特点，对调查的内容及其详细程度有所侧重。

①以森林主伐利用为主的区域，应着重对地形、可及性，以及用材林的近、成、过熟林测树因子等进行调查。

②以森林抚育改造为主的区域，应着重对幼中龄林的密度、林木生长发育状况等林分因子以及立地条件进行调查。

③以更新造林为主的区域，应着重对土壤、水资源等条件、天然更新状况等进行调查，以做到适地适树，保证更新造林质量。

④以植被自然保护为主的区域，应着重调查被保护对象种类、分布、数量、质量、自然性以及受威胁状况等。

⑤以防护、森林游憩等生态公益效能为主的区域，应分别不同的类型，着重调查与发挥森林生态公益效能有关的林木因子、立地因子和其他因子。

⑥林带调查，以林带宽度、长度、地段类型、树种组成、胸径、平均高、株数等调查因子为侧重点。

7.3.3.3 调查项目记载

①空间位置　记载小班所在的县、乡镇(林场、管理局)、村(分场、管理站)、林班号、小班号、小地名。

②面积　小班面积单位为亩，保留整数。小班面积在内业期间通过图上面积求算后填写。

③地形地貌　记载小班地貌、平均海拔(单位为m)、坡度、坡向和坡位等因子。

④土壤　记载小班土壤名称、质地、土层厚度(A+B层)、腐殖质层(A_1层)厚度等。

⑤立地质量等级　根据小班所处立地类型，由计算机根据相关立地因子，分为山地、丘陵和平原计算完成，分为Ⅰ级(好)、Ⅱ级(较好)、Ⅲ级(中等)、Ⅳ级(较差)和Ⅴ级(差)。

⑥林地管理类型　分林地、土地整理复绿、土地整理未复绿、农田绿地、城镇绿地、村庄绿地、交通绿地、水利绿地和其他绿地。

⑦林地保护等级　分Ⅰ级保护林地、Ⅱ级保护林地、Ⅲ级保护林地和Ⅳ级保护林地，根据县级林地保护利用规划界定标准及结果确定。

⑧交通区位　以小班至林区道路或其他交通运输线路的距离，来确定林地交通区位由好至差划分为一级、二级、三级、四级和五级。

⑨林地质量等级　根据立地质量等级和交通区位情况查表确定。

⑩植被情况　记载灌草层植被的优势和指示性植物种类、平均高度(单位为 m)和总覆盖度。

⑪森林群落结构　根据森林植被的层次多少确定群落结构类型。分别记载为完整结构(简称“完整”)、较完整结构(简称“较完整”)和简单结构(简称“简单”)。

⑫自然度　根据干扰的强弱程度记载，对于乔木林地、竹林地和特殊灌木林地，应调查自然度等级，分为 1 级、2 级和 3 级。

⑬灾害类型　分病害、虫害、火灾、风折(倒)、雪压、滑坡与泥石流、干旱、其他灾害和无灾害记载。无灾害可不登记，空值默认为无灾害。

⑭灾害等级　分别无、轻、中、重记载。无灾害可不登记，其作为默认值。

⑮森林健康等级　对于乔木林地、竹林地和特殊灌木林地，要调查森林健康等级，分别健康、亚健康、中健康、不健康填写相应等级。健康可不登记，其作为默认值。

⑯森林类别　分为重点公益林(地)、一般公益林(地)，重点商品林(地)和一般商品林(地)记载。

⑰事权等级　公益林(地)分为国家级、省级、市级、县级和其他。

⑱公益林保护等级　国家和省级公益林分为一级、二级和三级记载。

⑲工程类别　根据资料填写。

⑳公益林小班号和界定面积　填写公益林区划小班号与界定面积。

㉑地段类型　干线两侧林带记铁路、公路、河流、干渠、堤岸，其他林带记道路、沟渠、小河岸、其他等。其中干线公路指乡级以上公路(含乡级)，乡级以下记“道路”。

㉒冠幅　按林带的树冠投影宽度记载。

㉓长度　按皮尺丈量或地形图上勾绘距离量算，记至整数米。

㉔宽度　林带宽度记至 0.5 m。

㉕行数　按实地调查记载。

㉖平均株距　根据同一行林带树木根径之间的平均距离登记，用于推算林带的树木总株数。

㉗权属　分别林地所有权、林木使用(经营)权调查记载。

㉘地类　按最后一级地类调查记载。

㉙林种　按林种划分技术标准调查确定，记载到亚林种。

㉚起源　分为天然和人工 2 类，分别天然下种、人工促进天然更新、天然萌生和人工植苗、直播、飞播、人工萌生记载。

㉛林层　商品林按林层划分条件确定是否分层，然后确定主林层，并分别林层调查记载郁闭度、平均年龄、株数、树高、胸径、蓄积量和树种组成等测树因子。除株数、蓄积量以各林层之和作为小班调查数据以外，其他小班调查因子均以主林层的调查因子为准。分林层的小班，层次用罗马数字表示，登记时应将主林层写在上面，次林层写在下面。如上层为马尾松，下层为杉木，而杉木为主林层，则记作：

Ⅱ杉

Ⅰ松

㉜树种组成　仅一个树种(组)时，填写树种名称，如麻栎；多树种混交时，用十分法记载，并且优势树种写在前面，如7杉3马松。复层林时分别林层记载。

㉝优势树种(组)　根据树种组成情况，分别林层获取小班优势树种(组)，当某一树种(组)蓄积量(株数)大于或等于7成时，该树种即为优势树种(组)，当某一树种(组)蓄积量(株数)小于7成时，根据树种针阔混交情况，分别记为针叶混、阔叶混、针阔混。

㉞年龄、龄组或产期　年龄栏分别林层，记载优势树种(组)的平均年龄，经济林也需记载年龄。平均年龄由林分优势树种(组)的平均木年龄确定，平均木是具有优势树种(组)断面积平均直径的林木。乔木树种龄级按优势树种(组)的平均年龄确定，竹林的龄组记平均竹度，经济林龄组记生产期。

㉟平均胸径　分别林层，记载优势树种(组)的平均胸径。

㊱平均树高　分别林层，调查记载优势树种(组)的平均树高。在目测调查时，平均树高可由平均木的高度确定。灌木林设置小样方或样带估测灌木的平均高度。

㊲郁闭度或覆盖度　郁闭度表示林冠垂直投影遮覆地面的程度，最大为1.0。郁闭度乔木林和竹林小班取1位小数，疏林地小班取2位小数。灌木林记载覆盖度，用百分数表示。

㊳疏密度　疏密度是衡量蓄积量(断面积)的林分密度指标。标准林分的疏密度定为1.0。有些林分蓄积量比标准林分还大，疏密度可以大于1.0。疏密度从0.1起记，取一位小数。

㊴每亩株数　分别林层记载活立木的每亩株数。无特殊情况，注意平均胸径、平均高、疏密度、每亩株数、每亩蓄积量间的一致性。

㊵每亩蓄积量　分别林层记载乔木林、疏林每亩蓄积量，记至0.1 m^3。

㊶散生木　小班卡的“类别”栏记载“散生”，分树种(组)调查小班散生木的树种名称、平均胸径、平均树高、株数，计算各树种蓄积量。当小班内散生木较多时，可登记每亩散生株数。“蓄积量”栏保留1位小数。

㊷四旁树　小班卡的“类别”栏记载“四旁”，小班内的小面积非林地中的四旁树，记载内容同散生木。

㊸造林地调查　未成林造林地、造林失败地，应调查造林年度、树种组成、苗龄、抚育措施、苗木成活(保存)率。

㊹可及度与林木质量、出材率　用材林近、成、过熟林小班应调查记载可及度、各林木质量等级的株数比例。可及度即调查记载小班是“即可及”“将可及”还是“不可及”；林木质量等级株数比例即调查记载用材树、半用材树、薪材树株数占林分总株数百分比；根据各林木质量等级的株数比例可以查定林分出材率等级。

㊺大径木蓄积量比等级　复层林、异龄林小班应调查记载大径木蓄积量比等级，分Ⅰ级、Ⅱ级和Ⅲ级。

㊻森林灾害　林木病虫害应调查记载林木病虫害种类和危害连片面积；森林火灾应调查记载森林火灾发生的时间、连片过火面积、连片受害面积和火灾等级。

㊼天然更新　调查小班天然更新幼树的种类、年龄、平均高度、单位面积株数、分布和生长情况，并评定天然更新等级。

㊽附记　可以记载其他需要说明的情况。例如，小班实测结果；对近期可以采伐利用的成熟林小班注明采伐方式；土地开发整理情况；原技术标准对应的地类等。

7.3.4　调查底图及调查簿整理

7.3.4.1　调查底图整理

野外调查底图是基础材料，必须认真检查。其主要内容有：调查地区有否重复或遗漏；地形、地物及注记是否清晰；小班界线是否闭合；遥感影像、地形图上编号与调查簿的编号是否一致。小班编号是否以村为单位，按照小班编号要求进行编号；树带是否以村为单位进行统一编号。

7.3.4.2　调查簿整理

将小班调查卡片以村为单位整理成册，即调查簿。切实做到调查簿与底图(航片、卫片)上的小班编号一致，各栏记载正确无误。

7.3.5　小班界线清绘

完成一个区域调查后，将野外确定的全部小班界线转绘到一份新的图上，并将它作为底图，要严格按清绘要求进行清绘。一个村的外业调查结束后，小班编号要以行政村(林区、林班等)为单位，按照小班编号要求进行调整和重新编号，遥感影像、调查簿上的小班号要同步做相应调整。

7.4　小班测树因子与蓄积量调查

7.4.1　乔木林、疏林地小班调查

7.4.1.1　角规调查点的确定

在小班调查时，必须深入小班内部，选择有代表性的调查点，设置角规绕测样地进行调查，按表7-2确定角规绕测点数。小班平均坡度在45°以上的，各项因子允许目测。绕测点应设小木桩，以备检查。木桩小头直径应大于3 cm，上部削一平面记上点号。绕测后记录GPS坐标。

7.4.1.2　角规绕测

角规绕测操作方法和注意事项、林分平均高和平均胸径计算、小班蓄积量计算、小班每公顷株数等指标的计算方法见本书第三章部分内容。

7.4.1.3　郁闭度测定

以角规点为中心向东、西、南、北各走25步，用抬头望天法确定郁闭度，并记载在角规绕测表上，最后取各点平均数。

7.4.1.4　林龄测定

小班内各树种(组)均需测定林龄，人工林根据造林年度确定，以一年为单位，计算时注意加苗龄；天然林要根据冠形、树皮、树高、直径、立地条件等因子目测确定，如有伐根，可查数年轮作参考。

7.4.1.5　起源

现地观察和访问确定。

7.4.1.6　树种组成

各树种每公顷蓄积量占小班每公顷蓄积量的百分比即为各树种的组成系数，用十分法

记载。填入组成比栏内(与其树种对应)。

$$N_i = \frac{\bar{G}_i}{\frac{\pi}{4}\bar{D}_i^2} \tag{7-1}$$

式中 N_i——第 i 个树种每公顷株数;

$\bar{G}_i$——第 i 个树种平均每公顷断面积(m^2);

$\bar{D}_i^2$——第 i 个树种平均胸高断面积(m^2)。

7.4.1.7 优势树种(组)

按优势树种(组)划分标准确定,填入优势树种栏内。小班起源、年龄、龄组、平均直径、平均高均按优势树种填写,记入优势树种栏。阔叶混交、针叶混交、针阔混交按组成比最大的一个树种组填写。

7.4.1.8 标准地调查法或样带调查法

林带和不适宜角规绕测的片林,采用标准地调查法或样带调查法,调查计算填写小班森林因子。标准地调查法及其相关指标的计算见本书第三章相关内容,这里只介绍样带调查法。

(1)样带的面积与布设方法

①样带数量的确定 样带的数量根据小班面积查表 7-1 确定。

②样带的布设方法、形状及面积 第一个样带在林带中随机定点,其余按等距离在林内机械布设,使之分布均匀。样带以林带中垂直截取标准行的方式确定,可截取一至数行树木,但面积不得少于 133 m^2。量测样带长、宽时,应从树根起两边各增加半个株行距。在一个小班内所设样带应等长、等宽。样带的面积计算公式为:

$$样带面积(hm^2) = 样带长(m) \times 样带宽(m) \times 0.0001 \tag{7-2}$$

(2)样带调查

分树种(组)进行每木检尺(径阶),记载森林样带调查记录表。

(3)每公顷株数、蓄积量和小班蓄积量的计算

首先应计算出全小班所有样带的总面积和各树种各径阶株数,查相应的一元材积表,求出全小班样带的各树种蓄积量。用这些蓄积量分别除以样带总面积,得小班各树种的每公顷蓄积量。各树种每公顷蓄积量之和,即为小班每公顷蓄积量。计算公式为:

$$\sum_{i=1}^{n} A_i = L_i \times W_i \times 0.0001$$

$$M_j = \frac{V_{ij}}{\sum_{i=1}^{n} A_i}$$

$$\bar{M} = \sum_{j=1}^{n} M_j$$

$$M = \bar{M}A = \sum_{i=1}^{n_1} \sum_{j=1}^{n_2} (M_{ij}A) \tag{7-3}$$

式中 $\sum_{i=1}^{n} A_i$——小班内各样带面积之和(hm^2);

A——小班面积(hm^2);

L_i, W_i——分别为某小样带的长和宽(m);

V_{ij}——某树种的各样带蓄积量之和(m^3);

M_j——某树种的小班每公顷蓄积量(m^3);

$\bar{M}$——小班平均每公顷蓄积量(各树种之和, m^3);

M——全小班蓄积量(m^3)。

同样,用全小班各样带的株数之和除以小样方面积之和,即得小班每公顷株数。上述计算中,L_i、W_i 应精确到 0.1 m;A_i 应精确到 0.0001 hm^2;V_{ij} 应精确到 0.0001 m^3;M_j、$\bar{M}$ 应精确到 1 m^3;M 应精确到 1 m^3;株数应精确到 1 株。

(4)平均胸径、平均高

每个样带各树种分别计算算术平均胸径(D_{ij}),在样带内找一株胸径与平均直径最接近的树木(生长正常,树种相同),用测高仪测量其树高,作为该样带该树种平均高(H_{ij})。按照各树种在样带间出现的频数(N_j)计算其小班平均胸径(D_j)和平均高(H_j),计算公式为:

$$D_j = \frac{\sum D_{ij}}{N_j} \tag{7-4}$$

$$H_j = \frac{\sum H_{ij}}{N_j} \tag{7-5}$$

小班平均胸径、平均高,分别以优势树种平均胸径、平均高确定。树种优势不明显的,用加权法求算小班平均胸径、平均高,各树种频数(N_j)即为权重。

7.4.2 无蓄积量幼龄林、未成林造林地小班

未成林造林地小班指即将进入郁闭或郁闭度不够乔木林标准,而株数达到乔木林标准,或已郁闭但树木达不到检尺标准的幼龄林(无蓄积量的幼龄林)小班。除基本情况外,起源、优势树种(组)、树种组成、每公顷株数、平均高、胸径(或地径)等项应调查记载。在小班林分特点、健康状况栏内说明整地方法、规格、造林年度、造林初植密度、成活率或保存率、混交比、生长情况等。

7.4.3 林种为经济林的乔木林地小班

小班调查除基本情况和乔木林有关因子外(鲜果类经济树及其他类无明显主干的经济树不检尺;干果类经济树及其他类有明显主干的经济树检尺),还要调查主栽品种、年龄、株行距、生产阶段和生长状况(按好、中、差记载)。主栽品种、年龄、株行距、生长状况记入备注栏。

7.4.4 竹林小班

小班调查除基本情况外,还要调查以下内容:

①大径竹(毛竹、刚竹等) 沿临时调查线设 3 个以上 10 m×10 m 样方,调查竹种、起源、年龄、株数、推算平均每公顷株数和小班株数。

②小径竹　沿临时调查线设 2 个以上 2 m×2 m 小样方，调查内容同大径竹。

7.4.5　母树林、种子园小班

(1)母树林

母树林是采种母树林的简称，是专为生产良种的乔木林。其调查内容除基本情况外，应调查树种、年龄、起源、组成、郁闭度、种子产量、质量等。种子产量、质量及采取过何种经营管理措施记入小班林分特点栏内。

(2)种子园

种子园是用优树或优良无性系的枝条或用种子培育的苗木，按合理方式配置，生产具有优良遗传品质的林木种子场所。除基本情况调查外，还应调查以下内容并记入小班林分特点栏中：

①无性系种子园　分别初级无性系和第一代无性系调查各树种无性系数目、配置方式、初植密度及采取的经营管理措施等。

②实生种子园　调查树种、建园方法、家系数目、配置方式、密度、已采取的经营管理措施等。

7.4.6　灌木林小班

除调查基本情况以外，还应在小班有代表性的地段设一个 10 m×10 m 的样方，调查灌木林的林种、优势种、盖度、盖度级、起源、平均高度等。灌木经济林还要调查生产阶段。盖度在植被调查栏内显示，平均地径填在备注栏中。

7.4.7　散生木调查

林地(有林地、苗圃地、灌木林地、未成林造林地、无立木林地、宜林地、辅助生产用地)中的散生木，设 1~2 个样方，以角规辅助目测每公顷株数、蓄积量，取平均值作为小班调查平均值，并计算全小班株数、蓄积量。

7.5　统计汇总与制图

7.5.1　统计汇总

7.5.1.1　外业调查材料的系统检查

①检查地形图上的各种境界线是否完整、准确，清绘、注记是否正确、清楚。

②角控点材料的记载、计算是否正确。

③小班调查簿的个数是否与地形图上调绘的小班个数相符。其记载、计算是否正确，有无错、漏、不清项目。

④解析木材料记载是否完整、正确。

⑤典型标准地材料的记载、计算是否有误。

⑥社会经济调查材料是否齐全。

7.5.1.2　面积求算

(1)小班面积求算

①以地形图(以比例尺 1∶2.5 万地形图为例)上千米网格为面积控制，将网点板覆于图上，使千米网线和网点板上间距 4 cm 网线完全重合。

②查数千米网线内各小班的点数，并作记录。记录时，将千米网号(纵横坐标)、林班号(行政村)、小班号记载清楚。千米网内各小班界上的点用红笔作记号，待小班内点数查完后，再查取一半(0.5)分别记入各自小班内。

③每千米网各小班的点数要查数2次，不能有差；点数之和要与网点板4 cm×4 cm面积内点数相等(正常情况下为400个)；县(场)边界上的千米网内，如有一个或几个小班时，各小班内点数与县(场)界外点数之和应等于400个。

④对于跨千米网的小班，待各部分查数完毕后，合计得小班点数。

⑤用小班点数乘以每点代表面积，即为小班面积(以 hm^2 为单位，保留1位小数)。

⑥当线性小班，如河流、公路、防火线等穿过小班时，应从小班面积中扣除线性小班面积(长度×平均宽)。当线性小班是小班、行政村(林班)、乡(工区)界时，两边各扣一半；如为县(林场)界则不扣。线性小班以行政村(林班)为单位成小班表[即将行政村(林班)中线性小班面积分别相加]。

⑦小班中各地类面积，按调查目估的比例计算，并记入小班簿备用栏内。

⑧有条件的单位，可用GIS求算面积。

(2)行政村(林班)面积求算

①行政村(林班)面积以小班面积为准，进行汇总。

②行政村(林班)面积保留整数。当合计值不等于整数时，四舍五入取整数，然后调整小班面积的尾数，直至小班面积相加等于行政村(林班)面积(整数)。

(3)乡(工区)、县(场)面积以行政村(林班)面积逐级汇总

(4)成数抽样面积计算

①成数
$$P_i=\frac{n_i}{n} \tag{7-6}$$

②成数误差
$$\Delta P_i=t\sqrt{\frac{P_i(1-P_i)}{n-1}} \tag{7-7}$$

③相对误差
$$E_{pi}=E_{Ai}=t\sqrt{\frac{(1-P_i)}{P_i(n-1)}} \tag{7-8}$$

④估计精度
$$P_{ci}=1-E_{Pi} \tag{7-9}$$

⑤面积误差
$$\Delta A_i=A\Delta P_i \tag{7-10}$$

⑥面积估计值
$$\hat{A}_i=AP_i \tag{7-11}$$

⑦面积置信区间
$$\hat{A}_i\pm\Delta A_i \tag{7-12}$$

式中　n——总样点数；

n_i——某地类样点数；

t——可靠性指标，95%的可靠性，$t=1.96$；

A——总体面积(hm^2)。

7.5.1.3　蓄积量计算

(1)森林小班蓄积量、散生木蓄积量、灌木株数、竹林株数计算

①蓄积量计算　小班各树种每公顷蓄积量及全小班各组成树种蓄积量均取整数。各组

成树种每公顷蓄积量之和乘小班有林面积得小班蓄积量。当小班组成树种蓄积量相加尾数与小班蓄积量尾数不等时，以小班蓄积量作控制，调整组成树种蓄积量尾数。

②株数计算　用树种每公顷株数乘小班面积，得小班各树种株数，合计得小班总株数，以株为单位全小班取整数。

(2)抽样蓄积量计算

按简单随机抽样公式计算样本特征数、抽样总蓄积量和变动区间。

①平均每公顷蓄积量
$$\bar{M} = \frac{\sum_{i=1}^{n} M_i}{n} \tag{7-13}$$

②标准差
$$S_M = \sqrt{\frac{1}{n-1}\left[\sum_{i=1}^{n} M_i^2 - \frac{(\sum_{i=1}^{n} M_i)^2}{n}\right]} \tag{7-14}$$

③标准误
$$S_{\bar{M}} = \frac{S_M}{\sqrt{n}} \tag{7-15}$$

④绝对误差
$$\Delta\bar{M} = tS_{\bar{M}} \tag{7-16}$$

⑤相对误差
$$E = \frac{\Delta\bar{M}}{\bar{M}} \tag{7-17}$$

⑥抽样精度
$$Pc = 1-E \tag{7-18}$$

⑦总体估计值
$$M = \bar{M}A \tag{7-19}$$

⑧总体误差限
$$\Delta M = \Delta\bar{M}A \tag{7-20}$$

⑨总蓄积量的置信区间
$$M \pm \Delta M \tag{7-21}$$

式中　n——样本单元数；

M_i——样本单元蓄积量；

t——可靠性指标，95%的可靠性，$t=1.96$；

A——总体面积。

(3)抽样调查范围内小班调查蓄积量与抽样总体蓄积量比较

如落入抽样蓄积量变动区间，方可按小班调查蓄积量逐级汇总林班(行政村)、林区、全场(乡)蓄积量。

7.5.2　图面材料编绘

7.5.2.1　外业图面材料处理

外业调查工作结束后，经过检查材料符合要求，才能进行内业统计与制图工作，主要包括各类统计表的编制、图件的制作和调查报告的编写等内容。

①调查底图扫描与配准　将外业调查勾绘小班图清绘后，对纸质图进行扫描，扫描分辨率不小于300 dpi。根据扫描图上的地理坐标，利用GIS软件进行坐标配准，对扫描图进行地理校正，底图配准的地理坐标系统一采用国家CGCS2000坐标系。

②图面资料矢量化　根据配准后纸质图的小班、树带等信息，采用手工描绘的方法对图面资料进行矢量化，形成森林资源数据矢量图层。矢量化图层结果以“.shp”格式存储。

③属性数据录入　小班和树带等调查卡片经全面检查验收后，输入计算机。

④图斑和属性数据检查　图斑数据的拓扑检查和准确性检查。拓扑检查包括小班图形是否存在重叠或缝隙等；准确性检查包括小班、林带或树带界线与遥感影像的同一地物的吻合情况是否达到要求。属性数据的完整性、正确性检查和逻辑关系检查。属性因子完整性和正确性检查保证必填因子项不能为空值或出现错误，逻辑关系检查保证属性因子之间不存在逻辑错误。图形数据与属性数据的关联性检查。图形数据关联字段和属性数据关联字段必须为唯一，不允许重复，图形数据与属性数据必须一一对应。以上数据检查如发现错误，必须认真分析，妥善修正。在数据库中修正数据错误后，同时在调查卡片上进行改正。

⑤面积求算与平差　森林资源图斑面积采用地理信息系统(GIS)求算，按县、乡(镇)、村、林班顺序逐级平差。

7.5.2.2　制图方法

各种二类调查的成果图，要采用地理信息系统(GIS)等先进的技术手段进行计算机绘制。各种成果图的图式均须符合《林业地图图式》(LY/T 1821—2009)的有关规定。

(1)基本图编制

基本图主要反映林区自然地理、社会经济要素和调查测绘成果。它是求算面积和编制林相图及其他林业专题图的基础资料。基本图(山林现状图)按国际分幅编制。根据森林经营单位的面积大小和林地分布情况，基本图的比例尺原则上同外业调查用图的比例尺相一致。

①基本图的底图　直接利用森林经营单位所在地的基础地理信息数据绘制基本图的底图，或将符合精度要求的最新地形图输入计算机，并矢量化，编制基本图的底图。

②基本图编制

a. 将已调绘在各种图(包括航片、卫片)上的小班界、林网转绘或叠加到基本图的底图上，在此基础上编制基本图。转绘误差不超过 0.5 mm。

b. 基本图的内容包括各种境界线(行政区划界、林场、营林区、林班、小班)、道路、居民点、独立地物、地貌(山脊、山峰、陡崖等)、水系、地类、林班注记、小班注记。

境界　林班、村、乡、县、省等境界线，按低级服从高级的原则绘制及注记。如绘制省界，就不绘制县界。行政名称的注记也相同。

地形地物　主要调绘道路、村镇、主要山峰、河流、湖泊、水库、林场、固定苗圃、林业加工设施及各种单位的位置和名称等。

地类　农地(田)、林场及其他明显界线。

小班与林带注记　在小班的适中位置，以分子式注记小班号、面积、森林类别、树种或地类，对混合小班注记时以主要地类为代表，对混交林注记时以优势树种为代表，混合小班应首先按乔木林地、竹林地、疏林地、无林地等大类确定地类，注记小班号、林相或地类，注记式如：

$\frac{9-86}{G\text{杉}}$、$\frac{10-59}{S\text{硬阔}}$、$\frac{11-84}{\text{毛竹}}$、$\frac{12-47}{\text{未成造}}$、$\frac{13-78}{\text{采迹}}$

树带注记　在地段旁适当位置注记；注记形式为地段号-树种(长度)，如 1-水杉(100)。

(2)林相图编制

林相图制作的主要因子包括有行政区界线、小班界、道路、水系、地类、居民点、独立地物、林班或村社注记、小班注记等。要求全小班着色，以优势树种确定色标、龄组确定色层，并在小班内以树种(组)标示相应符号。优势树种按“松类、杉类、柏属、硬阔、软阔、常绿、竹类、经济林”进行色标标示。以乡(林场)、或村、图幅为单位绘制成一幅图，用基本图为底图进行绘制，比例尺与基本图一致。

①注记及着色　根据小班主要调查因子注记与着色。凡乔木林地小班，应注记小班号、进行全小班着色，按优势树种确定色标，按龄组确定色层。其他小班仅注记小班号及地类符号。

②图的整饰注记　在距内图框 8 mm 处绘外图框，外图框内线粗 0.2 mm，距内线 2 mm 的外线粗 2.0 mm。图的上部(图内框)为图头，在图头上分行写标题。图的下部左方图框外写地理坐标系，高程系统，下部右方图框外写图纸编制单位、调查年度。下方适当位置注记图例，数字比例尺或直线比例尺。各种图面，一般纵向为南北向，横向为东南向。为了合理利用图纸，便于晒印及保管，常用图纸规格见表 7-4。

表 7-4　林相图图纸规格

cm

图纸号	1	2	3	4	5
图面积	90×100	*70×90	*46×60	*30×46	*25×30
有效面积	80×90	*60×80	*40×50	*25×35	*20×25

注：有“*”的一边，根据需要可加宽 25%。

(3)森林分布图编制

①森林分布图绘制　森林分布图主要反映森林在本行政区划范围内的森林分布情况，一般而言，森林分布图以区县或林场(森林公园、自然保护区)为单位进行制作。按“有林地、疏林地、竹林、经济林、未成林造林地、灌木林地、无立木林地、宜林地、苗圃地、其他林地”等进行标注。以经营单位或县级行政区域为单位，用林相图缩小绘制。比例尺根据各县面积而定，一般为 1∶5 万~1∶10 万。地形、地物可简化，行政区划界线一般到乡镇、林场一级，将相邻、相同地类或林分的小班合并。凡在森林分布图上大于 4 mm^2 的非乔木、林竹林小班界均需绘出。但大于 4 mm^2 的乔木林、竹林小班，则不绘出小班界，仅根据林相图着色区分。但有特别意义的地类、树种，面积虽不到上图面积，也要图示出来。

②森林资源分布图着色　分别地类及优势树种着色，要求见表 7-5。

表 7-5　森林资源分布图着色要求

项目	注记、着色	项目	注记、着色
松	(R：0 G：208 B：104)	县界	·—·—·—(黑色一横一点)
杉、柏	(R：152 G：230 B：0)	乡镇界	——··——··(黑色两横两点)
阔	(R：112 G：168 B：0)	村界	···—···—(黑色一横三点)

（续）

项目	注记、着色	项目	注记、着色
竹林	(R：211 G：255 B：190)	县界缓冲区	(R：255 G：125 B：125)
经济林	(R：255 G：190 B：190)	高速公路	（黑-黄-黑-黄-黑）
灌木林	(R：232 G：190 B：255)	国道	（R：115 G：0 B：0 ）
未成林造林地	(R：255 G：170 B：0)	省道	（R：132 G：0 B：168 ）
疏林	(R：215 G：176 B：158)	铁路	
宜林地	(R：168 G：168 B：0)	河湖、水库、渠道等	(R：94 G：180 B：255)
其他林地	(R：255 G：235 B：175)	非林地	不着色，边界为细黑

注：表中颜色值按“C(青)、M(品红)、Y(黄色)、K(黑色)”百分比表示，某值中没有的，则表示该值为“0”。

7.5.2.3　绘制基本要求

(1)基本图

①基本图用外业调查的地形图作底图，以乡(场)为单位编绘，山区比例尺 1∶2.5 万，平原比例尺 1∶1 万，一个乡面积小时，可与相邻乡联合编绘。

②基本图的主要内容包括　境界线、林班线、小班线、河流、水库、道路(公路、主要小路)、居民点(林场场部、工区及护林点所在地、内部居民点及相邻的乡、行政村等)、独立地物(如桥梁、防火线、瞭望台等)，主要地貌(如主要山峰、山隘、山脊线、高程点等)及地类。

③基本图注记：

a. 林班注记。$\frac{\text{林班号}}{\text{林班面积}}$，注记在林班中央。

b. 小班注记。

乔木林(不包括经济林、能源林、竹林)小班　$\frac{\text{小班号}}{\text{小班面积}}$

疏林地小班　除用分式注记外，右边加优势树种符号；

能源林小班　除用分式注记外，右边加能源林符号；

线状小班　用符号表示不注记；

其他小班　除用分式注记外，右边加地类符号。

c. 地名注记。包括县、乡或林场所在地及其他居民点，相邻的省、县、乡、河谷、水库名、山峰名及高程等。

(2)林相图

①林相图以乡镇、林场为单位绘制。用基本图为底图进行绘制。

②注记

a. 林班注记。只记林班号。

b. 小班注记。小班均不注记面积。乔木林(不包括经济林、能源林、竹林)，用分式标记，小班号、龄级为分子，郁闭度为分母，右边再加森林起源(天然林为 T、人工林为 R、飞播林为 F)，如$\frac{2-\text{Ⅱ}}{0.6}$T。

c. 疏林地、经济林、竹林。小班号右边加树种符号。

d. 能源林。小班号右边加能源林符号。

e. 线状小班。同基本图。

f. 其他小班。小班号右边加地类符号。

③着色

a. 乔木林(经济林、能源林、竹林除外)小班按优势树种全小班着色，并按龄组分别着深浅不同的色调：幼龄林着浅色；中龄林着中等色；近、成、过熟林着深色。

b. 经济林、能源林、防护林、特用林、竹林全小班以林种着色。

c. 其他小班仅注记小班号及地类符号。

d. 河流、水库、湖面、水塘等水面着浅蓝色，公路着棕色，四周界线紫红色(分内深外浅两层着色)。

(3)森林分布图

①以县、林场为单位绘制，比例尺分别为县 1∶10 万、国有林场 1∶5 万。

②用比例尺 1∶10 万(1∶5 万)地形图复印作底图，在林相图的基础上进行综合、取舍编绘。在森林分布图上大于 4 mm^2 的非森林小班界均需绘出；但大于 4 mm^2 的森林小班，则不绘出小班界，仅根据林相图着色区分。

③图的主要内容与林相图相同。

④注记

a. 林班注记。只记林班号。

b. 小班注记。小班均不注记面积、小班号，只绘林种或地类符号，并按林种或优势树种组进行着色。森林(不包括经济林、能源林、竹林)，只以起源注记 T(天然)、R(人工)、F(飞播)。疏林地只注记优势树种符号，经济林、竹林只注记树种和竹林符号，能源林只注记林种符号。

⑤着色参照林相图着色及《林业地图图式》(LY/T 1821—2009)。

(4)森林分类区划图

①以县、林场场为单位绘制，比例尺分别为县 1∶10 万、国有林场 1∶5 万。

②用比例尺 1∶10 万(1∶5 万)地形图复印作底图，在林相图的基础上进行综合、取舍编绘。该图分别工程区、森林类别、生态公益林保护等级和事权等级着色。

(5)专题图编制

以反映专项调查内容为主的各种专题图，其图种和比例尺根据经营管理需要，由调查会议具体确定，但要符合林业专业调查技术规定的要求。

7.5.2.4 图面整饰

①线划光实，墨划黑润，符号端正，层次分明，各种线划、符号的间距应保持 0.2 mm，跑线误差不得超过±0.5 mm。

②图面注记和符号用打字剪贴，清楚端正，大小按级别规定。

③图框纵横线呈直角，内图廓边长误差不得超过±0.2 mm，两对角线之差不得超过±0.3 mm，图框分内、外图廓与两线间标千米网。

④图名在图廓上方写出“××县××乡××图”，用宋体或隶书，字体大小视图幅而定，若图框内空旷，也可写在图廓内上方。

⑤图框内下方适当地方绘图例、总面积、调查时间、比例尺。

⑥图框外右下方注明调查单位、负责人、制图日期、制图人。

7.6　全球导航卫星系统应用

全球导航卫星系统(Global Navigation Satellite System，GNSS)是能在地球表面或近地空间的任何地点为用户提供全天候的三维坐标和速度，以及时间信息的空基无线电导航定位系统。在森林中进行常规测量相当困难，而GNSS定位技术可以发挥它的优越性，精确测定森林位置和面积，绘制精确的森林分布图。将GNSS测量技术应用在森林资源规划设计调查中，能够快速、高效、准确地提供点、线、面要素的精密坐标，完成森林调查与管理中各种境界线的勘测与放样落界，成为森林资源调查与动态监测的有力工具。

下面将以Garmin eTrex 30手持GNSS接收机为例，介绍GNSS数据采集方法和基于GNSS的长度、面积计算。

7.6.1　开机定位

(1)接收卫星信号

Garmin eTrex 30在每次开机后，会以上次关机位置坐标为参考点，并利用已经储存在机器内部的卫星星历资料做推算，计算目前所在位置的上空，应该会有哪些卫星，并优先接收这些卫星信号，进行快速定位。无须每次都从第一号卫星开始搜寻，浪费定位的时间，使用方式如下：

①请将本机拿至室外较开阔的地点，避免受到高楼与树木的干扰。

②开机后，机器会自动开始搜寻卫星信号。

③按压电源键可查看目前已接收到卫星信号的强度。

(2)坐标设置

在Garmin eTrex 30主界面中，点选【设置】→【坐标系统】设置坐标系统，其接收机内置了多种全球各地区使用的大地坐标系统，默认坐标系统为WGS84，我国通用的大地坐标系统为CGCS2000。根据测量用途及区域特点选择投影坐标系统，小区域制图常用的投影坐标为高斯-克吕格投影。坐标设置时需要输入参数DX、DY、DZ等，在不同的地方参数不同，具体需要咨询当地测绘部门。

7.6.2　数据采集及导航

(1)点数据采集

当机器开机定位完成后，使用者可在主菜单页中点选【标定航点】，即会保存当前位置的坐标。

(2)线数据采集

进入主界面中的【航线管理】功能，点选【建立航线】选项，再选择【选择起始点】，画面会切换至搜寻页面，使用者可以从存储的航点中选择起始航点，确认并【使用】后，即可完成第一个航线点的编辑。接下来点选【添加新航点】，并重复选择航点的步骤，即可完成一个航线，以实现线状数据的采集。也可以采用【航迹】功能保存航迹，实现线数据的采集，具体方法在“面数据采集”中介绍。此功能可用于小班边界线采集及更新，以及境界线的采集及伐开线的现场采集。

(3)面数据采集

在主菜单【设置】选项的【航迹】中进行航迹设置，开启航迹记录和显示功能。当机器在3D定位状态下并开启记录模式时，使用者只要开始移动，即会自动开始记录使用者行进的轨迹。当使用者走完一段行程后，若想储存此段航迹，可以进入主菜单的【航迹管理】，点选【当前航迹】中的【保存航迹】，就能将开启记录模式后的所有航迹保存起来。

(4)导航

利用【航线管理】建立航线。进入航线选项中的【浏览地图】查看路线，点击【导航】即可开始导航。利用手持GNSS导航可以指导伐开境界线，如林班线的伐开和标桩确立。

7.6.3 面积和长度测量

(1)面积和长度测量

在主界面选中【面积计算】快速开启测面积功能，在卫星定位的状态，按下屏幕上的【开始】，手持本机沿所需测面积区域的边缘缓慢行走，即可实时看到行走所覆盖区域的面积(起点与终点使用直线相连)。行走过程中按下【计算】即可看到当前面积及长度计算的结果，此时可选择【暂停】或【完成】，操作流程如图7-1所示：

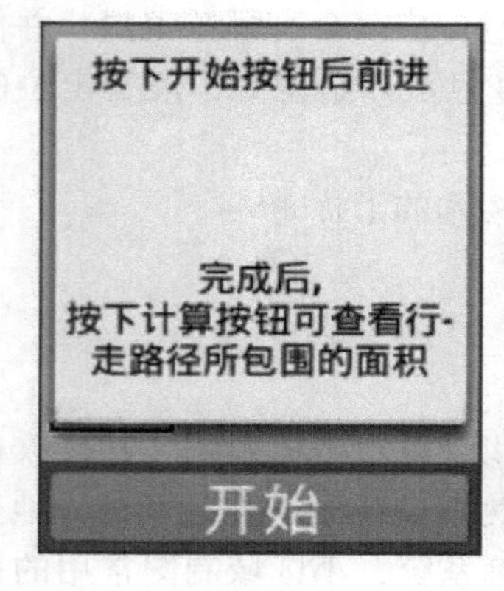

图7-1 面积计算操作对话框

①暂停　暂时停止面积计算，且此按钮变为【继续前行】，点选可继续进行面积计算。

②完成　点选后完成本次面积计算，并可选择是否保存本次面积计算的航迹。

(2)用已存航迹测面积和长度

Garmin eTrex 30每一次记录的航迹都可以计算面积，在主界面点选【航迹管理】，选中一条航迹即可看到【计算价格】的选项，点选后可查看该航迹所围成的面积、面积的价格、长度以及长度的价格。同时可以修改面积的单位以及单价。

(3)用已存航线测面积和长度

航线同样可以用来计算面积，在主界面点选【航线管理】，选中一条航线即可看到【计算航线面积】的选项，点选后可查看该航线所围成的面积、面积的价格、长度以及长度的价格。同时可以修改面积的单位以及单价。

7.7　地理信息系统应用

7.7.1　地理数据库管理

7.7.1.1　文件的创建

Shpapefile 文件是 ESRI 研发的具有工业标准的矢量数据文件，仅储存空间数据的几何特征和属性信息，Shapefile 至少由“. shp”“. shx”“. dbf”3 个文件组成。

①启动 ArcCatalog。

②右击存放 Shapefile 文件的文件夹，在弹出的菜单中选择【新建】→【Shapefile】，打开【创建新 Shapefile】对话框。

③在【创建新 Shapefile】对话框中，设置文件的名称和要素类型，其中要素类型包含点、折线、面、多点和多面体 5 种。

④单击【编辑】按钮，打开【空间参考属性】对话框，定义 Shapefile 文件的坐标系统。单击【确定】按钮，完成 Shapefile 文件的创建。

7.7.1.2　创建地理数据库

地理数据库(Geodatabase)是一种面向对象的空间数据模型，它对于地理空间特征的表达更接近我们对现实世界的认识。地理数据库严格来说是一个容器，该容器支持注记、拓扑、制图表达、影像数据等。创建地理数据库的操作步骤如下：

①启动 ArcCatalog。

②右击存放地理数据库的文件夹，在弹出的菜单中选择【新建】→【个人地理数据库】，创建文件地理数据库。此时在 ArcCatalog 目录树的选定文件夹下出现名为“新建文件地理数据库”的地理数据库，选中该文件，单击文件名可修改地理数据库的文件名，保存即可。同样的方法可以创建【文件地理数据库】。

7.7.1.3　创建要素数据集

要素数据集是存储要素类的容器。建立一个新的要素数据集必须定义其空间参考，包括坐标系和坐标域等信息，且数据集中的所有要素类必须使用相同的空间参考。在已设定空间参考的数据集中新建要素类时不需要定义空间参考。创建要素数据集的操作步骤如下：

①在 ArcCatalog 目录中，右击要建立【数据要素集】的【地理数据库】。

②在弹出的菜单中选择【新建】→【新建要素数据集】。

③在【新建要素数据集】对话框中，输入要素数据集的【名称】，单击【下一步】按钮，打开空间参考设置对话框。

④选择要素数据集的空间参考，单击【下一步】按钮，打开容差设置对话框。

⑤设置【XY 容差】【X 容差】【M 容差】值。单击【完成】，完成新建要素数据集。

7.7.1.4 创建要素类

要素类可以在要素数据集中建立，也可以在地理数据库中独立建立，但在独立建立时必须定义空间参考坐标。

①在 ArcCatalog 目录中，右击要建立【要素类】的【要素数据集】。

②在弹出的菜单中选择【新建】→【要素类】，打开【新建要素类】对话框。

③在【新建要素类】对话框中输入要素类【名称】【别名】，并选择要素类型，单击【下一步】按钮。

④在弹出的定义配置关键字的对话框中，指定要使用的配置关键字，也可选择默认字段，单击【下一步】按钮。

⑤添加要素类字段，设置字段的【字段名】【数据类型】【字段属性】，【字段属性】包括字段的【别名】、是否允许空值【长度】等。也可用【导入】按钮导入已有要素类或表的字段。单击【完成】按钮，完成创建要素类。

7.7.1.5 地理数据库数据导入

在地理数据库中，可以通过新建要素类添加和编辑要素，也可以将已存在的数据用导入的方法加载到地理数据库中。导入的操作步骤如下：

①在 ArcCatalog 目录中，右击要导入【地理数据库】中的【要素集】，在弹出的菜单中选择【导入】→【单个要素导入】，打开【要素类至要素类】对话框。

②在【输入要素】文本框中选择要导入的要素，在【输出要素类】文本框中导入文件的名称。单击【确定】按钮，完成要素类的导入。

7.7.2 栅格地图地理配准与投影变换

地理配准是将控制点配准为参考点的位置，从而建立两个坐标系统之间一一对应的关系。地理配准主要用在数字化地图前，对地图进行坐标和投影的校正，以使得地图坐标点准确、拼接准确。投影变换是将一种地图投影转换为另一种地图投影，主要包括投影类型、投影参数或椭球体等的改变。分为栅格和要素类两种类型的投影变换。

7.7.2.1 栅格地图的地理配准

(1)加载栅格数据

①在【标准工具】工具条中，单击【添加数据】按钮，弹出【添加数据】对话框。

②在弹出的【添加数据】对话框中，选择要添加的栅格数据，单击【添加】按钮，或者双击栅格数据，弹出【创建金字塔】对话框。

③在【创建金字塔】对话框中，单击【是】按钮，创建栅格金字塔，将栅格数据加载到地图中。

(2)添加控制点

①选择千米网格点作为控制点，或已知目标地物坐标为控制点，利用【工具】工具条中的图【放大】【缩小】和【移动】工具找到控制点。

②在 ArcMap 菜单栏中点击【自定义】→【工具条】→【地理配准】命令，打开【地理配准】工具条，如图 7-2 所示。

③单击【地理配准】工具条中的【添加控制点】按钮，此时，鼠标变成“十”字形。

④单击千米网格点后右击鼠标，在弹出列表中选择【输入 X 和 Y】。

⑤在弹出的【输入坐标】对话框中输入控制点的坐标值，点击【确定】按钮。

⑥重复操作步骤④和⑤，继续选择其他控制点，控制点应均匀分布在地图中，且至少选择 3 个以上不在同一直线上的点。

⑦点击【地理配准】工具中的【查看链接表】按钮，可查看已输入控制点的值。

⑧若选择控制点时出错，点击【地理配准】工具中的【查看链接表】按钮，选择错误的控制点，再点击左上角的【删除链接】按钮进行删除。删除后，可重新选择控制点。

⑨选好控制点后，点击【地理配准】工具中的【地理配准】→【更新地理配准】命令，保存配准文件，完成配准。

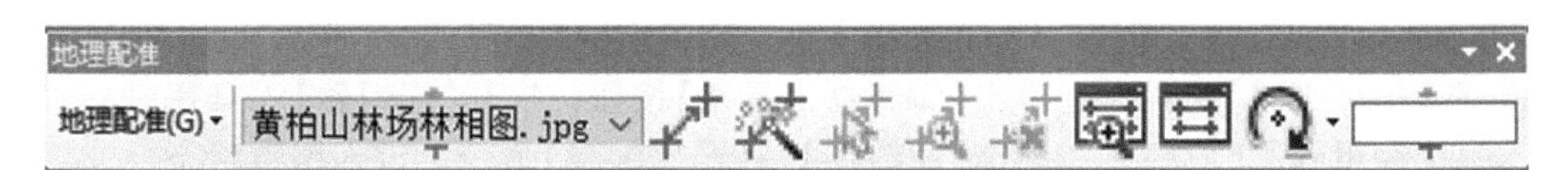

图 7-2　地理配准工具条

7.7.2.2　地图投影转换

针对的是无坐标信息的栅格数据或者矢量数据，通过定义投影或者变换建立新的坐标系，或者将不同坐标系进行转换，通常坐标系转换之间需要不同参数，否则会造成误差，使数据不达标，无法达到转换的目的与要求。

(1)定义投影

①选择【数据管理工具】→【投影和变换】→【定义投影】工具，打开【定义投影】对话框。

②在【输入数据集或要素类】文本框中选择需要定义投影的数据。

③【坐标系】文本框显示为“Unknown”，表明原始数据没有定义坐标系统。打开【空间参考属性】对话框，设置数据的投影参数。单击【确定】，完成操作。

(2)栅格数据的投影变换

①在 ArToolbox 工具箱【数据管理工具】中打开【投影和变换】选项，单击【栅格】选项。

②在【投影栅格】文本框中选择需进行投影变换的栅格数据。

③在【输出栅格数据集】文本框，设定输出的栅格数据的路径与名称。

④单击【输出坐标系】文本框旁边的图标，打开【空间坐标系参考属性】对话框，定义输出数据的投影。

⑤变换栅格数据的投影类型，需要重采样数据。【重采样技术】是可选项，用以选择栅格数据在新的投影类型下的重采样方式，默认状态是“NEAREST”，即最邻近采样法。

⑥【输出像元大小】定义输出数据的栅格大小，默认状态下与原数据栅格大小相同；支持直接设定栅格大小，或通过选择某栅格数据来定义栅格大小，则输出数据的栅格大小与该数据相同。

⑦单击【确定】按钮，完成操作。

(3)要素类数据的投影变换

①在 ArcToolbox 工具箱【数据管理工具】中打开【投影和变换】选项，单击【要素】选项，打开【投影对话框】。

②在【输入要素】中选择进行投影变换的矢量数据。

③在【输出数据集或要素类】文本框，选择矢量数据的路径与名称。

④单击【输出坐标系】文本框旁边的图标，打开【空间参考属性】对话框，定义输出数据的投影。单击【确定】按钮，完成操作。

7.7.3 小班空间数据采集与编辑

7.7.3.1 小班矢量化

地理配准后的栅格图纸，使用面的基本编辑方法，勾绘小班面，具体操作如下：

①在 ArcMap 的【标准工具】工具条中点击【添加数据】按钮，选择已经过地理配准的栅格数据。

②在 ArcCatalog 中，创建 shapefile 面文件，文件名为“小班面”，并加载到 ArcMap 中。

③在【标准工具】工具栏上单击【编辑器工具条】按钮，打开【编辑器】工具栏。

④在【编辑器】工具栏中，单击【编辑器】→【开始编辑】命令，进入编辑状态。

⑤在【编辑器】工具栏中，单击【创建要素】按钮，在弹出的【创建要素】对话框中点击“小班面”模板，此时【构造工具】中出现了多种构建要素工具，选择【面】构造工具，此时鼠标变成“十”字形。

⑥在【数据视图】中按照栅格图纸，连续单击鼠标，即可绘制由一系列结点组合而成的小班面。

7.7.3.2 拓扑检查与编辑

(1)建立拓扑

①在 ArcCatalog 中，右击需要建立拓扑的数据集，在弹出的菜单中单击【新建】→【拓扑】命令，打开【新建拓扑】对话框。

②在【新建拓扑】对话框中单击【下一步】按钮，输入拓扑名称和拓扑容差，也可选择默认，单击【下一步】按钮。

③在需要参与到拓扑中的要素前的方框中打钩，单击【下一步】按钮。

④选择默认值，单击【下一步】按钮。

⑤在设定拓扑规则窗口，单击【添加规则】按钮，打开【添加规则】对话框。在【要素类的要素】文本框中选择拓扑图层。在【规则】文本框中的下拉列表中选择拓扑规则。单击【确定】按钮。

(2)拓扑验证

①加载新创建的拓扑“小班面-topology”文件到 ArcMap 中，在弹出的对话框中单击【是】按钮，同时添加参与拓扑的图层“小班面”。

②在 ArcMap 的菜单栏中单击【自定义】→【工具条】→【拓扑】命令，打开【拓扑】工具条，此时【拓扑】工具条中的工具都呈灰色不可用状态。

③在【编辑器】工具条中单击【编辑器】→【开始编辑】，选择编辑图层“小班面”单击【确定】按钮，开启编辑功能。此时【拓扑】工具条中的工具可用，如图 7-3 所示。

④在【拓扑】工具条上单击【验证当前范围中的拓扑】按钮，开始验证拓扑。

⑤在【拓扑】工具条上单击【错误检查器】按钮，打开【错误检查器】窗口。

⑥在【错误检查器】窗口中的【显示】下拉列表中选择【所有规则中的错误】，单击【立即搜索】按钮，拓扑错误将显示在窗口。

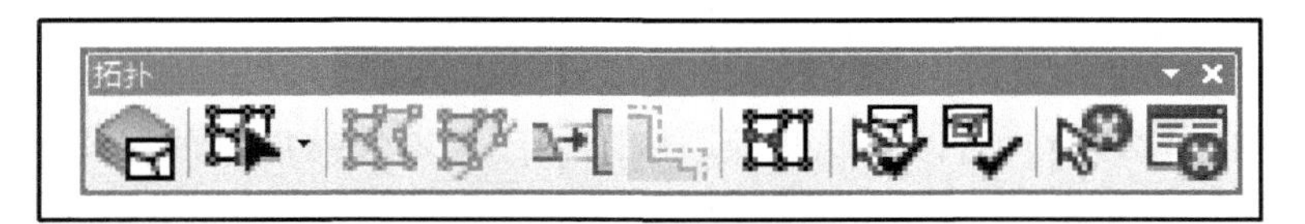

图 7-3　拓扑编辑工具栏

(3)修复拓扑错误

在验证拓扑、发现拓扑错误之后，需要将所有的错误都修复，最终获得没有任何错误的数据。不同的拓扑错误类型有不同的修复方法。在 ArcMap 中针对各种拓扑错误类型提供了预定义修复方案，在修复时可选择其中一种修复方案进行修复。预定义修复方法有以下 2 种：

①使用【拓扑】工具条上的【修复拓扑错误工具】按钮，在地图中选择错误后右击鼠标，在弹出的菜单中，针对该错误类型从预定义的大量修复方法中选择一种进行修复。

②在【拓扑】工具条中单击【错误检查器】按钮，打开【错误检查器】窗口，右击【错误检查器】其中的一条错误条目，在弹出的菜单中，单击【平移至】或【缩放至】命令，平移或缩放到地图中的错误位置，选择针对此错误类型的预定义修复方法。

下面以不能有重叠错误修复为例，介绍具体操作：

①在【拓扑】工具条中单击【错误检查器】按钮，打开【错误检查器】窗口，右击【错误检查器】其中一条不能重叠的错误条目，在弹出的菜单中，单击【平移至】或【缩放至】命令，平移或缩放到地图中的错误位置，此时被选中的错误呈黑色高亮状态。

②在【错误编辑器】窗口中，右击选中的错误条目，在弹出的菜单中选择【合并】命令，选择要合并到的面要素，此时在地图上选中的要素呈高亮闪烁状态。

③弹击【确定】按钮，完成修复不再有重叠错误。

④重复此操作直至完成的修复不再有重叠错误条目。

7.7.4　小班属性表编辑

属性编辑包括对单要素或多要素属性进行添加、删除、修改、复制或粘贴等多种编辑操作。具体操作如下：

①在 ArcMap 视图中，右键单击需要进行属性编辑的数据图层，打开图层的属性表。

②单击左上角按钮，可以进行增加字段、关联表、属性表导出等操作。

注意：进行属性表操作时，要注意打开编辑选项卡，保证在编辑状态。

7.7.4.1　字段编辑

(1)添加字段

数据类型不同，字段类型不同，添加要根据需求选择，一般矢量数据选择双精度，或者浮点型，根据需求选择，这里以添加字段名称【name】为例。

①打开属性表。

②添加字段对话框，名称【name】，类型【文本】。

③字段属性为允许空格，长度 50(根据自己的文本长度设定)。点击确定。

④在编辑状态，单击属性表，编辑(可以手动输入，也可以引入文件)。

⑤编辑完成，单击标注要素，【name】即可显示在地图中。

(2)删除字段

当不需要某个字段时，可以将其删除。删除字段是不能够撤销的操作，删除字段后，字段中的数据也随之被清除。

①在 ArcMap【标准工具】中单击【添加数据】按钮，加载需要删除字段的图层文件。

②在【内容列表】中，右击需要删除字段的图层，在弹出的菜单中选【打开属性表】命令，打开【表】窗口。

③单击要删除字段的标题，此时该字段处于选中状态。

④右击该字段的标题，在弹出的菜单中单击【删除字段】命令。

⑤在弹出的【确认删除字段】对话框中单击【是】按钮，完成删除字段操作，且不能撤销操作。

7.7.4.2　属性数据表的计算

在 ArcMap 中，数据表中的信息可以通过键盘录入，也可以用字段计算为选中的部分或者全部记录设置某一字段的数值。在使用字段计算器时，编辑图层最好处于编辑状态，若不是在编辑状态下，ArcMap 会提示用户不能撤销操作。

(1)简单的字段计算

利用字段计算器可以直接对属性表中的字段进行赋值，操作如下：

①在【内容列表】中，右击需要编辑属性的图层，在弹出的菜单中选【打开属性表】命令，打开【表】窗口。

②选择需要更新的记录，若不选择任何记录，则默认为对所有记录进行计算。

③右击需要进行计算的字段标题，在弹出的菜单中选择【字段计算器】命令，弹出【字段计算器】对话框。

④在【字段计算器】对话框中输入运算表达式。在【字段计算器】中【字段】列表框中显示的是属性表中所有字段，双击字段名称可将该字段添加到表达式文本框中；【类型】列表下有 3 种函数，分别为【数字】【字符串】【日期】，通过单选按钮进行切换；【功能】列表框中显示的是各种函数，单击函数名称可以将该函数添加到表达式文本框中，如图 7-4 所示。

⑤输入完运算表达式后，单击【OK】按钮，开始进行运算并为该字段赋值。

(2)计算几何

在 ArcMap 中可以利用计算几何的方法计算矢量面的面积、长度或者是赋值 X、Y 的坐标值。值得注意的是，要使用计算几何计算面积或长度的，矢量面和数据库必须要定义坐标系。

①在【内容列表】中，右击需要编辑属性的图层，在弹出的菜单中选【打开属性表】命令，打开【表】窗口。

②选择需要更新的记录，若不选择任何记录，则默认为对所有记录进行计算。

③右击需要进行计算的字段标题，在弹出的菜单中选择【计算几何】命令，弹出【计算几何】对话框。

④在【计算几何】对话框的【属性】下拉列表中选择需要计算的内容；在【坐标系】选项框中选择用于计算的坐标系；在【单位】下拉列表中选择单位。

⑤单击【确定】按钮，计算要素几何，并为该字段赋值，如图 7-5 所示。

注意：计算面积和长度时坐标系需选择投影坐标系统。

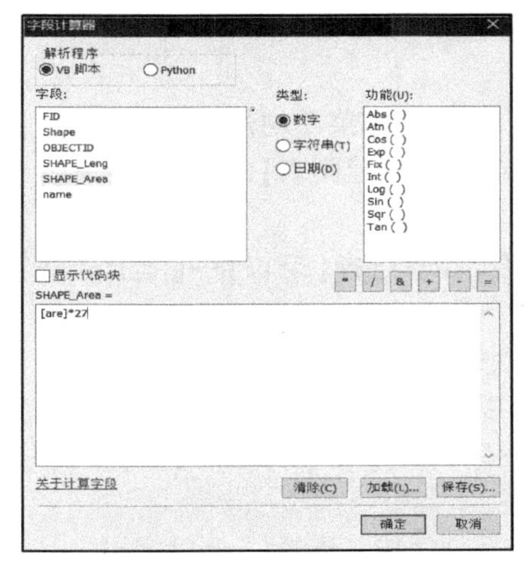

图 7-4　字段计算器

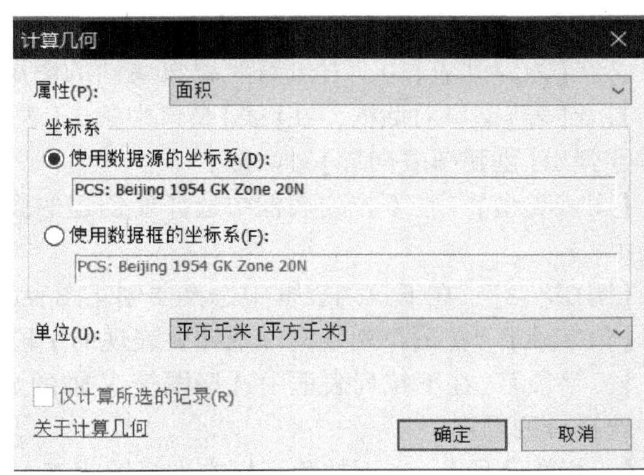

图 7-5　几何计算

7.7.4.3　小班属性数据的选择与导出

小班属性数据的选择与导出在 ArcMap 中有很多种选择要素的方法，可以按属性选择、按位置选择、拉框选择等。在选择之后，选中的要素会在地图视图中高亮显示。

(1)按属性选择

加载数据到 ArcMap 中。

①在【内容列表】中，右击【图层】，在弹出的菜单中选【打开属性表】命令，打开【表】窗口。

②在【表】窗口中单击【表选项】→【按属性选择】命令或直接点击【按属性选择】按钮，打开【按属性选择】对话框。

③在下拉列表框中选择合适的方法，这里选择【创建新选择内容】。

④在列表中双击字段名，选中添加到表达式文本框中，单击各种逻辑运算符按钮，将运算符添加到表达式文本框中。单击【获取唯一值】按钮，选择字段的值将显示在列表框中，构建一个完整的表达式。

⑤单击【验证】按钮，验证输入的表达式是否正确，如果没有通过验证，则需要对表达式进行调整或重新输入。

⑥单击【应用】按钮，进行选择操作。

(2)小班属性数据导出

查询所得的数据可导出一个独立的图层文件，导出数据的操作如下：

①在【图层列表】中右击目标【图层】，在弹出的菜单中单击【数据】→【导出数据】命令。

②在弹出的【导出数据】对话框的【导出】下拉列表中选择【所选要素】，在【输出要素类】中设置数据导出的路径，单击【确定】按钮。

7.7.4.4　小班数据图表的创建

统计图表能直观地展现出地图要素的内在信息，ArcMap 提供了强大的图表制作工具，能够满足在制作地图时需要用统计图表说明制图区域的统计特征的需求。在创建图表前，首先要确定图表的内容，数据表中所有的字段都可以用来制作图表，不同的图表展现不同的数据关系，因此要选择合适的图表类型。创建图表的操作步骤如下：

①加载用于制作图表的矢量文件。

②在【内容列表】中，右击需要编辑属性的图层，在弹出的菜单中选【打开属性表】命令，打开【表】窗口对话框，在【表】窗口中单击【表选项】→【创建图表】命令。

③弹出【创建图表向导】对话框。

【图表类型】 在下拉列表框中选择要创建的图表类型。选择【条块】→【垂直条块】图表类型。

【图层/表】 在下拉列表框中选择要创建图表的数据源，如“小班”图层。

【值字段】 在下拉列表框中选择要表现的字段，以面积统计为例选择【area】字段。

【X 字段】 在下拉列表框中选择图表 X 轴的显示字段并可以在旁边的【值】下拉列表框中选择排列顺序。

【X 标注字段】 在下拉列表框中选择图表 X 轴的标注字段，选择【name】字段。

在【垂直轴】【水平轴】【颜色】【条块样式】【多条块类型】【条块大小】等设置中可设置图表的样式，对话框的右侧部分是图表的预览图，设置的样式变化可以直接反应在上面。

④单击【下一步】按钮，进入下一页创建页面。

单击选中【在图表中显示所有要素记录】或者【仅在图表中显示所选的要素/记录】。

在【常规图表属性】下的【标题】和【页脚】文本框中输入图表的标题和脚注。【以 3D 视图形式显示图表】复选框可以用来设置是否三维显示。

在【图例】下的【标题】和【位置】文本框中输入图表图例的标题和图例的放置位置。

在【轴属性】的各选项卡中设置各坐标轴的标题、对数和是否显示等属性。

7.7.5 林业空间数据符号化与专题图制作

7.7.5.1 矢量数据符号化

无论点状、线状、还是面状要素，都可以根据要素的属性特征采取单一符号、分类符号、分级符号、分组色彩、比率符号、组合符号和统计图形等多种表示方法实现数据的符号化，编制符合需要的各种地图。单一符号设置是 ArcMap 系统中加载新数据层所默认的表达方式，设置简单。下面介绍几种常见的符号化设置：

①右击【图层属性】，打开图层属性对话框，选择【符号系统】。

②显示栏【要素】→【单一符号】 适合只有一种要素的矢量地图，符号设计，可以更改图层颜色、更改标注等。

③打开显示栏【类别】 唯一值、唯一值，多字段、与样式中的符号匹配。根据矢量图层的值字段进行符号化选择，根据具体数据斟酌。

④显示【数量】→【分级色彩】，对话框选择值字段，归一化，选择色带，检查符号显示范围，确定。分级符号；比例符号；点密度，基本选择类似，根据符号化需求选择。

⑤显示【图表】 饼状图、条形图、堆叠图，根据字段和实际需求选择，可更改配色方案，也可以更改图表大小，然后点击确定或应用。

⑥显示栏【多个属性】 按类别确定数量，绘制多属性图，值字段对话框选择不同对话

框，选择配色方案，色带，符号大小，添加值(或者添加所有值)，点击确定即可。

7.7.5.2 标注图层要素

①在【内容列表】中，右键点击图层【小班】，执行【属性】命令，在出现的【图层属性】对话框中，点击【标注】选项页，确认标注字段为【小班号】，点击【符号】按钮。

②在【符号选择器】对话框中，设置标注字体大小，点击【属性】按钮。

③在【编辑器】对话框中，点击【掩模】选项页，设置大小。

7.7.5.3 版面设计

当完成图层添加、编辑、图层符号化、标注图层要素等工作后，就可以用于地图输出了。地图输出时需要考虑地图的打印和成图效果，要制作一幅好用又美观的地图，需要考虑打印版面的大小、方向，所含的地图元素(包括标题、指北针、图例等，是否添加图表及其放置的位置，地图的比例尺样式等)，以及如何组织页面上的地图元素等。

(1)创建地图版面

①在 ArcMap 中，点击【布局视图】按钮切换到布局视图界面。执行菜单命令【文件】→【页面和打印设置】，在对话框中设置纸张大小和方向，这里请将纸张方向设置为横向。

②在版面视图界面下，右键点击【数据框】，然后执行【属性】命令，通过当前数据框中的【大小和位置】选项页可以精确设置【数据框】在地图版面中的位置或大小。通过【框架】选项页可以在当前数据框周围添加图框，并设置图框的样式。

(2)添加各种元素到地图版面中

①文字 执行菜单命令【插入】→【标题】，修改地图标题的属性，设置合适的字号、字体。

②比例尺 执行菜单命令【插入】→【比例尺】，可以选择比例尺样式，并设定比例尺参数。

③图例 通过执行菜单命令【插入】→【图例】，向地图版面中加入图例，使用【图例向导】设置图例各种参数。

④指北针 通过执行菜单命令【插入】→【指北针】，向地图版面中加入指北针。

⑤图表 创建报表添加到视图中。

⑥打印输出地图 制作好的地图可以导出为多种文件格式，如 JPG，PDF 等。执行菜单命令【文件】→【输出地图】即可。

7.7.6 矢量数据的空间分析

在 ArcGIS 中，矢量数据的空间分析主要有缓冲区分析、叠置分析和网络分析等。下面主要介绍常用的缓冲区分析和叠置分析。

7.7.6.1 缓冲区分析

缓冲区是对一组或一类地图要素(点、线或面)按设定的距离条件，围绕这组要素而形成具有一定范围的多边形实体，从而实现数据在二维空间扩展的信息分析方法。使用缓冲区工具创建缓冲区的操作如下：

①在【AreToolbox 工具箱】→【分析工具】→【邻城分析】→【缓冲区】→【缓冲区对话框】。

②【输入要素】 输入数据。

③【输出要素类】 指定输出要素的文件名和保存路径。

④【值或字段】 选择线性单位则输入一个数值，并在下拉列表框中选择距离单位，设置缓冲区距离；选择字段则使用输入要素中某一字段值作为该要素的缓冲距离。

7.7.6.2 叠置分析

叠置分析是地理信息系统中用来提取空间隐含信息的方法之一。叠置分析是将代表不同主题的各个数据层面进行叠置产生一个新的数据层面，其结果综合了原来两个或多个层面要素所具有的属性。叠置分析不仅生成了新的空间关系，而且还将输入的多个数据层的属性联系起来产生了新的属性关系。叠置分析要求被叠加的要素层面必须是基于相同坐标系统的相同区域，同时还必须查验叠加层面之间的基准面是否相同。根据操作形式的不同，叠置分析可以分为图层擦除、识别叠加、交集操作、对称区别、图层合并和修正更新。

(1)图层擦除

通过将输入要素与擦除要素的多边形相叠加来创建要素类。只将输入要素处于擦除要素外部边界之外的部分复制到输出要素类。

①打开 ArcToolbox 工具箱，选择【分析工具】，打开【擦除】对话框，如图 7-6 所示。

②在【擦除】操作对话框中【输入要素】选择输入图层，【擦除要素】输入所需要的擦除参照，【输出要素类】选择擦除后的要素输出保存路径，【XY 容差】即聚类容差，一般不做选择。

③单击【确定】按钮，擦除结果示例如图 7-7 所示。

图 7-6 图层擦除对话框

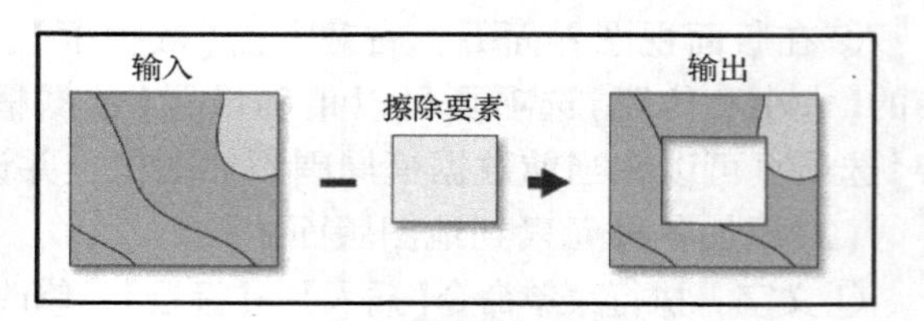

图 7-7 矢量数据擦除示意

(2)交集操作

计算输入要素的几何交集。所有图层和要素类中相叠置的要素或要素的各部分将被写入到输出要素类。

①打开 ArcToolbox 工具箱，选择【分析工具】，打开【相交】对话框，如图 7-8 所示。

②【输入要素】选择相交的两个或多个要素文件。

③【输出要素类】设置相交完成后输出文件保存路径和名称。

④【连接属性】默认选“ALL”，【XY 容差】默认。

⑤单击【确定】按钮，相交结果示例如图 7-9 所示。

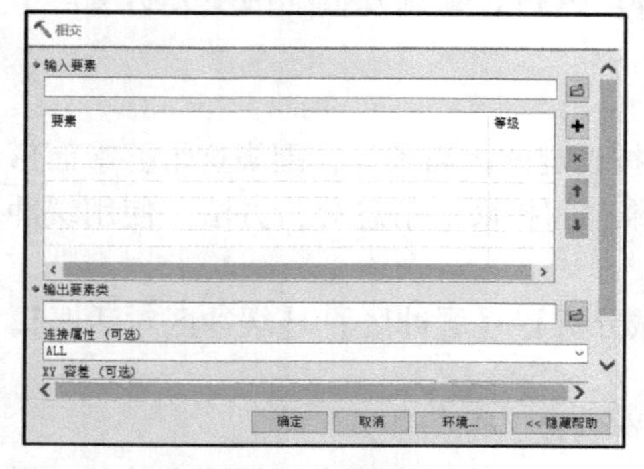

图 7-8 相交设置对话框

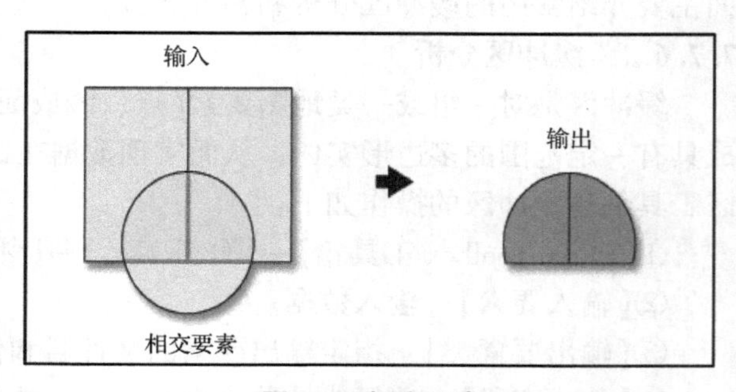

图 7-9 相交示意

7.7.7 栅格数据空间分析

栅格数据结构简单、直观，非常利于计算机操作和处理，是 GIS 常用的空间基础数据格式，基于栅格数据的空间分析是 GIS 空间分析的基础，也是 ArcGIS 空间分析模块的核心内容。ArcGIS 空间分析模块提供了一个范围广且功能强大的空间分析和建模工具集，它允许用户从 GIS 数据中快速获取所需信息，并以多种方式进行分析操作，包括距高制图、密度制图、表面生成、表面分析、统计分析、重分类、栅格计算等。

空间分析操作前，需要先加载空间分析模块。通过单击工具菜单【自定义】→【扩展模块】，打开扩展模块对话框，选择【Spatial Analyst】再单击【关闭】按钮来实现。

7.7.7.1 表面分析

表面分析主要通过生成新数据集，如等值线、坡度、坡向、山体阴影等派生数据，获得更多的反映原始数据集中所暗含的空间特征、空间格局等信息。在 ArcGIS 中，表面分析的主要功能有查询表面值、从表面获取坡度和坡向信息、创建等值线、分析表面的可视性、从表面计算山体的阴影、确定坡面线的高度、寻找最陡路径、计算面积和体积、数据重分类、将表面转化为矢量数据等。

(1)等值线提取

等值线是将表面上相邻的具有相同值的点连接起来的线，等值线分布的疏密一定程度上表明了表面值的变化情况。提取等值线的操作过程如下：

①单击 Spatial Analyst，单击【表面分析】，在弹出的下一级菜单中单击【等值线】，打开【等值线】对话框。

②单击输入栅格下拉箭头，选择用来生成等高线的栅格数据集。

③在【等值线间距】文本框中设置等高距。

④在【起始等值线】文本框中指定等高线基准高程。

⑤在【Z 因子】文本框中设定高程变换系数。

⑥输出结果文件，保存路径与名称。

⑦单击【确定】按钮，完成操作。

(2)坡度提取

地表面任一点的坡度是指过该点的切平面与水平地面的夹角。坡度表示了地表面在该点的倾斜程度。坡度的提取过程为：

①单击【Spatial Analyst 】下拉箭头，单击【表面分析】，在弹出的下一级菜单中单击【坡度】，打开坡度对话框。

②输入栅格选择栅格数据集。

③选择坡度表示方法，默认选项为【DEGREE】。

④在【Z 因子】文本框中输入高程变换系数。

⑤在【输出栅格】文本框中选择坡度文件存放路径与文件名。单击【确定】。

(3)坡向提取

坡向指地表面上一点的切平面的法线矢量在水平面的投影与过该点的正北方向的夹角。对于地面任何一点来说，坡向表征了该点高程值改变量的最大变化方向。在输出的坡向数据中，坡向值有如下规定：正北方向为 0°，按顺时针方向计算，取值范围为 0°~

360°。ArcGIS 中坡向的提取过程为：

①单击【Spatial Analyst】下拉箭头，单击【表面分析】，在弹出的下一级菜单中单击【坡向】，打开坡向对话框。

②输入栅格选择栅格数据集。

③在【输出栅格】文本框中选择坡度文件存放路径与文件名。单击【确定】，完成操作。

7.7.7.2 栅格重分类

在栅格数据的使用过程中，经常会因某种需要，要求对数据用新的等级体系分类，或需要将多个栅格数据用统一的等级体系重新归类。这种基于原有数值，对原有数值重新进行分类整理从而得到一组新值并输出的过程即重分类。重新分类的具体操作过程为：

①在【Spatial Analyst】的下拉菜单中选择【重分类】，打开重分类对话框。

②在【输入栅格】的下拉菜单中选择需要重新分类的图层。

③在【重分类】文本框的下拉菜单中选择需用的字段。

④单击【分类】按钮，打开分类对话框。

⑤在【方法】文本框的下拉菜单中选择一种分类方法，包括手工分类、等间距分类、自定义间距分类、分位数分类、自然间断分类、标准差分类，并设置相关参数，完成旧值的分类。

⑥在【类别】选项卡中选择分类个数。

⑦单击对话框中的【确定】按钮。

7.7.7.3 栅格计算

栅格计算是数据处理和分析最为常用的方法，也是建立复杂的应用数学模型的基本模块。ArcGIS 提供了非常友好的图形化栅格计算器。利用栅格计算器，不仅可以方便地完成基于数学运算符的栅格运算，以及基于数学函数的栅格运算，它还可以支持直接调用 ArcGIS 自带的栅格数据空间分析函数，并方便地实现多条语句的同时输入和运行。同时，栅格计算器支持地图代数运算，栅格数据集可以作为算子直接和数字、运算符、函数等在一起混合计算，不需要做任何转换。栅格计算具体操作如下：

①打开工具箱【ArcToolbox】→【Spatail Analyst 工具】→【地图代数】→【栅格计算】。

②栅格计算器由 4 部分组成。左上部图层选择框为当前 ArcMap 视图中已加载的所有栅格数据层列表，双击任意一个数据层名，该数据层名便可自动添加到左下部的公式编辑器中；中间部分是常用的算术运算符、0~10、小数点、关系和逻辑运算符面板，单击所需按钮，按钮内容便可自动添加到公式编辑器中；右边可伸缩区域为常用的数学运算函数面板，同样单击任一个按钮，内容便可自动添加到公式编辑器中。

附录 7-1 外业记载表

一、小班(林带)调查记载表

________乡(镇、街道)________村 林班________ 外业小班号________ 正式小班号________ 小班面积________hm^2 小地名________

立地因子	地　貌：________ 海　拔：________m 坡　向：________ 坡　度：________° 坡　位：________ 土壤名称：________ 土壤质地：________ 土层厚度：________cm 腐殖质层厚度：________cm 立地质量等级：________
林地属性因子	林地管理类型：________ 林地保护等级：________ 交通区位：________ 林地质量等级：________
植被与生态因子	林下植被种类：________ 林下植被高度：________m 植被总覆盖度：________% 森林群落结构：________ 自然度：________ 灾害类型：________ 灾害等级：________ 森林健康：________
林业分类区划	森林类别：________ 事权等级：________ 公益林保护等级：________ 工程类别：________ 公益林小班号：________ 界定面积：________hm^2
林带调查因子	地段类型：________ 林带长度：________m 林带宽度：________m 林带冠幅：________m 行数：________ 平均株距：________m

森林资源调查因子

土地所有权	林木使用权	权属村	地类	片林或林带															散生或四旁						
				林种	起源	树种组成	年龄	龄组或产期	平均胸径(cm)	平均高(m)	郁闭度覆盖度(%)	疏密度	株数		蓄积量		类型	树种	胸径(cm)	树高(m)	株数		蓄积量(m^3)
													每公顷	小计	每公顷(m^3)	小计					每公顷	小计	

附记：

造林地调查：造林年度________ 树种组成________ 苗龄________ 抚育措施________ 成活(保存)率 1. □≥85%(≥80%) 2. □41%~85%(41%~80%) 3. □<40%

用材林近成过熟林：可及度________ 林木质量株数比例：用材树________% 半用材树________% 薪材树________% (复层林、异龄林) 大径木蓄积量比等级________

森林病虫害：种类________ 连片危害面积________hm^2 森林火灾：火灾时间________ 连片过火面积________hm^2 连片危害面积________hm^2 火灾等级________

天然更新情况：幼树树种________ 年龄________ 平均高________m 每亩株数________ 频度________ 生长情况________ 评定等级________

二、森林小班调查记录表

______县______林场______

hm²、m、cm、m³、%

小班号	面积	地类	期前地类	林地所有权	林地使用权	林木使用权	林种	森林类别	事权	保护等级	生态区位	区位名称	工程类别	林层	群落结构	自然度	地貌	坡向	坡度	坡位
1																				
2																				
3																				
4																				
5																				

小班号	海拔	土壤				优势树种						郁闭度	经济林产期	竹度	每公顷蓄积量		植被调查			备注
		名称	厚度	质地	砾石含量	树种	起源	年龄	龄级	平均高	平均胸径				森林	疏林	下木名称	地被物名	总盖度	
1																				
2																				
3																				
4																				
5																				

附录 7-2 各类统计表

一、各类土地面积统计表

hm²、%

统计单位	土地权属	森林类别	土地总面积	林地																	非林地	森林覆盖率	林木绿化率
				合计	乔木林地	竹林地	疏林地	灌木林地			未成林造林地	苗圃地	迹地				宜林地						
								小计	特殊灌木林	一般灌木林			小计	采伐迹地	火烧迹地	其他迹地	小计	造林失败地	规划造林地	其他宜林地			
1	2	3	4	5	6	7	8	9	10	11	12	13	14	15	16	17	18	19	20	21	22	23	24

二、各类林地面积按林地管理类型统计表

hm²

统计单位	林地管理类型	合计	乔木林地	竹林地	疏林地	灌木林地			未成林造林地	苗圃地	迹地				宜林地			
						小计	特殊灌木林	一般灌木林			小计	采伐迹地	火烧迹地	其他迹地	小计	造林失败地	规划造林地	其他宜林地
1	2	3	4	5	6	7	8	9	10	11	12	13	14	15	16	17	18	19

三、各类森林、林木面积及蓄积量统计表

hm²、m³、万株

统计单位	林木使用权	活立木总蓄积量	面积合计	乔木林		竹林		疏林		散生木		四旁树	
				面积	蓄积量	面积	株数	面积	蓄积量	株数	蓄积量	株数	蓄积量
1	2	3	4	5	6	7	8	9	10	11	12	13	14

四、林种统计表

hm²、m³、万株

统计单位	林种	亚林种	合计		乔木林												竹林		疏林地		灌木林地		
					小计		幼龄林		中龄林		近熟林		成熟林		过熟林						小计	特殊灌木林	一般灌木林
			面积	蓄积量	面积	蓄积量	面积	蓄积量	面积	蓄积量	面积	蓄积量	面积	蓄积量	面积	蓄积量	面积	株数	面积	蓄积量	面积	面积	面积
1	2	3	4	5	6	7	8	9	10	11	12	13	14	15	16	17	18	19	20	21	22	23	24

五、天然林资源按权属统计表

hm²、m³

统计单位	林地所有权	林木使用权	合计		天然林面积蓄积				灌木林地面积		疏林地	
			面积	蓄积量	天然林面积计	乔木林面积蓄积量		竹林面积	特殊灌木林地	一般灌木林地	面积	蓄积量
						面积	蓄积量					
1	2	3	4	5	6	7	8	9	10	11	12	13

六、人工林资源按权属统计表

hm²、m³

统计单位	林地所有权	林木使用权	合计		人工林面积蓄积				灌木林地面积		未成林造林地面积	疏林地	
			面积	蓄积量	人工林面积计	乔木林面积蓄积量		竹林面积	特殊灌木林地	一般灌木林地		面积	蓄积量
						面积	蓄积量						
1	2	3	4	5	6	7	9	10	11	12	13	14	15

七、公益林(地)统计表

hm²

统计单位	总面积	森林类别	工程类别	事权等级	保护等级	林地面积合计	乔木林地	竹林地	疏林地	灌木林地			未成林造林地	苗圃地	迹地				宜林地				非林地面积
										小计	特殊灌木林	一般灌木林			小计	采伐迹地	火烧迹地	其他迹地	小计	造林失败地	规划造林地	其他宜林地	
1	2	3	4	5	6	7	8	9	10	11	12	13	14	15	16	17	18	19	20	21	22	23	24

八、乔木林各龄组面积及蓄积量按起源和优势树种统计表

hm²、m³

统计单位	起源	优势树种	合计		幼龄林		中龄林		近熟林		成熟林		过熟林	
			面积	蓄积量	面积	蓄积量	面积	蓄积量	面积	蓄积量	面积	蓄积量	面积	蓄积量
1	2	3	4	5	6	7	8	9	10	11	12	13	14	15

九、乔木林各龄组面积及蓄积量按权属和林种统计表

hm²、m³

统计单位	林木使用权	林种	合计		幼龄林		中龄林		近熟林		成熟林		过熟林	
			面积	蓄积	面积	蓄积	面积	蓄积	面积	蓄积	面积	蓄积	面积	蓄积
1	2	3	4	5	6	7	8	9	10	11	12	13	14	15

十、乔木林各林种面积及蓄积量按优势树种统计表

hm^2、m^3

统计单位	优势树种	合计		防护林		特用林		用材林		薪炭林		经济林	
		面积	蓄积	面积	蓄积	面积	蓄积	面积	蓄积	面积	蓄积	面积	蓄积
1	2	3	4	5	6	7	8	9	10	11	12	13	14

十一、乔木林各树种结构面积按起源统计表

hm^2、%

统计单位	起源	合计		树种结构					
				针叶林		阔叶林		针阔混交林	
		面积	比例	面积	比例	面积	比例	面积	比例
1	2	3	4	5	6	7	8	9	10

十二、经济树种统计表

hm^2、百株

统计单位	林木使用权	起源	树种	乔木经济树种										灌木经济树种				
				合　计		产前期		初产期		盛产期		衰产期		合计	产前期	初产期	盛产期	衰产期
				面积	株数	面积	株数	面积	株数	面积	株数	面积	株数					
1	2	3	4	5	6	7	8	9	10	11	12	13	14	15	16	17	18	19

十三、竹林统计表

hm^2、百株

统计单位	起源	林种	合计		毛竹林					杂竹林		散生毛竹株数
			面积	株数	面积	株数				面积	其中：旱竹面积	
						小计	幼龄竹	壮龄竹	老龄竹			
1	2	3	4	5	6	7	8	9	10	11	12	13

十四、灌木林统计表

hm^2

统计单位	林木使用权	起源	优势树种	合计				特殊灌木林				一般灌木林			
				合计	疏	中	密	小计	疏	中	密	小计	疏	中	密
1	2	3	4	5	6	7	8	9	10	11	12	13	14	15	16

十五、用材林面积及蓄积量按龄级统计表

hm²、m³

统计单位	林木使用权	亚林种	合计		Ⅰ龄级		Ⅱ龄级		Ⅲ龄级		Ⅳ龄级		Ⅴ龄级		Ⅵ龄级		Ⅶ龄级		Ⅷ以上龄级	
			面积	蓄积量	面积	蓄积量	面积	蓄积量	面积	蓄积量	面积	蓄积量	面积	蓄积量	面积	蓄积量	面积	蓄积量	面积	蓄积量
1	2	3	4	5	6	7	8	9	10	11	12	13	14	15	16	17	18	19	20	21

十六、用材林近成过熟林各树种株数、材积按径级组、林木质量统计表

百株、m³

统计单位	起源	龄组	树种	径级组										林木质量							
				合计		小径组		中径组		大径组		特大径组		合计		商品用材树		半商品用材树		薪材树	
				株数	材积	株数	材积	株数	材积	株数	材积	株数	材积	株数	材积	株数	材积	株数	材积	株数	材积
1	2	3	4	5	6	7	8	9	10	11	12	13	14	15	16	17	18	19	20	21	22

第八章 森林成熟、经营周期与收获调整

森林成熟是在森林生长发育过程中，达到最符合经营目标时的状态。森林成熟是确定森林的轮伐期、择伐周期，合理安排森林的经营和采伐活动，充分利用土地生产力的重要依据。经营周期是指一次收获到另一次收获之间的间隔期，在森林经营中起到重要作用。森林收获调整主要措施就是采伐与更新，也就是通过采伐(收获)与更新将现实不合理的森林结构调整到合理的森林结构。

8.1 森林成熟的确定

8.1.1 数量成熟

数量成熟是林分或树木的蓄积量或材积平均生长量达到最大时的状态，称为林分或树木的数量成熟。此刻的年龄称为数量成熟龄。数量成熟龄为林分平均生长量与连年生长量2条曲线的交叉点所对应的年龄。

(1)生长过程表(收获表)法

生长过程表(收获表)法就是在生长过程表与收获表中查出平均生长量最大值的时间即为数量成熟龄。以30年林分年龄为例计算，木材收获量最大(表8-1)。

表8-1 生产过程表

林分年龄	每公顷蓄积量(m^3)	平均生长量(m^3)	连年生长量(m^3)	连年生长率(%)
10	68	—	—	—
20	176	8.8	10.8	8.85
30	276	9.2	10.0	4.42
40	357	8.9	8.1	2.56
50	419	8.4	6.2	1.60
60	471	7.9	5.2	1.17
70	518	7.4	4.7	0.95
80	556	6.9	3.8	0.71
90	588	6.5	3.2	0.56

(2)标准地法

标准地法是在没有适用的收获表时所采用的数量成熟龄确定方法。首先应分别林分起源、树种、立地条件、疏密度等因子选择标准地，且标准地的龄级从小到大都要有。然后，调查测算各龄级标准地的蓄积量、平均年龄，计算出平均生长量，将计算的各龄级蓄积量、平均生长量列表，查出平均生长量最大值对应的林分年龄即为数量成熟林。步骤如下：

①选择标准地。

②设立标准地。应该在各龄级林分中设立标准地，标准地数量多数据资料的代表性就强，但工作量也大。

③将选定的各标准地林分伐倒区分求积，并查定平均年龄，计量出材积总量和材积平均生长量。

④将计算出的各龄级标准地的年龄、材积平均生长量列表，查出平均生长量最大值的林分年龄，即为数量成熟龄。

影响数量成熟龄的因素主要有树种生物学特性、立地条件、林分起源等。另外，全林木(主伐、间伐林木之和)较主林木(主伐林木)的数量成熟要晚。

8.1.2 工艺成熟

将林分生长发育过程中(通过皆伐)目的材种的材积平均生长量达到最大时的状态称为工艺成熟。此刻的年龄称为工艺成熟龄。工艺成熟与数量成熟都属于数量指标，不同之处在于工艺成熟还强调了材种的质量，且并不是所有的林分或树木都可以达到工艺成熟，如在立地条件差的林地培育某种大径级材种就可能永远达不到工艺成熟。确定工艺成熟龄的方法有多种，主要有生长过程加材种出材量表法、标准地法、马尔丁法、调查簿和龄级表法等。

(1)生长过程表结合材种出材量表法

应用生长过程表加材种出材量表计算工艺成熟时，首先从生长过程表中查出各年龄林分平均高、平均胸径、每公顷蓄积量列入工艺成熟龄计算表。其次根据各年龄的平均高和平均胸径从材种出材量表中查出目的材种的出材率也列入工艺成熟龄计算表中。最后在工艺成熟龄计算表中计算各年龄材种出材量和该材种材积平均生长量，并找出平均生长量最大值所对应的林分年龄即可。

生长过程表结合材种出材量表法计算过程的主要步骤：

①找到合适的生长过程表，从中查出各年龄(或龄级)林分的平均高、平均直径，每公顷蓄积量列入工艺成熟龄计算表。

②根据各年龄的平均高、平均直径，从材种出材量表中相对应的栏目中查出材种的出材率。

③用各年龄林分蓄积量乘以材种出材率，得到材种出材量(材积)。

④用材种出材量除以相应的年龄，得到该材种的各年的平均生长量(用 Z 表示)。

⑤对材种各年龄的平均生长量排序，找出最大值，所对应的年龄即为某材种的工艺成熟龄。

(2)标准地法

标准地法是在无相应的生长过程表，采用的工艺成熟龄确定方法。即通过在不同龄级林分中设置标准地并进行相应的调查，并对林木进行造材求算各材种的出材率、出材量和平均生长量，材种平均生长量最大值所对应的年龄(或龄段)即为工艺成熟龄。

标准地法计算工艺成熟龄过程的主要步骤：

①在某树种(或优势树种)各龄级林分中设置标准地，立地条件应一致或相似，疏密度中等。

②测定各标准地的平均年龄、树高、胸径、每公顷蓄积量因子等。

③对各标准地林木造材，求出各材种的出材率、出材量和材积平均生长量。

④在各龄级标准地中找出材种材积平均生长量最大值，该值对应的年龄(或龄级)就是工艺成熟龄。

(3)马尔丁法

马尔丁法计算公式为：

$$U = a + \frac{nd}{2} \tag{8-1}$$

式中　U——某材种工艺成熟龄；

a——达到一定材种长度时所需的年数；

n——材种小头直径上，半径方向 1 cm 内的平均年轮数；

d——材种的小头直径(cm)。

【例 8-1】　求某地人工杉木林檩材的工艺成熟龄。有关规定，檩材平均长度为 4.4 m (3.6~5.0 m)，小头直径平均 14 cm(8~18 cm)。经过现地调查，选取平均木 41 株，经过树干解析、造材后，经计算得到的树高达到目的材种长度时的年龄为 7.9 年，目的材种小头直径上半径方向 1 cm 宽度内平均年轮数为 1.7，则：

$$N = a + \frac{nd}{2} = 7.9 + \frac{(1.7 \times 14)}{2} = 19.8(\text{年}) \approx 20(\text{年})$$

8.1.3　自然成熟

林分或树木生长到开始枯萎阶段时的状态称为自然成熟，也称生理成熟。达到自然成熟的林木，树高生长停滞、树冠扁平、梢头干枯、树心时有腐烂；如果在阴湿环境中，树干上常有大量的地衣、苔藓等低等植物附生。确定林分自然成熟龄一般采用固定样地重复调查的方法。

8.1.4　经济成熟

森林生长发育过程中，货币收入量达到最多时的状态称为经济成熟。此时的年龄称为经济成熟龄。计算经济成熟龄的公式大致可分为将利息计入成本和成本中不计利息 2 类。后一类公式已很少采用。包含利息的经济成熟龄计算公式为下述几种。

(1)净现值

净现值用 PNW 表示，公式如下：

$$PNW = \sum_{t=0}^{n} \left[(R_t - C_t) \frac{1}{(1 + r)^t} \right] \tag{8-2}$$

式中　R_t——t 年时货币收入；

C_t——t 年时货币支出；

t——收支发生年份；

r——利率，也是贴现率。

在利用净现值计算森林成熟时，PNW 为正值，说明继续经营仍能盈利，还未到成熟；当 PNW 为负值时，继续经营则亏损。

(2)内部收益率

内部收益率是净现值为零时的利率。即使费用现值与收入现值相等时的利率，用 IRR

表示。内部收益率也是衡量林分是否达到经济成熟的重要标准之一。

内部收益率公式如下：

$$\sum_{t=0}^{n} R_t \frac{1.0}{(1+r)^t} = \sum_{t=0}^{n} C_t \frac{1.0}{(1+r)^t} \tag{8-3}$$

式中 R_t——t 年的货币收入；

C_t——t 年的费用；

t——年度；

r——使方程成立时的利率，即 IRR。

用 IRR 确定经济成熟，是将所经营的林分的各年收入与支出用上式计算，求出各年的 IRR，组成系列，找出最大值发生的年份，就是经济成熟龄。

(3)土地纯收益最高成熟龄

林地期望价是指经营某块林地时能永久取得的土地纯收益，并用林业利率贴现为前价的合计，以此作为评定的地价。林地期望价计算公式为：

$$B_u = \frac{A_u + D_a(1+r)^{(u-a)} + D_b(1+r)^{(u-b)} + \cdots - C(1+r)^u}{(1+r)^u - 1} - \frac{V}{r} \tag{8-4}$$

式中 A_u——以年为轮伐期的主伐收益；

u——轮伐期年龄；

D_a——第 a 年的间伐收入；

D_b——第 b 年的间伐收入；

r——利率(%)；

V——管理费；

C——造林费；

a，b——间伐年度。

换算成连年收益时为：B_uP。

(4)指率式

指率即连年收利率，即 1 年间价值生长量与资本相比的百分数，用 W 表示。指率式公式为：

$$W = \left(- \sqrt[N]{\frac{A_{M+N} + B + V}{A_M + B + V}} - 1 \right) \times 100\% \tag{8-5}$$

式中 A_{M+N}——$M+N$ 年立木价；

A_M——M 年时立木价；

B——地价；

V——管理费；

M，N——年度。

利用比较指率 W 与林业利率 r 的关系可判别林分是否达到成熟龄。当 $W>r$ 时，未达到成熟龄；当 $W<r$ 时，已过成熟龄；当 $W=r$ 时，达到成熟龄。

8.2　经营周期的确定

8.2.1　轮伐期

轮伐期是一种生产经营周期，表示林木经过正常的生长发育达到可以采伐利用时所需要的时间。即为实现永续利用，伐尽整个经营单位内全部成熟林分之后，到可以再次采伐成熟林分所需的时间。轮伐期就是一个经营单位系统内主伐的时间序列，时间序列到达顶点，一个轮伐期就完成了。轮伐期是一种经营周期，包括培育、采伐、更新的全部过程。

8.2.1.1　确定轮伐期的依据

确定轮伐期的因素有多种，最重要的是森林成熟龄。用材林的轮伐期是以工艺成熟龄为主要依据，但不能低于数量成熟龄，也有人主张以工艺成熟为基础，重点考虑经济成熟，适当兼顾数量成熟。此外，更新期、经营单位的生产力和龄级结构、林况也对轮伐期的确定产生作用。

8.2.1.2　用轮伐期确定龄组

如果主伐年龄等于轮伐期，即采伐后立即更新，可以用轮伐期来划分龄组。把达到轮伐期的那一个龄级加上更高一个龄级的林分划为成熟林龄组；超过成熟林龄组的各龄级为过熟林龄组；比轮伐期低一个龄级的林分为近熟林龄组。其他龄级更低的林分，若龄级数为偶数，则幼龄林和中龄林对半分；若龄级数为奇数，则幼龄林比中龄林多分配一个龄级。

龄组阶段按以下步骤确定：

①确定主伐(或更新采伐)龄级　即依据主伐年龄(或更新采伐年龄)和龄级期限，确定主伐年龄(或更新采伐年龄)所在的那一龄级。

【例 8-2】　一般用材天然红松林主伐年龄为 121 年，龄级期限为 20 年，则主伐龄级为 $(121-1)\div 20+1=7$，即在第Ⅶ龄级。

②确定成熟林　成熟林龄组固定为 2 个龄级期限，据此确定成熟林龄组范围，即主伐年龄(或更新采伐年龄)所在龄级及高一龄级，划分为成熟林。

③确定过熟林　即高于成熟林龄级的所有龄级，均划为过熟林。

④确定近熟林　近熟林龄组固定为 1 个龄级期限，即比成熟林低一龄级的，划分为近熟林。

⑤确定中龄林和幼龄林　即在近熟林以下，若龄级数量为奇数，则幼龄林比中龄林多一个龄级；否则，幼龄林与中龄林平分龄级数。中龄林龄组一般包括 1~2 个龄级期限，幼龄林龄组一般包括 1~3 个龄级期限。

【例 8-3】　一般用材天然红松林主伐龄级为第Ⅶ龄级，则第Ⅶ龄级(年龄范围为 121~140 年)、第Ⅷ龄级(年龄范围为 141~160 年)的林分为成熟林，高于第Ⅷ龄级(即高于 160 年)的林分为过熟林，第Ⅵ龄级(年龄范围为 101~120 年)为近熟林，第Ⅴ龄级(年龄范围为 81~100 年)、Ⅳ龄级(年龄范围为 61~80 年)为中龄林，第Ⅲ龄级(年龄范围为 41~60 年)、第Ⅱ龄级(年龄范围为 21~40 年)、第Ⅰ龄级(年龄范围为 1~20 年)的林分为幼龄林。

8.2.1.3 轮伐期的计算

一般情况下，特别是纯林，轮伐期的计算公式为：

$$U = A \pm V \tag{8-6}$$

式中 U——轮伐期；

A——采伐年龄或成熟龄；

V——更新期。

一个林场(或经营单位)综合轮伐期的计算公式为：

$$N = \frac{(N_1S_1 + N_2S_2 + \cdots + N_nS_n)}{S} \tag{8-7}$$

式中 N——全场(经营单位)综合轮伐期；

N_n——某一经营类型(树种)轮伐期；

S_n——某一经营类型(树种)的面积；

S——全场(经营单位)的总面积。

8.2.2 择伐周期

在异龄林经营中，采伐符合一定尺寸标准的林木，通过其他保留林木继续生长，再恢复到能够采伐利用时的状态时的经营周期称为择伐周期，也叫回归年。在择伐作业中，如果只采伐某个径级以上的所有林木的作业方式称为径级择伐。径级择伐回归年计算公式为：

$$A = an \tag{8-8}$$

式中 A——回归年；

a——平均每生长一个径级所需年数；

n——择伐时所包括的径级数。

也可以用蓄积量生长率和采伐强度求算回归年，公式为：

$$A = \frac{-\lg(1 - S)}{\lg(1 + P)} \tag{8-9}$$

式中 A——择伐周期；

S——择伐强度；

P——蓄积量生长率(%)。

除了择伐强度、蓄积量生长率外，树种特性、经营水平、立地条件也会影响择伐周期的长短。

8.3 森林采伐量的计算

8.3.1 主伐采伐量的确定

森林主伐指对成熟林分的采伐利用。森林主伐方式分为皆伐、渐伐和择伐三大类。从森林资源内部条件方面，森林主伐量的计算受以下一些因素影响：

①林分的年龄结构。

②经营单位的面积和蓄积量按龄级分配状况。

③材积连年生长量和平均生长量。

④轮伐期或主伐年龄的大小。

⑤各小班的林分卫生状况。

从影响森林主伐量的因素可以看出，由于不同森林经营单位的森林资源条件存在着千差万别，所以在计算森林主伐量时不可能只利用一种公式或企图找出一个通用公式。目前世界各国计算森林采伐量的公式，多考虑森林资源条件，却很少考虑社会经济因素。

8.3.1.1　面积控制法

按面积控制年伐量，首先是计算和确定年伐面积，然后根据年伐面积计算年伐蓄积量。这种方法有利于直接调整经营单位内各龄级不合理的面积分配。

(1)区划轮伐法

区划轮伐法是最简单、最古老的森林收获调整方法，年伐量的计算公式为：

$$\text{年伐面积} = \frac{\text{经营单位总面积}}{\text{轮伐期}} \tag{8-10}$$

$$\text{年伐蓄积量} = \text{年伐面积} \times \text{成、过熟林平均每公顷蓄积量} \tag{8-11}$$

按区划轮伐法公式计算的年伐量，是要使一个经营单位的所有林分在一个轮伐期内都要采伐一遍。这种方法的特点是在一个轮伐期之后，使各龄级的森林面积保持相等，进而为实现永续利用创造条件。按区划轮伐法公式计算年伐量适用于成、过熟林占优势的原始天然林。若用于幼、中龄林占优势的经营单位，可能会导致采伐未成熟的林分。

(2)成熟度法

按成熟度法计算年伐量的出发点是在一个龄级期(龄级是林木年龄的分级，国家的相关规程对各林种、树种的龄级有具体规定)内采伐完现有的成、过熟林资源。其计算公式如下：

$$\text{年伐面积} = \frac{\text{成、过熟林面积}}{\text{1 个龄级期的年数}} \tag{8-12}$$

$$\text{年伐蓄积量} = \frac{\text{成、过熟林蓄积量}}{\text{1 个龄级期的年数}} \tag{8-13}$$

这种方法的特点是只考虑到现有的成、过熟林资源的及时利用，没有顾及到成熟林以下后备资源的多少，容易引起采伐量的急剧变化。

(3)林龄公式法

按林龄公式法计算年伐量可使采伐量保持相对稳定。通常采用以下公式：

$$\text{年伐面积} = \frac{\text{成、过熟林面积} + \text{近熟林面积}}{\text{2 个龄级期的年数}} \tag{8-14}$$

$$\text{年伐蓄积量} = \text{年伐面积} \times \text{成、过熟林平均每公顷蓄积量} \tag{8-15}$$

这是第一林龄公式。只要在达到自然成熟之前，能采完现有成、过熟林，就可以认为采用该法是合理的。但成、过熟林与近熟林的面积总会有相差较大的情况，于是可用第二林龄公式：

$$\text{年伐面积} = \frac{\text{中龄林面积} + \text{近熟林面积} + \text{成、过熟林面积}}{\begin{array}{l}\text{3 个龄级期的年数(若中龄林包括 2 个以上龄级时，}\\ \text{只取其靠近近熟林的 1 个龄级纳入计算)}\end{array}} \tag{8-16}$$

$$\text{年伐蓄积量} = \text{年伐面积} \times \text{成、过熟林平均每公顷蓄积量} \tag{8-17}$$

第二林龄公式的目的是在更长的时间内使采伐量保持稳定。大型企业的原料基地林采用该法确定采伐量比较适合。

(4)林况公式法

按林况计算年伐量是一种特殊形式。它是按森林经营的要求，及时采伐那些生长不良的林分。列入按林况计算的采伐对象，并不考虑是否达到采伐年龄，包括林分平均年龄已超过自然成熟龄的过熟林；林分内林木已遭受严重病虫害，并防治无效需要及时采伐利用的林分；林木遭受乱砍滥伐，林相残破，生长量低的林分。其计算公式如下：

$$\text{年伐面积} = \sum_{i=1}^{n} \frac{F}{a} \tag{8-18}$$

$$\text{年伐蓄积量} = \sum_{i=1}^{n} \frac{M}{a} \tag{8-19}$$

式中 $\sum_{i=1}^{n} F$——按林况确定的需要进行采伐的小班面积之和；

$\sum_{i=1}^{n} M$——按林况确定的需进行采伐的小班蓄积量之和；

a——采伐期限，a 的长短可根据大部分小班的卫生状况来确定。

上述几个采伐量的计算方法都是先计算年伐面积，然后根据年伐面积计算年伐蓄积量，因此称为面积控制法。如果每年仅按年伐面积划拨伐区，实际采伐所得蓄积量必然与计算的年伐蓄积量不等，因此需要结合材积控制法，进行年伐量的计算。

8.3.1.2 蓄积量控制法

蓄积量控制法的主要特点是期望在轮伐期内有等量的年伐蓄积量，并用材积控制采伐量。其影响年伐量计算的主导因子是蓄积量与生长量。下面介绍具有代表性的几个公式。

(1)法正蓄积量法

具有法正龄级分配且各林分有其对应的正常(理想)蓄积量称为法正蓄积量。设轮伐期为 u 年的法正林，其面积为 $u\ \mathrm{hm}^2$，即各年龄林分的面积为 $1\ \mathrm{hm}^2$。则法正蓄积量：

$$V = V_1 + V_2 + \cdots + V_u = \sum_{i=1}^{u} V_i \tag{8-20}$$

式中 V_i——各林龄林分单位面积蓄积量($\mathrm{m}^3/\mathrm{hm}^2$)。

当各龄级面积相当时，法正蓄积量与轮伐期长短有关。把第 u 年蓄积量列入计算的称为秋季法正蓄积量；把第 u 年蓄积量不列入计算的称为春季法正蓄积量。通常多采用春季和秋季平均值的夏季法正蓄积量。法正蓄积量计算有以下 3 种方法：

①三角形面积法　法正蓄积量相当于对材积生长曲线的积分，即以年龄为横坐标，蓄积量为纵坐标的近似三角形面积，其计算式为：

$$V = u\frac{V_u}{2} \tag{8-21}$$

②平均生长量法

平均生长量法的计算式为：

$$V = Zu \tag{8-22}$$

式中　Z——轮伐期平均蓄积量生长量(m^3/hm^2)。

③收获表法　收获表上记载有每隔 n 年的主林木(V_n)和副林木(d_n)的蓄积量(m^3/hm^2)，二者合计为林分蓄积量记为 m_{in}，则 u hm^2 的法正蓄积量(夏季)计算如下：

$$\begin{aligned} V_{夏} &= n\left(m_{1n} + m_{2n} + \cdots + m_{u-n} + m_{u/2} - \frac{d_{1n} + d_{2n} + \cdots + d_{u-n}}{2}\right) \\ &= n\left(V_{1n} + V_{2n} + \cdots + V_{u-n} + V_{u/2} + \frac{d_{1n} + d_{2n} + \cdots + d_{u-n}}{2}\right) \end{aligned} \tag{8-23}$$

(2)较差法

较差法年伐蓄积量(E_W)由下式求得：

$$E_W = Z_W + \frac{V_W - V_n}{a} \tag{8-24}$$

式中　Z_W——现实林连年生长量(m^3)；

V_W——现实林蓄积量(m^3)；

V_n——法正蓄积量(m^3)；

a——调整期。

此外，还有一些与上述公式相近的公式，其中较著名的有格尔哈德(E. Gehrhmrdt)公式，计算公式如下：

$$E_W = \frac{Z_W + Z_n}{2} + \frac{V_W - V_n}{a} \tag{8-25}$$

式中　E_W——年伐量(包括主伐量和间伐量)(m^3)；

Z_W——现实林连年生长量(m^3)，由于不能对每个林分实测，可按树种决定其平均地位级和疏密度，分别龄级从收获表中求得；

Z_n——法正生长量(m^3)，从收获表中查得；

V_W——现实林蓄积量(m^3)，老龄林实测，其他龄级用收获表测定；

V_n——法正蓄积量(m^3)；

a——调整期，从 $10-\frac{u}{2}$ 年范围内确定。

(3)数式平分法

本法最初由日本的和田国次郎提出，故又称和田公式。1975 年前，在日本国有林中曾广泛应用。计算公式如下：

$$E_W = \frac{V_W}{u} + \frac{Z_W}{2} \tag{8-26}$$

式中　E_W——年伐蓄积量(m^3)；

V_W——经营单位总蓄积量(m^3)；

Z_W——各龄级平均生长量之和(m^3)；

u——轮伐期。

根据法正林理论，在轮伐期 u 年内经营单位的总采伐量为法正蓄积量 V_n 和 u 年间经营单位总生长量合计的 1/2，即 $V_n+\frac{uZ_n}{2}$。今以现实林蓄积量 V_W 和总生长量合计(即$\frac{Z_W}{2}$)代替 V_n 及$\frac{uZ_n}{2}$，即得下式

$$E_W = \frac{V_W + \frac{uZ_W}{2}}{u} = \frac{V_W}{u} + \frac{Z_W}{2} \tag{8-27}$$

(4)洪德斯哈根公式

年伐量计算公式为：

$$E_W = \frac{V_W E_n}{V_n} \tag{8-28}$$

式中 E_W——年伐蓄积量(m^3)；

V_n——法正蓄积量(m^3)；

V_W——现实林蓄积量(m^3)；

E_n——法正收获量(m^3)。

V_W 是从现实林中测定计算而得；V_n(法正蓄积量)可从收获表中查得；E_n(法正收获量)用收获表中伐期林分材积表示，也等于法正林各龄级林分连年生长量之和。

(5)曼特尔利用率法

在法正林条件下，年伐量等于年生长量。在整个轮伐期间所获得的全部采伐量为 U，也就是等于法正蓄积量的 2 倍，即 $2V_n$。由此得法正年伐量 E_n：

$$E_n = \frac{2V_n}{u} = \frac{V_n}{\frac{u}{2}} \tag{8-29}$$

德国学者曼特尔(V. Mantel)把上式中的法正蓄积量 V_n 用现实蓄积量 V_W 代替，得到下述公式，即 Mantel 公式：

年伐蓄积量：
$$E_W = \frac{2V_W}{u} \tag{8-30}$$

年伐面积：
$$S_W = \frac{E_W}{m} \tag{8-31}$$

式中 m——成、过熟林平均每公顷蓄积量(m^3)。

在曼特尔公式中，把$\frac{2}{u}$看成利用率，所以可将其看成法正蓄积量法中一种利用率公式。

8.3.1.3 生长量法

(1)平均生长量法

此法最初是由德国学者马尔丁(K. L. Martin)在 1832 年提出，故也称马尔丁法。在经营单位内龄级结构调整均匀分配的法正状态时，使收获量等于各林分的连年生长量，用生长量来控制收获量，以实现经营单位内的永续利用。由于在实际工作中，对于大面积的森

林难以测定其连年生长量。因此，马尔丁提出用各龄级平均生长量之和代替各林分的连年生长量之和，以求其近似值。其公式如下：

$$E_W = Z_1 + Z_2 + Z_3 + \cdots + Z_n = \frac{m_1}{a_1} + \frac{m_2}{a_2} + \frac{m_3}{a_3} + \cdots + \frac{m_n}{a_n} \tag{8-32}$$

式中　Z_1，Z_2，…，Z_n——各龄级平均生长量(m^3)；

m_1，m_2，…，m_n——各龄级的蓄积量(m^3)；

a_1，a_2，…，a_n——各龄级年龄中值。

经过长期努力，调整经营单位的龄级结构之后，按生长量确定采伐量可以保证实现森林的永续利用。所以它是国内外常用的一种确定采伐量的方法。

表 8-2　某林场落叶松平均生长量计算表

龄级	平均年龄	面 积(hm²)	蓄积量(m³)	平均生长量(m³)
Ⅰ	10	350	8800	880
Ⅱ	30	S20	49200	1640
Ⅲ	50	410	78000	1560
Ⅳ	70	480	129500	1850
Ⅴ	90	670	216200	2400
合计		2430	481700	8330

【例 8-4】　以某林场落叶松平均生长量计算表(表 8-2)为例，表中为 20 年一个龄级，主伐年龄为Ⅴ龄级，以各龄级的平均年龄(龄级中值)除以其蓄积量而得各龄级的平均生长量。

即得：

$$E_W = Z_1 + Z_2 + \cdots + Z_n = \frac{8300}{10} + \frac{49200}{30} + \frac{7800}{50} + \frac{129500}{70} + \frac{216200}{90}$$

$$= 880 + 1640 + 1560 + 1850 + 2400$$

$$= 8330(m^3)$$

成、过熟林平均每公顷蓄积量 = 216200/670 = 324(m^3)

$$S_W = \frac{8330}{324} = 25.7(hm^2)$$

当在一个经营单位内，成、过熟林占优势时，平均生长量数值小，用此法来确定年伐量，显然资源不能充分利用；当幼、中龄林占优势时，平均生长量数值大，用此法来确定年伐量，就会去掉未成熟的林分。因此，在实际工作中要根据具体情况做出修正。

(2)检查法

检查法通过定期调查确定林分蓄积量定期生长量，作为采伐量的主要依据。林分蓄积量定期生长量计算公式如下：

$$Z = M_2 - M_1 + C \tag{8-33}$$

式中　Z——林分蓄积量定期生长量(m^3)；

M_2——期末调查林分蓄积量(m^3)；

M_1——期初调查林分蓄积量(m^3)；

C——期间林分采伐量(m^3)。

(3)施耐德公式

施耐德公式年伐量计算公式如下：

$$E_W = V_W P \tag{8-34}$$

式中 P——材积生长率(%)；

V_W——现实林蓄积量(m^3)。

材积生长率可通过树干解析或生长锥调查获得。在林分结构复杂的异龄林中确定材积生长率是有困难的，用施耐德公式计算的年伐量，往往偏差较大。

8.3.2 异龄林年伐量的计算

(1)按择伐周期和平均每公顷采伐量计算年伐量

这种方法比较简单，但也较粗放，其计算步骤是：

①按经营要求和择伐周期以及择伐株数确定最低采伐径级和最高采伐径级。

②计算出所采伐各径级的单株木平均材积。

③计算出平均每公顷择伐蓄积量，即各径级所采伐的株数乘以各单株材积相加。

④求年伐蓄积量：

$$E_W = \frac{\text{经营单位面积} \times \text{平均每公顷择伐蓄积量}}{\text{择伐周期}} \tag{8-35}$$

⑤求年伐面积：

$$S_W = \frac{\text{年伐蓄积量}}{\text{平均每公顷择伐蓄积量}} \tag{8-36}$$

(2)按小班法计算年伐量

采育择伐和其他择伐，均可按小班法计算。根据外业调查汇总的调查簿资料，挑选可以列入择伐的成、过熟林与近熟林小班；根据每个小班的林况、坡度、疏密度、水土保持作用、年龄结构、蓄积量等情况确定择伐强度和择伐量；年伐蓄积量各小班应予择伐的蓄积量总计除以择伐周期；年伐面积经营单位内所有择伐小班的面积总计除以择伐周期。

(3)检查法计算年伐量

这种方法是要定期对全林进行每木调查，测定各径级株数和材积，根据前后 2 次调查结果和统计 2 次调查期内的择伐量，计算林分定期生长量，所计算生长量就是调节下一间隔期择伐量的尺度。其公式如下：

$$Z = \frac{M_1 - M + C}{a} \tag{8-37}$$

式中 Z——经营单位材积定期生长量(m^3)；

M_1——本次调查的全林蓄积量(m^3)；

M——上次调查的全林蓄积量(m^3)；

C——调查间隔期内的择伐量(m^3)；

a——调查间隔期。

此法是国际林业界推崇的方法。但实施此法，需有高度集约经营的基础和技术力量。

8.3.3　补充主伐的年伐量计算

补充主伐是指疏林、散生木和采伐迹地上已失去作用的母树的采伐利用。

①疏林　用材林的疏林不能充分利用地力，应伐后重新造林。

$$疏林年伐量(面积或材积)=\frac{需要采伐的疏林(面积或材积)}{采伐期限}$$

采伐期限长短，可根据具体经营条件而定。

②散生木　散生木年伐量$=\frac{指定采伐的各小班内散生木蓄积量之和}{采伐期限}$。

③母树　在下列情况下对母树应予采伐，年伐量计算方法同散生木。

a. 已完成天然下种作用。

b. 所留母树没有起到预定的更新作用，并发生风倒或其他原因而接近枯死。

c. 伐区上被其他树种更替，使保留母树不能发挥作用。

8.3.4　间伐量的确定

间伐是指在同龄林未成熟的林分中，定期伐去一部分林木，为留存林木创造良好的生长环境条件，促进保留林木的生长发育。间伐是一种森林经营措施，主要目的是通过间伐提高保留林木的生长量和材种质量，同时，间伐也是利用木材的一种重要手段。

(1)抚育间伐采伐量

抚育间伐包括透光伐、疏伐、生长伐。计算其采伐量，要先确定以下 4 项因子：①需要进行抚育间伐的面积；②间伐开始期；③每次间伐强度；④采伐间隔期。疏伐间隔期一般 5~7 年，生长伐间隔期为 10~15 年。

按各种抚育间伐种类确定了上述 4 项因子之后，即可按以下公式计算：

$$年伐面积=\frac{需要进行抚育间伐的面积}{抚育间伐间隔期} \tag{8-38}$$

$$年伐蓄积量=年伐面积\times平均每公顷蓄积量\times间伐强度 \tag{8-39}$$

上述计算分别按抚育种类进行。汇总后即得某经营单位的抚育年伐量。

(2)卫生伐采伐量

卫生伐的对象是指在一定年限内，及时伐除那些因遭森林火灾或受病虫害严重危害的枯死木、损伤木或被害木。但凡已纳入主伐范围内或已列入抚育间伐对象的，不再纳入卫生伐计算范围，以免重复。计入卫生伐的对象，首先要根据具体林况和经济条件，确定采伐年限(一般为 1~5 年)。其计算公式为：

$$年伐面积=\frac{需要进行卫生伐的总面积}{采伐年限} \tag{8-40}$$

$$年伐蓄积量=\frac{需要伐除的枯死木、受害木总蓄积量}{采伐年限} \tag{8-41}$$

8.3.5　合理年伐量的确定

(1)用材林年伐量的确定

用材林的年伐量，在有关公式计算的基础上，最后确定时应遵循以下要求：

①所定年伐量不能小于按林况的计算值。

②在龄级结构不均匀情况下，所定年伐量要起到调整和改善龄级结构的作用。

③所定年伐量不应造成森林资源过伐，要保证后继有林。

④在成、过熟林占优势时，既要考虑延长资源采伐年限，又要在达到自然成熟年龄之前及时采伐利用。

⑤在中、幼龄林占优势时，所定年伐量既不能采伐未成熟林，并要有利于在轮伐期内逐步调整龄级结构。

⑥要考虑更新能力及生态平衡的要求。

在成、过熟林占优势时，可采用下列公式的计算值作为确定年伐量的基础，包括按面积轮伐公式、林龄公式、林况公式、按蓄积量结合生长量计算年伐量等。

在幼、中龄林占优势时，可以考虑用成熟度公式和第一林龄公式。

当龄级结构均匀分配时，可选用公式较多，其中较合适的是按平均生长量计算公式。

(2)防护林年伐量的确定

防护林的林木采伐利用处于从属地位，不能进行主伐。防护林年伐量的确定要根据具体情况确定。

①按林况计算确定　有下列情况的可列入按林况计算采伐：林木已超过自然成熟龄，开始大量枯损，林分结构已遭受严重病虫害，受森林火灾危害或林木大量风倒，急需及时采伐清理，以免扩大蔓延，在以往径级择伐的迹地上，保留木生长不良并林况恶化。

②按林分改造计算确定　为了加强与改善某些小班的防护效能，需要采用林分改造措施以更换原有林分的树种组成和林相。计算时将需要进行林分改造的小班面积及蓄积量相加，然后除以采伐期限，即得按林分改造的年伐量。一个地区的防护林年伐量应为上述两项之和。此外，还要与防护林的平均生长量对比检查后来确定。

8.4　林分结构调整

林分结构调整中最重要的就是树种和年龄结构的调整。林分结构调整的方法包括抚育间伐、林分改造、主伐更新等。近自然森林经营是欧洲各国普遍采用的经营方法，即将现有林分逐步转变成健康优良的林分。全周期的森林经营是实现这一方法的主要体现。

(1)树种混交与配置

现有的混交树种，只要不是与立地或群落不相容，就应该保留并促其发展。尤其要保护好稀有的乡土树种。树种结构可通过促进天然更新，在树冠庇荫下或林中空地进行人工更新等途径予以调整。

(2)林龄多样性及林龄结构

树龄的不均一性是森林生态系统持续稳定的需要，并且要根据情况，因立地和树种而制宜。

(3)空间结构

树种、林龄和空间结构是一种相互对应的关系，而且互相影响。天然林的生态系统空间结构是在更高层次上以立地、树种的生物学特性和生态系统的演替为依托的。商品林(人工林)的空间结构也要顺应自然规律。

(4)森林利用

树木的各项指标已达到利用要求的，就应当采伐利用，不采伐利用对林分结构、林分更新和自然保护或森林美学都是不利的。这是基本的经营原则，此外也是为了促进森林更新，加快保留木的成长。

(5)森林更新

森林生态系统要保持永续稳定，森林利用与更新之间必须处在一种和谐、协调的关系，要想缩短利用周期，加大利用强度，就需要加快和强化森林更新，反之亦然。耐阴树种(顶极树种)的更新期相当漫长。

(6)培育与抚育

树木在早期发育阶段(幼年期、成长期)，其形态的可塑性比晚期(成熟期、衰亡期)的要大。

①尚未定型的耐阴的幼树，应在老龄林木的庇荫下促其顶生和单茎生，而遏制其侧生和多茎生。

②当老龄树木庇荫已影响到幼龄和中龄树木的生长时，就应及时打枝，以提高林木的经济价值。

③林分的郁闭度要因其立地条件和树种不同而制宜。立地条件好、树种耐阴性强的，其郁闭度可高一点。

第九章　森林生物量调查与碳储量监测

森林生物量是森林生态系统的最基本数量特征。森林碳储量监测包括地上生物量、地下生物量、枯死木、枯落物和土壤有机碳 5 个碳库的计量监测。

9.1　生物量调查

森林生物量包括乔木、灌木、草本植物、苔藓植物、藤本植物以及凋落物生物量等。乔木是森林生态系统的主体，因此，其生物量占森林生物量绝大部分(90%以上)。乔木层的生物量分配与其体积分配相似，即在乔木层的生物量的构成中，树干约占全层生物量的 65%~75%、枝量占 7%~13%、叶量占 2%~11%、根量占 11%~20%。

9.1.1　样木的选择

根据生物量测定的目的和要求，对样地内的林木进行筛选，选择出符合标准的样木。通常，样木应为没有发生断梢、分叉且生长正常的树木，同时冠幅、冠长也应基本具有代表性，原则上不能选用林缘木和孤立木。样木选定后，测量胸径、冠幅、枝下高等因子填入表 9-1，同时记录样木所处样地的生长环境因子，并记录到表 9-2 中。

表 9-1　样木测量记录表

树种		年龄		枝下高(m)	
胸径(cm)		树高(m)		冠幅(m)	

表 9-2　样本采集地点生境要素记录

样本编号		采集单位		采集人		采集日期	
采样地点				地理位置 GPS(X)		地理位置 GPS(Y)	
海拔(m)		坡向		坡位		坡度	
土壤名称		土层厚度(cm)		腐殖质厚度(cm)		枯落物厚度(cm)	
地类		植被类型		植被总覆盖度		群落名称	
优势树种		起源		郁闭度		平均年龄	
平均胸径(cm)		平均高度(m)		平均盖度(%)		其他	

9.1.2　树木生物量的测定

9.1.2.1　树干生物量的测定

树干生物量的测定常用方法有全部称重法和木材密度法。通常情况下，在森林调查过程中，全部称重法是最为常用的方法。所谓全部称重法是指在外业中将树木伐倒，摘除全部枝叶称其树干鲜重。其中，树干鲜重的测量方法具体如下：首先按照树干解析的方法，将树干截成若干段，量取各段中央(或大头、小头)带皮、去皮直径，并截取圆盘。其次，立即测定各区分段长度和鲜重，并测定每个圆盘的鲜重并计算材积，同时将量测和计算结果列入表 9-3 中。此外，如遇粗大木段不能一次称重时，可进一步将其锯成更短的原木。按上述方法获得各段的鲜重，合计即得树干的全部鲜重($W_{鲜}$)。

表 9-3　树干调查表

区分段	长度(m)	材积(m^3)	鲜重(kg)	取样圆盘	
				直径(cm)	鲜重(kg)
1					
2					
…					

将所有圆盘装入塑料袋带回室内，使用烘箱烘干(一般在 105 ℃，经 6 h 左右)，取出称重，如 2 次质量不等，再放入烘箱，经 6 h 后取出称重，直到绝干状态。算出每个试样所代表的各区分段干重比 $P_W=\frac{W_{干}}{W_{鲜}}$，最终累加则为整个树干的生物量。这种方法工作量极大，是测定树木干重最基本的方法，但获得的数据可靠。

9.1.2.2　枝叶生物量的测定

树木枝与叶生物量的测定方法有全数调查法和标准枝法。最为常用的是标准枝法。具体方法是：将树冠等分为上、中、下 3 个层次，如果是针叶树，也可以直接按照轮生枝划分层次。在每个层次中，全部称其鲜重，同时计算平均鲜重，称量结果计入表 9-4。同时，选择 3~5 个具有平均鲜重的枝条作为标准枝，带回室内烘干，分别计算树干各层次干重比，以此来推算树冠各部分干重，最终累加为树冠部分枝叶的生物量。

表 9-4　树枝、叶鲜重测量记录表

部位	全部枝叶总鲜重(kg)			标准枝(kg)		
	总鲜重	枝鲜重	叶鲜重	总鲜重	枝鲜重	叶鲜重
上部						
中部						
下部						
合计						

9.1.2.3　根系生物量的测定

树根质量的测定方法可分为 2 类：一类是测定一株或几株树木的根质量以推算单位面积的质量；另一类是测定已知面积内的根生物量用面积换算为林分的生物量。通常，根按照根基部直径的大小分为 5 级，每级的距离和名称见表 9-5。

表 9-5　根的分级

级别	细根	小根	中根	大根	粗根
直径(cm)	<0.2	0.2~0.5	0.5~2.0	2.0~5.0	>5.0

表 9-6 树根鲜重测量记录表

部位	鲜重(kg)	称重记录(kg)							
		1	2	3	4	5	6	7	8
细根									
小根									
中根									
大根									
粗根									
合计									

测定根系生物量时，中根(大于 0.5 cm)以上全部称重，细根(小于 0.2 cm)及小根(0.2~0.5 cm)其质量虽不大但数量极多，很容易遗漏。因此，可于样方内取一定大小的土柱，在土柱内仔细称量这 2 类根的质量，填入表 9-6。基于树木根系分类工作的繁重性，地下根系生物量的确定有时也可以采用比值(地上生物量与地下生物量)方法估计。

9.1.3 林分生物量测定

9.1.3.1 直接收获法

直接收获法包括皆伐收获法和标准木法。皆伐收获法为小面积皆伐实测法，通过伐除林地内所有乔灌草，测定所有树木的生物量。这种方法数据可靠，常作为真值用于与其他方法的估计值进行比较；标准木法同林分蓄积量测定中标准木法的原理相似，通过选定的标准木，推算全林生物量，其精度依赖于标准木选取的适宜性。

9.1.3.2 模型/回归估计法

在实践工作中，为了简便和提高估计精度，林木生物量回归估计法不失为一种便捷的方法。它是以模拟林分内每株树木各分量(干、枝、叶、皮、根等)干物质质量为基础的一种估计方法，通过样本观测值建立树木各分量干重与树木其他测树因子之间的一个或一组数学表达式(也称林木生物量模型)，用于林分或树木生物量的估计。建立树干生物量估计模型时，常选用林木胸径(D)、树高(H)、胸径的平方与树高的乘积(D^2H)为自变量；建立树冠生物量估计模型时，常选用林木胸径、树高、冠幅、冠长率、冠下径(即树冠基径)等因子为自变量；建立树根生物量估计模型时，常选用林木胸径及根径等因子为自变量。回归估计法是林分生物量测定中经常采用的方法之一，也可采用生物量估算参数法。此外，对于大面积森林的生物量测定，还可采用以遥感技术为基础的估计方法。

乔木生物量模型常采用以下 2 种通式[式(9-1)和式(9-2)]。

$$M_i = f(D, H)V \tag{9-1}$$

或

$$M_i = f(D, H, CW, CL)V \tag{9-2}$$

式中 M_i——样木的干、根、枝叶生物量或总生物量；

D——胸径；

H——树高；

CW——冠幅；

CL——冠长；

V——材积。

9.2　森林碳储量监测

9.2.1　样地设置与调查

9.2.1.1　样地设置

在测定和监测边界内的碳储量变化时，宜采用矩形样地。样地的大小取决于林分密度，一个样地投影面积大于等于600 m^2。固定样地的设置采用随机起点的系统设置方式。但为了避免边际效应，样地边缘应离地块边界至少10 m以上。样地内林木在管理方式上(如施肥、灌溉、间伐甚至采伐、更新)应与样地外的林木完全一致。

9.2.1.2　调查方法

(1)乔木层

①乔木树种生物量建模数据采集　在样地外，选择乔木树种标准木，进行全株各器官生物量收获并实测，获取干、枝、叶、树根生物量、树干材积及树干密度(包括竹类)，建立树种生物量异速生长方程。

②乔木树种数据采集　乔木应按照不同植物种类、不同规格抽样调查，每种乔木抽取30株，测量胸径、树高、冠幅、生长状况等测树因子。若数量少于30株的树种，应全部实测。

(2)灌木层

灌木层采用典型取样法设置样方，每种植物类型设置4个2 m×2 m的样方，调查样方内灌木种类(包括胸径小于5.0 cm的幼树)、盖度、株树、平均高度，选择样方内3株平均大小(根茎和高度处于平均水平)的标准灌木，采用全株收获法分别测定3株标准灌木地上干、枝、叶和地下根系的鲜重。选取干、枝、叶和根样品(200~500 g)带回实验室测定含水率。如果不足200 g，应全部作为样品带回测定。如果灌木为丛生状，则在样方内选取具有平均冠幅的灌丛1~2丛，采用完全收获法测定鲜重和样品重，带样品回实验室测定其含水率。

(3)草本层

草本层采用典型取样法设置样方，每种植物种类设置4个1 m×1 m的样方。调查样方内草本植物种类、丛数量、平均高度、盖度，全株收获草本样方中的所有植物，称其鲜重。混合采集200 g左右样品，带回室内测含水率，调查表见表9-7。

表9-7　草本层调查表(外业)

样地号：________　样方面积：________　调查员：________　调查日期：________

样方号		1	2	3	4	5
盖度(%)						
平均高 (cm)						
样方内所有植物鲜重(g)	地上					
	地下					

(续)

样方号		1	2	3	4	5
样品鲜重(g)	地上					
	地下					
样品干重(g)	地上					
	地下					

(4)枯落物

枯落物调查样方采用典型抽样法，每种生活型植物类型各设 4 个 1 m×1 m 的样方，调查样方内枯落物的厚度，收集样方内全部枯落物，包括枯枝、叶、果、枯草、半分解部分等枯死混合物，剔除其中石砾、土块等非有机物质，用塑料网袋收集并称其鲜重。每个样方混合采集枯落物样品 200 g 左右，称其鲜重，带回测含水率，调查表见表 9-8。

表 9-8　枯落物调查表(外业)

样地号：＿＿＿＿　样方面积：＿＿＿＿　调查员：＿＿＿＿　调查日期：＿＿＿＿

样方号	厚度 (cm)	样方内枯落物鲜重(g)	样品鲜重(g)	样品干重(g)

(5)枯死木

枯死木应分别枯立木和枯倒木(胸径大于 5.0 cm)在调查区域内全部调查，与活立木的每木检尺同时进行。对于枯立木，测定胸径和实际高度，记录枯立木分解状态；对于枯倒木，测定其区分段直径和长度，按 1 m 区分进行材积计算，调查表见表 9-9 和表 9-10。

表 9-9　枯立木调查表(外业)

样方号	序号	胸径(cm)	高(m)	分解状态

注：分解状态分为大、中、小枝条完整(与活立木相比只是没有叶)；无小枝，但有中、大枝；只有大枝和完全没有枝，只剩主干 4 类。

表 9-10　枯倒木调查表(外业)

样方号	序号	直径(cm)	长度(m)	密度级

注：1. 直径为枯倒木按长度 1 m 为区分段时的区分段中部的直径；2. 密度级划分为腐木、半腐木、未腐木 3 级，可通过弯刀敲击枯倒木进行判断。若刀刃反弹回来，即为未腐木；若刀刃进入少许，则为半腐木；若枯倒木裂开则为腐木。不同密度级各收集至少 2 份枯倒木的木段，带回实验室测定干重。

(6)土壤碳库

土壤碳库调查内容包括土壤类型、土层厚度、土壤密度和土壤有机质含量。土壤调查样方采用典型抽样法，每种生活型植物类型各设置 4 个取样点。挖掘土壤剖面，每个土壤剖面采样层次按 0~10 cm、10~30 cm、30~100 cm 划分土层。如果土层厚度小于 100 cm，按实际厚度分层取样。土壤密度测定采用环刀法，每个土层环刀(100 cm^3)取样 3 个，称重并记录环刀土样的鲜重，随后带回实验室；每个剖面按上述分层，每层取 3 个点混合土样，带回实验室。

(7)参数测定

含水率、含碳率、土壤密度、土壤有机碳含量的测定须按照有关行业标准进行。含水率测定包括植物和土壤样品 2 部分。植物样品包括植物各器官、枯落物及枯死木取样，调查表见表 9-11 和表 9-12。

表 9-11　含水率测定记录表(内业)

样品编号	类型	部位	鲜重(g)	首次干重(g)	每 2 h 一次干重测定记录(g)						最后干重(g)	含水率(%)
					1	2	3	4	5	6		

表 9-12　含碳率测定(内业)

样品编号	类型	第 1 次测定			第 2 次测定			第 3 次测定			含碳率(%)
		样品重(g)	碳重(g)	比例(%)	样品重(g)	碳重(g)	比例(%)	样品重(g)	碳重(g)	比例(%)	

9.2.2　碳储量调查

调查边界内的碳储量变化量是各碳库中碳储量变化量之和，即：

$$\Delta C_{PROJ,t} = \Delta C_{PROJ,AB,t} + \Delta C_{PROJ,BB,t} + \Delta C_{PROJ,DW,t} + \Delta C_{PROJ,L,t} + \Delta C_{PROJ,SOC,t} - \Delta C_{LOSS,AB,t} - \Delta C_{LOSS,BB,t} \tag{9-3}$$

式中　$\Delta C_{PROJ,t}$——第 t 年调查区碳储量变化(PgC/a)；

$\Delta C_{PROJ,AB,t}$——第 t 年地上生物量碳库中的碳储量的变化(PgC/a)；

$\Delta C_{PROJ,BB,t}$——第 t 年地下生物量碳库中的碳储量的变化(PgC/a)；

$\Delta C_{PROJ,L,t}$——第 t 年枯落物碳库中的碳储量的变化(PgC/a)；

$\Delta C_{PROJ,DW,t}$——第 t 年枯死木碳库中的碳储量的变化(PgC/a)；

$\Delta C_{PROJ,SOC,t}$——第 t 年土壤有机质碳库中的碳储量的变化(PgC/a)；

$\Delta C_{LOSS,AB,t}$——第 t 年原有植被地上生物量碳库中的碳储量的降低量(PgC/a)；

$\Delta C_{LOSS,BB,t}$——第 t 年原有植被地下生物量碳库中的碳储量的降低量(PgC/a)；

t——调查开始后的年数(年)。

9.2.2.1　地上和地下生物量

地上生物量和地下生物量中的碳储量变化应分别林分、竹林和灌木林进行监测和计算。即：

$$\Delta C_{PROJ,AB,t} = \Delta C_{PROJ\_Tr,AB,t} + \Delta C_{PROJ\_B,AB,t} + \Delta C_{PROJ\_S,AB,t} \quad (9\text{-}4)$$

$$\Delta C_{PROJ,BB,t} = \Delta C_{PROJ\_Tr,BB,t} + \Delta C_{PROJ\_B,BB,t} + \Delta C_{PROJ\_S,BB,t} \quad (9\text{-}5)$$

式中 $\Delta C_{PROJ\_Tr,AB,t}$——第 t 年林分地上生物量碳库中的碳储量变化(PgC/a)；
$\Delta C_{PROJ\_B,AB,t}$——第 t 年竹林地上生物量碳库中的碳储量变化(PgC/a)；
$\Delta C_{PROJ\_S,AB,t}$——第 t 年灌木林地上生物量碳库中的碳储量变化(PgC/a)；
$\Delta C_{PROJ\_Tr,BB,t}$——第 t 年林分地下生物量碳库中的碳储量变化(PgC/a)；
$\Delta C_{PROJ\_B,BB,t}$——第 t 年竹林地下生物量碳库中的碳储量变化(PgC/a)；
$\Delta C_{PROJ\_S,BB,t}$——第 t 年灌木林地下生物量碳库中的碳储量变化(PgC/a)；
t——调查开始后的年数(年)。

碳储量变化为 2 次监测所得到的碳储量之差除以监测的间隔期，即：

$$\Delta C_{PROJ} = \sum_{i=1}^{I}\sum_{j=1}^{J}\sum_{k=1}^{K}\frac{C_{m_2,ijk} - C_{m_1,ijk}}{T} \quad (9\text{-}6)$$

式中 $C_{m_2,ijk}$——后一次监测(m_2) i 碳层 j 树种 k 年龄林分(或竹林、灌木林)地上(或地下)生物量碳库中的碳储量(PgC)；
$C_{m_1,ijk}$——前一次监测(m_1) i 碳层 j 树种 k 年龄林分(或竹林、灌木林)地上(或地下)生物量碳库中的碳储量(PgC)；
T——监测的间隔期(5 年)；
t——调查开始后的年数(年)；
i——调查区碳层($i=1，2，\cdots，I$)；
j——树种($j=1，2，\cdots，J$)；
k——年龄(年)。

(1)林分

在每一个监测年份，测定每个固定样地内每株林木的胸径(或胸径和树高)。采用生物量异速生长方程法或生物量扩展因子法计算各样地单位面积的地上和地下生物量碳库中的碳储量。再计算各调查区碳层、各树种各龄级碳储量，即：

$$C_{Tr,m,ijk} = \frac{\sum_{p=1}^{P} C_{Tr,m,ijk,p}}{p} A_{Tr,ijk,m} \quad (9\text{-}7)$$

式中 $C_{Tr,m,ijk,p}$——第 m 次监测 i 碳层 j 树种 k 年龄第 p 样地林分地上(或地下)生物量碳库中的碳储量(PgC/hm^2)；
$A_{Tr,ijk,m}$——第 m 次监测 i 碳层 j 树种 k 年龄林分的面积(hm^2)；
m——监测时间(年)；
i——调查区碳层；
j——树种；
k——林龄(年)；
p——监测样地数($p=1，2，\cdots，P$)。

各样地单位面积林分地上和地下生物量的测定和计算优先采用生物量异速生长方程法，如果没有可用的生物量方程，可用生物量扩展因子法。

①生物量异速生长方程法　指利用收获法获得生物量，进而建立生物量异速生长方程。选择有代表性的林分，进行每木检尺，测定胸径、树高、冠幅、枝下高，根据各径级的平均胸径(最好是胸高断面积)、树高、冠幅、枝下高，每个径级选择2~3株标准木，采用分层切割法，测定各器官鲜重。同时采取少量各器官样品，称取样品鲜重，然后在温度小于等于70 ℃条件下烘干至恒重，计算样品含水率。根据样品含水率计算各器官干重。最后建立单株生物量与胸径(DBH)(一元)或胸径和树高(H)(二元)的异速生长方程，方程式如下：

$$\ln B = a_1 + a_2 \ln(DBH) \tag{9-8}$$

$$\ln B = a_1 + a_2 \ln(DBH) + a_3 \ln H \tag{9-9}$$

式中　B——生物量(t/株)；

DBH——胸径(cm)；

H——树高(m)；

a_1，a_2，a_3——参数。

逐株计算样地内每株林木的生物量，累加计算样地水平单位面积生物量，进而得到林分单位面积地上部分碳储量(C_{AB_Tr})和地下部分碳储量(C_{BB_Tr})：

$$C_{AB\_Tr,m,ijk,p} = \sum_{j=1}^{n} \frac{f_{AB\_Tr,j}(DBH, H)CF_j}{AP} \times 10000 \tag{9-10}$$

$$C_{BB\_Tr,m,ijk,p} = \sum_{j=1}^{n} \frac{f_{BB\_Tr,j}(DBH, H)CF_j}{AP} \times 10000 \tag{9-11}$$

或

$$C_{BB\_Tr,m,ijk,p} = C_{AB\_Tr,m,ijk,p} R_{jk} \tag{9-12}$$

式中　$f_{AB\_Tr,j}(DBH, H)$——第j树种地上生物量异速生长方程(t/株)；

$f_{BB\_Tr,j}(DBH, H)$——第j树种地下生物量异速生长方程(t/株)；

CF_j——第j个树种平均含碳率；

R_{jk}——第j个树种k年龄林分生物量根茎比；

AP——样地面积(m^2)；

j——树种；

k——林龄(年)。

② 生物量扩展因子法　该方法是根据测定的样地内的林木的胸径(DBH)或胸径和树高(H)，利用一元或二元立木材积公式得到单株林木材积(V)，然后利用树干材积密度(WD)、生物量扩展因子(BEF)、碳含量(CF)、样地内林木株数(N)和样地面积(AP)计算地上生物量碳储量，利用根茎比(R)计算地下生物量碳储量。

(2)竹林

竹林的生物量通常与胸径或眉径(1.5 m高处的直径)、竹高和竹龄或度有关。为此，可采用生物量异速生长方程的方法来监测竹林碳储量。首先测定样地内立竹的胸径或眉径、高度和竹龄或竹度，利用一元或多元生物量异速生长方程计算各立竹的生物量，累加得到样地内单位面积生物量，进而得到竹林地上部分碳储量(C_{AB_B})和地下部分碳储量(C_{BB_B})：

$$C_{AB\_B,m,ijk,p} = \sum_{j=1}^{n} \frac{f_{AB\_B,j}(D, H, BA)CF_jN}{AP} \times 10000 \tag{9-13}$$

$$C_{BB\_B,m,ijk,p} = \sum_{j=1}^{n} \frac{f_{BB\_B,j}(D, H, BA)CF_jN}{AP} \times 10000 \tag{9-14}$$

或

$$C_{BB\_B,m,ijk,p} = C_{AB\_B,m,ijk,p}R_j \tag{9-15}$$

式中 $f_{AB\_B,j}(D, H, BA)$——j 类竹林地上生物量与胸径或眉径(D)、竹高(H)和竹龄或竹度(BA)的异速生长方程(t/株);

$f_{BB\_B,j}(D, H, BA)$——j 类竹林地下生物量与胸径或眉径(D)、竹高(H)和竹龄或竹度(BA)的异速生长方程(t/株);

CF_j——j 类竹林平均含碳率;

R_j——j 类竹林生物量根茎比;

N——样地内林木株数(株);

AP——样地面积(m^2);

i——调查区碳层;

j——竹林种类。

在选择生物量异速生长方程时，应尽可能选择来自调查所在地区或与调查区所在地区条件类似的其他地区的方程。如果不能获得可靠的生物量异速生长方程，可通过采用收获法建立生物量异速生长方程。

(3)灌木林

灌木林的生物量通常与地径、分枝数、灌高和冠径有关，为此，可采用生物量异速生长方程的方法来监测灌木林生物量碳库中的碳储量。先测定样地内灌木的地径、高、冠幅和枝数，利用一元或多元生物量异速生长方程计算样地内单位面积生物量，进而得到灌木林地上部分碳储量(C_{AB_S})和地下部分碳储量(C_{BB_S}):

$$C_{AB\_S,m,ijk,p} = \sum_{j=1}^{n} \frac{f_{AB\_S,j}(BD, H, CD)CF_jN}{AP} \times 10000 \tag{9-16}$$

$$C_{BB\_S,m,ijk,p} = \sum_{j=1}^{n} \frac{f_{BB\_S,j}(BD, H, CD)CF_jN}{AP} \times 10000 \tag{9-17}$$

或

$$C_{BB\_S,m,ijk,p} = C_{AB\_S,m,ijk,p}R_j \tag{9-18}$$

式中 $f_{AB\_S,j}(BD, H, CD)$——j 类灌木林地上生物量与基径(BD)、高(H)和冠径(CD)的异速生长方程(t/枝);

$f_{BB\_S,j}(BD, H, CD)$——j 类灌木林地下生物量与基径(BD)、高(H)和冠径(CD)的异速生长方程(t/枝);

CF_j——j 类灌木林平均含碳率;

R_j——j 类灌木林生物量根茎比;

N——样地内灌木枝数(枝);

AP——样地面积(m^2);

j——灌木种类。

在选择生物量异速生长方程时，应尽可能选择来自调查所在地区或与调查区所在地区条件类似的其他地区的方程。如果不能获得可靠的生物量异速生长方程，调查区参与方可自行建立生物量异速生长方程。

9.2.2.2　枯落物

枯落物碳储量变化是年凋落量与年分解量之差，在幼龄林阶段，枯落物增加速度很快，以后逐渐减慢，直至稳定(即年凋落量等于年分解量)。由于枯落物的凋落和分解具有明显的季节特征，因此每次枯落物碳储量的测定均应在同一季节进行。

$$C_{L,\ m,\ ijk,\ p} = \sum_{p=1}^{P} \frac{L_p CF_{j,\ L} 10}{AL} \tag{9-19}$$

$$C_{L,\ m,\ ijk} = \left(\sum_{p=1}^{P} \frac{C_{L,\ m,\ ijk,\ p}}{p} \right) A_{ijk,\ m} \tag{9-20}$$

式中　$C_{L,m,ijk,p}$——第 m 次监测 i 碳层 j 树种 k 年龄第 p 个样地林分枯落物碳储量(PgC/hm^2)；

L_p——样地 p 内各枯落物样方中的枯落物量(kg)；

AL——样地 p 内测定的枯落物样方总面积(m^2)；

$A_{ijk,m}$——第 m 次监测 i 碳层 j 树种 k 年龄林分面积(hm^2)；

p——1，2，…，P，林分样地数；

$CF_{j,L}$——枯落物碳含率(%)；

m——监测时间(年)；

i——调查区碳层；

j——树种；

k——林龄(年)。

如果枯落物层界线分明且较厚时(大于 5 cm)，也可以通过上述样方调查建立枯落物层厚度与单位面积储量之间的回归方程，这样在监测时只需测定枯落物层厚度即可。该方程至少应该基于 10~15 个样点数据。

9.2.2.3　枯死木

$$C_{DW,m,ijk} = C_{SDW,m,ijk} + C_{LDW,m,ijk} \tag{9-21}$$

式中　$C_{DW,m,ijk}$——第 m 次监测 i 碳层 j 树种 k 年龄林分枯死木碳储量(PgC)；

$C_{SDW,m,ijk}$——第 m 次监测 i 碳层 j 树种 k 年龄林分枯立木碳储量(PgC)；

$C_{LDW,m,ijk}$——第 m 次监测 i 碳层 j 树种 k 年龄林分枯倒木碳储量(PgC)；

m——监测时间(年)；

i——调查区碳层；

j——树种；

k——年龄(年)。

$$C_{SDW,\ m,\ ijk} = \left(\sum_{p=1}^{P} \frac{C_{SDW,\ m,\ ijk,\ p}}{p} \right) A_{ijk,\ m} \tag{9-22}$$

$$C_{LDW,\ m,\ ijk} = \left(\sum_{p=1}^{P} \frac{C_{LDW,\ m,\ ijk,\ p}}{p} \right) A_{ijk,\ m} \tag{9-23}$$

式中 $C_{SDW,m,ijk,p}$——第 m 次监测 i 碳层 j 树种 k 年龄 p 样地枯立木碳储量(PgC/hm^2);

$C_{LDW,m,ijk,p}$——第 m 次监测 i 碳层 j 树种 k 年龄 p 样地枯倒木碳储量(PgC/hm^2);

$A_{ijk,m}$—— 第 m 次监测 i 碳层 j 树种 k 年龄林分面积(hm^2);

p ——1, 2, …, P, 样地数;

m——监测时间(年);

i——调查区碳层;

j——树种;

k——年龄(年)。

(1)枯立木

为测定枯立木碳储量，在进行活立木检尺的同时，需对枯立木也进行每木检尺(胸径和树高)。根据枯立木的分解状态，可进一步分为大、中、小枝完整(与活立木相比，只是没有叶)；无小枝，但有中、大枝；只有大枝和完全没有枝，只剩主干4类。在每木检尺时，须分别不同类型的枯立木测定和详细记录。枯立木碳储量的计算可采用与活立木生物量类似的方法，即生物量扩展因子方法和异速生长方程法。

$$C_{SDW,m,ijk,p} = C_{SDW,AB,m,ijk,p} + C_{SDW,BB,m,ijk,p} \tag{9-24}$$

式中 $C_{SDW,AB,m,ijk,p}$——第 m 次监测 i 碳层 j 树种 k 年龄 p 样地枯立木地上部分碳储量(PgC/hm^2);

$C_{SDW,BB,m,ijk,p}$——第 m 次监测 i 碳层 j 树种 k 年龄 p 样地枯立木地下部分碳储量(PgC/hm^2)。

①异速生长方程法　指利用本教材 9.2.2.1 中的活立木生物量异速生长方程计算枯立木生物量，再计算碳储量：

$$C_{SDW,AB,m,ijk,p} = \sum_{j=1}^{n} \frac{f_{AB,j}(DBH,H)(1-\rho)CF_{SDW,j}N}{AP} \times 10000 \tag{9-25}$$

$$C_{SDW,BB,m,ijk,p} = \sum_{j=1}^{n} \frac{f_{BB,j}(DBH,H)(1-\rho)CF_{SDW,j}N}{AP} \times 10000 \tag{9-26}$$

式中 $f_{AB,j}(DBH,H)$ ——树种 j 地上生物量异速生长方程(t/株);

$f_{BB,j}(DBH,H)$ ——树种 j 地下生物量异速生长方程(t/株);

ρ——枯立木缺枝少叶的折算系数;

$CF_{SDW,j}$——树种 k 枯立木平均含碳率;

N——样地内枯立木株数(株);

AP——样地面积(m^2)。

对于大、中、小枝完整的枯立木，$\rho=2\%\sim3\%$；对于无小枝，但有中、大枝的枯立木，$\rho=20\%$；对于只有大枝和完全没有枝的枯立木，ρ 值可分别设定为30%和50%。由于枯立木地下部分的分解要比地上部分慢得多。因此，从保守的角度考虑，可用活立木的根茎比(R_j)来代替枯立木的根茎比(RDW_j)。

②生物量扩展因子法　利用一元或二元材积公式计算枯立木材积，采用类似生物量扩展因子的方法计算枯立木地上部分和地下部分碳储量。

(2)枯倒木

在幼龄林阶段，枯倒木通常非常少，可以忽略不计。因此，在第1~2次监测时，枯倒木可能是不需测定的。枯倒木地下部分生物量也可以保守地忽略不计。地上部分枯倒木碳储量可通过枯倒木材积的测定来估计，即：

$$C_{LDW,m,ijk,p} = \sum_{dc=1}^{3} V_{LDW,m,ijk,p,dc} WD_{LDW,dc} CF_{LDW} \tag{9-27}$$

式中　$C_{LDW,m,ijk,p}$——第 m 次监测 i 碳层 j 树种 k 年龄 p 样地枯倒木碳储量(PgC/hm^2)；

$V_{LDW,m,ijk,p,dc}$——样地 p 内不同密度级(dc)枯倒木材积(m^3/hm^2)；

$WD_{LDW,dc}$——不同密度级(dc)枯倒木木材密度(t/m^3)；

CF_{LDW}——枯倒木含碳率；

m——监测时间(年)；

i——调查区碳层；

j——树种；

k——林龄(年)。

枯倒木的密度级可划分为腐木、半腐木、未腐木3级。对每个密度级的枯倒木的密度都需进行采样测定，每个密度级至少抽取10个样木。对于中空的枯倒木，须单独作为一个密度级进行测定。

9.2.2.4　土壤有机碳

采用碳氮分析仪测定土壤有机碳含量，并采用下式计算样地单位面积土壤有机碳储量：

$$C_{SOC,\ m,\ ijk,\ p} = \sum_{l=1}^{L} [SOCC_{m,\ ijk,\ p,\ l} BD_{m,\ ijk,\ p,\ l}(1 - F_{m,\ ijk,\ p,\ l}) Depth_l] \tag{9-28}$$

式中　$C_{SOC,m,ijk,p}$——第 m 次监测 i 碳层 j 树种 k 年龄 p 样地单位面积土壤有机碳储量(PgC/hm^2)；

$SOCC_{m,ijk,p,l}$——第 m 次监测 i 碳层 j 树种 k 年龄 p 样地 l 土层土壤有机碳含量(PgC/100 g 土壤)；

$BD_{m,ijk,p,l}$——第 m 次监测 i 碳层 j 树种 k 年龄 p 样地 l 土层土壤容重(g/cm^3)；

$F_{m,ijk,p,l}$——第 m 次监测 i 碳层 j 树种 k 年龄 p 样地 l 土层直径大于2 mm石砾、根系和其他死残体的体积百分比(%)；

$Depth_l$——各土层的厚度(cm)；

m——监测时间(年)；

i——调查区碳层；

j——树种；

l——土层；

k——林龄(年)。

附录 9-1 森林碳储量监测参考数据

一、中国主要优势树种(组)生物量含碳率(*CF*)和地下生物量/地上生物量比值(*R*)参考值

树种(组)	*CF*	*R*	树种(组)	*CF*	*R*	树种(组)	*CF*	*R*
桉树	0.525	0.221	楝树	0.485	0.289	铁杉	0.502	0.277
柏木	0.510	0.220	柳杉	0.524	0.267	桐类	0.470	0.269
檫木	0.485	0.270	柳树	0.485	0.288	相思	0.485	0.207
池杉	0.503	0.435	落叶松	0.521	0.212	杨树	0.496	0.227
赤松	0.515	0.236	马尾松	0.460	0.187	硬阔类	0.497	0.261
椴树	0.439	0.201	木荷	0.497	0.258	油杉	0.500	0.277
枫香	0.497	0.398	木麻黄	0.498	0.213	油松	0.521	0.251
高山松	0.501	0.235	楠木	0.503	0.264	榆树	0.497	0.621
国外松	0.511	0.206	泡桐	0.470	0.247	云南松	0.511	0.146
黑松	0.515	0.280	其他杉类	0.510	0.277	云杉	0.521	0.224
红松	0.511	0.221	其他松类	0.511	0.206	杂木	0.483	0.289
华山松	0.523	0.170	软阔类	0.485	0.289	樟树	0.492	0.275
桦木	0.491	0.248	杉木	0.520	0.246	樟子松	0.522	0.241
火炬松	0.511	0.206	湿地松	0.511	0.264	针阔混	0.498	0.248
阔叶混	0.490	0.262	水、胡、黄	0.497	0.221	针叶混	0.510	0.267
冷杉	0.500	0.174	水杉	0.501	0.319	紫杉	0.510	0.277
栎类	0.500	0.292	思茅松	0.522	0.145			

二、中国主要优势树种(组)生物量扩展因子和基本木材密度参考值

树种(组)	生物量扩展因子 *BEF*	基本木材密度 *SVD* (t/m^3)	树种(组)	生物量扩展因子 *BEF*	基本木材密度 *SVD* (t/m^3)	树种(组)	生物量扩展因子 *BEF*	基本木材密度 *SVD* (t/m^3)
桉树	1.263	0.578	楝树	1.586	0.443	铁杉	1.667	0.442
柏木	1.732	0.478	柳杉	2.593	0.294	桐类	1.926	0.239
檫木	1.483	0.477	柳树	1.821	0.443	相思	1.479	0.443
池杉	1.218	0.359	落叶松	1.416	0.490	杨树	1.446	0.378
赤松	1.425	0.414	马尾松	1.472	0.380	硬阔类	1.674	0.598
椴树	1.407	0.420	木荷	1.894	0.598	油杉	1.667	0.448
枫香	1.765	0.598	木麻黄	1.505	0.443	油松	1.589	0.360
高山松	1.651	0.413	楠木	1.639	0.477	榆树	1.671	0.598
国外松	1.631	0.424	泡桐	1.833	0.443	云南松	1.619	0.483
黑松	1.551	0.493	其他杉类	1.667	0.359	云杉	1.734	0.342
红松	1.510	0.396	其他松类	1.631	0.424	杂木	1.586	0.515
华山松	1.785	0.396	软阔类	1.586	0.443	樟树	1.412	0.460
桦木	1.424	0.541	杉木	1.634	0.307	樟子松	2.513	0.375
火炬松	1.631	0.424	湿地松	1.614	0.424	针阔混	1.656	0.486
阔叶混	1.514	0.482	水、胡、黄	1.293	0.464	针叶混	1.587	0.405
冷杉	1.316	0.366	水杉	1.506	0.278	紫杉	1.667	0.359
栎类	1.355	0.676	思茅松	1.304	0.454			

注：以上 2 个表格的数据来源于《造林项目碳汇计量监测指南》(LY/T 2253—2014)。

第十章　森林资源评价

森林资源评价是在特定目的条件下，采用科学合理的方法，依据相关的标准和程序对森林资源进行货币化计量。森林资源资产具体可分为林木资产、林地资产、森林景观资产、其他生物资源资产等。

10.1　林地评价方法

根据《森林资源资产评估技术规范》(LY/T 2407—2015)的规定，林地资产评价主要有以下几种方法：

①市场成交价比较法；

②林地期望价法；

③年金资本化法；

④使用权有限期林地评估；

⑤林地费用价法；

⑥用材林林地资产评估；

⑦竹林林地资产评估；

⑧经济林林地资产评估。

本教材重点介绍森林资源资产评估实践中广泛应用的市场成交价比较法、林地期望价法、年金资本化法和林地费用价法。

10.1.1　市场成交价比较法

市场成交价比较法又称现行市价法，是以具有相同或类似条件林地的现行市价作为比较基础，估算林地评估值的方法。其计算公式为：

$$B_u = K_1 K_2 K_3 K_4 GS \tag{10-1}$$

式中　G——参照案例的单位面积林地交易价值；

S——被评价林地面积；

K_1——立地质量调整系数；

K_2——地利等级调整系数；

K_3——物价指数调整系数；

K_4——其他各因子的综合调整系数。

市场成交价比较法要求取 3 个以上的评价案例进行测算后，综合确定。该法是林地资产评价中常用的方法。其关键是评价参照案例的选择，要求选定几个与被评价的林地条件相类似的评价案例。但在实际评价中要寻找与被评价资产相同的案例几乎不可能，每一个案例的评价值都必须根据调整系数进行调整。林地评价中主要是用林地质量调整系数 K_1 和林地地利等级调整系数 K_2 来进行调整。K_1 和 K_2 的计算请参阅本章 10.2 相关内容。

10.1.2 林地期望价法

林地期望价法又称土地期望价法，它是评价用材林同龄林林地资产的主要方法。林地期望价法以实现森林永续利用为前提，并假定每个轮伐期(M)林地上的收益相同，支出也相同，从无林地造林开始进行计算，将无穷多个轮伐期的纯收入全部折为现值累加求和值作为被评价林地资产的评估值。其计算公式为：

$$B_u = \frac{A_u + D_a(1+r)^{u-a} + D_b(1+r)^{u-b} + \cdots - \sum_{i=1}^{n} C_i(1+r)^{u-i+1}}{(1+r)^u - 1} - \frac{V}{r} \tag{10-2}$$

式中 B_u——林地期望价；

A_u——现实林分 u 年主伐时的纯收入(指木材销售收入扣除采运成本、销售费用、管理费用、财务费用、有关税费以及木材经营的合理利润后的部分)；

D_a，D_b——分别为第 a 年、第 b 年间伐的纯收入；

C_i——各年度营林直接投资；

V——平均营林生产间接费用(包括森林保护费、营林设施费、良种实验费、调查设计费以及其生产单位管理费、场部管理费和财务费用)；

r——利率(不含通货膨胀的利率)；

u——轮伐期的年数。

【例 10-1】 现有某国有林场拟出让一块面积(S)为 100 亩的采伐迹地，其适宜树种为杉树，经营目标为小径材，其主伐年龄(u)为 16 年。该地区一般指数杉木小径材的标准参照林分主伐时蓄积量为 10 m³/亩，林龄(n)10 年生进行间伐，间伐时生产综合材 1 m³；有关技术经济指标如下所示，请计算该林地资产评价值。

有关技术经济指标(均为虚构假设指标)：

(1)营林生产成本

①第一年的营林生产成本(C_1) 300 元/亩；

②第二年的营林生产成本(C_2) 80 元/亩；

③第三年的营林生产成本(C_3) 80 元/亩；

④从第一年起每年均摊的管护费用(V) 10 元/亩。

(2)木材销售价格

①杉原木 950 元/m³；

②杉综合材中，主伐木 840 元/m³，间伐木 820 元/ m³。

(3)木材税费统一计征价

①杉原木 600 元/m³；

②杉综合材 400 元/m³。

(4)木材生产经营成本

①伐区设计 10 元/m³；

②生产准备费 10 元/m³；

③采造成本 80 元/m³；

④场内短途运输成本 30 元/m³；

⑤仓储成本　10 元/m^3；

⑥堆场及伐区管护费　5 元/m^3；

⑦三费(工具材料费，劳动保护费，安全生产费)　5 元/m^3；

⑧间伐材生产成本　20 元/m^3。

(5)税金费

①育林费　按统一计征价的 12%计；

②维简费　按统一计征价的 8%计；

③城建税　按销售收入的 1%计；

④木材检疫费　按销售收入的 0.2%计；

⑤教育附加费　按销售收入的 0.1%计；

⑥社会事业发展费　按销售收入的 0.2%；

⑦管理费用　按销售收入的 5%计；

⑧所得税　按销售收入的 2%计；

⑨不可预见费　按销售收入的 1.5%计。

(6)销售费用

①原木　10 元/m^3；

②综合材　11 元/m^3。

(7)木材生产利润

①杉原木　20 元/m^3；

②杉综合　15 元/m^3。

(8)林业投资收益率(r)为 6%。

(9)出材率

①杉原木出材率(f_1)　15%；

②杉综合出材率(f_2)　50%。

计算过程：

(1)杉原木每立方米纯收益

A_1=木材销售价格-主伐木材生产经营成本-税金费-杉原木销售费用-杉原木木材生产利润

$=950-10-10-80-30-10-5-5-600\times0.12-600\times0.08-950\times(0.01+0.002+0.001+0.002+0.05+0.015+0.02)-10-20=555$(元)

(2)主伐杉综合材每立方米纯收益

A_2=主伐杉综合材木材销售价格-主伐木材生产经营成本-税金费-综合材销售费用-主伐杉综合材木材生产利润

$=840-10-10-80-30-10-5-5-400\times0.12-400\times0.08-840\times(0.01+0.002+0.001+0.002+0.05+0.015+0.02)-11-15=500$(元)

(3)间伐杉综合材每立方米纯收益

A_3=间伐杉综合材木材销售价格-间伐木材生产经营成本-税金费-综合材销售费用-综合材木材生产利润

$=820-10-10-80-30-10-5-5-20-400\times0.12-400\times0.08-820\times(0.01+0.002+0.001+0.002+0.05+0.015+0.02)-11-15=462$（元）

（4）根据林地期望价法计算公式（10-2），100 亩林地评价值

$$B_u=\frac{A_u+D_a(1+r)^{u-a}+D_b(1+r)^{u-b}+\cdots-\sum_{i=1}^{n}C_i(1+r)^{u-i+1}}{(1+r)^u-1}-\frac{V}{r}$$

$=100\times[10\times(550\times0.15+500\times0.50)+462\times1.06^6-300\times1.06^{16}-80\times1.06^{15}-80\times1.06^{14}]\div(1.06^{16}-1)-100\times(10\div0.06)$

$=100\times(3325+655-762-192-180)\div1.54-100\times167$

$=100\times2846\div1.54-16700$

$=168100$（元）

则该国有林场拟出让的一块面积为 100 亩的采伐迹地，其林地使用权（无限期）评价值为 168100 元，年地租为 10100 元。

注意事项：林地期望价法在测算时应注意以下几点。

（1）主伐纯收入的预测

主伐纯收入是用材林资产收益的主要来源，在本公式中主伐收入是指木材销售收入扣除采运成本、销售费用、管理费用、财务费用、有关税金费、木材经营的合理利润后的剩余部分，也就是林木资产评价中用木材市场价倒算法测算出的林木的立木价值。在测算 A_u 时除了按倒算法计算时必须注意测算的材种出材率、木材市场价格、木材生产经营成本、合理利润和税金费外，关键问题还有预测主伐时林分的立木蓄积量。林分主伐时的立木蓄积量一般按当地的平均水平确定。

（2）间伐收入

林分的间伐收入也是森林资产收入的重要来源。在培育大径材、保留株数较少、经营周期长的森林经营类型中更是如此。间伐材的纯收入计算方式与主伐纯收入相同，但其产量少，规格小，价格低，在进行第一次间伐时常常出现负收入（即成本、税费和投资应有的合理利润部分超过了木材销售收入）；间伐的时间、次数和间伐强度一般按森林经营类型表的设计确定，间伐时的林分 蓄积量按当地同一年龄林分的平均水平确定。

（3）营林成本测算

营林生产成本包括清杂整地、挖穴造林、幼龄林抚育、劈杂除草、施肥等直接生产成本和护林防火、病虫防治等按面积分摊的间接成本（注意在本公式的使用中地租不作为生产成本），管理费用摊入各类成本中。直接生产成本根据森林经营类型设计表设计的措施和技术标准，按照基准日的工价、物价水平确定它们的重置值；按面积分摊的间接成本必须根据近年来营林生产中实际发生的分摊数，并按物价变动指数进行调整确定。

（4）投资收益率确定

投资收益率对林地期望价测算的结果影响很大，投资收益率越高林地的地价越低。在式（10-2）的测算中，由于采用的是重置成本，其投资收益率中不应包含通货膨胀率，而且由于投资的期限很长，其投资收益率应采用不含通货膨胀的低收益率。

10.1.3　年金资本化法

林地资产评价中的年金资本化法是以林地每年稳定的收益(地租)作为投资资本的收益，再按适当的投资收益率求出林地资产的价值的方法。其计算公式为：

$$E = \frac{A}{r} \tag{10-3}$$

式中　A——年平均地租；

r——投资收益率。

10.1.4　林地费用价法

林地费用价法是用取得林地所需要的费用和把林地维持到现在状态所需的费用来确定林地价格的方法。其计算公式为：

$$B_u = A(1+r)^n + \sum_{i=1}^{n} M_i(1+r)^{n-i+1} \tag{10-4}$$

式中　A——林地购置费；

M_i——林地购置后，第 i 年林地改良费；

r——投资收益率。

n——林地购置年限(年)。

10.2　调整系数的确定

在森林经营中，林地的质量差异很大，而林木组成的林分都不是规格化的产品。即使是采用相同经营措施，年龄、树种都相同的林分，它们的平均胸径、平均高、径级的结构，单位面积的产量，林分的地理位置等却各不相同，它们的市场价格也会随着各种因素的变化而变化。在森林资产评价中，各种方法测算出的评价值一般都是在某一特定的状态(如平均水平)立木或林分的价格。要将这些价格核实到各个具体的小班，就必须通过一个林分质量调整系数将现实林分与参照林分(或标准林分)的价格联系起来。

(1) 立地质量调整系数 K_1 的确定

$$K_1 = \frac{\text{待评估林地的立地等级的标准林分在主伐时的蓄积量}}{\text{参照林地的立地等级的标准林分在主伐时的蓄积量}} \tag{10-5}$$

(2)地利等级调整系数 K_2 的确定

地利等级调整系数 K_2 按现实林分与参照林分采伐的立木价(以倒算法估算)比值计算：

$$K_2 = \frac{\text{待评估林地的立地等级的标准林分在主伐时的立木价}}{\text{参照林地的立地等级的标准林分在主伐时的立木价}} \tag{10-6}$$

(3)物价指数调整系数 K_3 的确定

$$K_3 = \frac{\text{评估日工价}}{\text{参照案例交易时工价}} \tag{10-7}$$

(4)林分生长状况调整系数 K 的确定

K_1 和 K_2 通常以现实林分中的主要生长指标(如株数、树高、胸径和蓄积量等)与参照林分的生长状态指标相比较后确定。参照林分在不同的测算方法中其含义不同，在各种成本法的计算中参照林分是指当地同一年龄的平均水平的林分，在收获现值法中参照林分是指各种收获表上的标准林分，在现行市价法中是指作为对照案例的原交易的林分。

①在幼龄林和未成林的造林地的林木资产评价中，以株数保存率(r)与树高2项指标确定调整 K_1 和 K_2。

$$K_1=\begin{cases}1, & \text{当 } r>85\% \text{时} \\ r, & \text{当 } r\leqslant 85\% \text{时}\end{cases}$$

$$K_2=\frac{\text{现实林分平均树高}}{\text{参照林分平均树高}}$$

②在中龄林以上的林木资产评价中

$$K_1=\frac{\text{现实林分单位面积蓄积量}}{\text{参照林分单位面积蓄积量}} \tag{10-8}$$

$$K_2=\frac{\text{现实林分平均胸径}}{\text{参照林分平均胸径}} \tag{10-9}$$

(5)综合调整系数 K 的确定

综合调整系数 K 由各分项调整系数 K 的值综合确定，其通式为：

$$K=f(K_1,\ K_2,\ K_3,\ K_4) \tag{10-10}$$

在正常条件下，调整系数 K_1，K_3，K_4 可直接调整森林资源资产的价格。而 K_2 则必须通过一定的系数使它与价格相连：

$$K=K_1K_3K_4f(K_2) \tag{10-11}$$

$f(K_2)$的关系式必须通过大量的实测资料测定不同树高和胸径的立木价格的影响来求出参数值后，才能准确地进行修正。

(6)经济林资产评价中的 K 值确定

在经济林资产评价中一般以经济林产品单位面积产量作为指标确定调整系数 K_1。

$$K_1=\frac{\text{现实林分单位面积产量}}{\text{参照林分单位面积产量}} \tag{10-12}$$

由于经济林资产经营的特点，经济林资产从性质上来源近似于固定资产，它有一定的使用寿命，每年都可产生一定的经济收入。因此在经济林资产的评价中，如采用重置成本法时，除用上述调整系数 K_1 进行调整外，还要求乘以新率 K_2。

$$K_2=1-\frac{\text{现实林分已收获的年数}}{\text{林分正常可收获的总年数}} \tag{10-13}$$

在采用重置成本法时：$K=K_1K_2$；

在采用其他方法时：$K=K_1$。

10.3 林木评价方法

林木评价方法主要有现行市价法(包括市场价倒算法、市场成交价比较法)，收益现值法(包括年收益净现值法、年金资本化法、收获现值法)，成本法(包括重置成本法、序列需工数法、历史成本调整法)。

10.3.1 市场价倒算法

市场价倒算法又称剩余价值法，它是将被评价森林资源资产皆伐后所得木材的市场销售总收入，扣除木材经营所消耗的成本(含税、费等)及应得的利润后，剩余部分作为林木资产评价价值的一种方法。

市场价倒算法计算公式：

$$E = W - C - F \tag{10-14}$$

式中　E——评价值；

W——木材销售总收入；

C——木材生产经营成本；

F——木材生产经营利润。

市场价倒算法是成熟龄林木资产评价的首选方法。该法所需的技术经济资料较易获得，各工序的生产成本可依据现行的生产定额标准，木材价格、利润、税、费等标准都有明确的规定。立木的蓄积量准确且无须进行生长预测，财务的分析也不涉及利率等问题。计算简单，结果最贴近市场，最易为林木资产的所有者、购买者所接受。

10.3.2　现行市价法

现行市价法也称市场成交价比较法。它是将相同或类似的森林资源资产的现行市场成交价格作为被评价森林资源资产评价价值的一种评价方法。其计算公式为：

$$E = KK_bG \tag{10-15}$$

式中　K——林分质量调整系数；

K_b——物价调整系数，可以用评价日工价与参照物价交易时工价之比；

G——参照物的市场交易价格。

现行市价法是资产评价中使用最为广泛的方法。它可以用于任何年龄阶段，任何形式的森林资源资产。采用该法的必备条件是要求存在一个发育充分的公开的森林资源资产市场，在这个市场中可以找到各种类型的森林资源资产评价的参照案例。

10.3.3　收益净现值法

年净收益现值法是通过估算被评价的森林资源资产在未来经营期内各年的预期净收益按一定的折现率折算成为现值，并累计求和得出被评价森林资源资产评价价值的一种评价方法。其计算公式为：

$$E_n = \sum_{i=n}^{u} \frac{A_i - C_i}{(1 + r)^{i-n+1}} \tag{10-16}$$

式中　E_n——n 年生林木资产评价值；

A_i——第 i 年的收入；

C_i——第 i 年的年成本支出；

u——经济寿命期；

r——折现率(投资收益率)；

n——林分的年龄(年)。

年净收益现值法通常用于有经常性收益的森林资产，如经济林资产、竹林资产。这些资产每年都有一定的收益，同时每年也要支出相应的成本。年净收益现值法的测算需要预测经营期内未来各年度的经济收入和成本的支出，其预测较为困难，因此无法使用其他方法进行评价时才适用。

10.3.4 年金资本化法

年金资本化法是将被评价的森林资产每年的稳定收益作为资本投资的收益，再按适当的投资收益率求出资产的价值。其计算公式为：

$$E = \frac{A}{r} \tag{10-17}$$

式中 A——年平均纯收益额；

r——投资收益率。

年金资本化法主要用于年纯收益稳定的森林资源资产，如花年毛竹林资产，有明确的年地租收入的土地资产，龄级结构均匀的经营类型的整体森林资源资产的评价。该测算公式稍作改变也可以用来测算大小年明显的毛竹林资产的评价。该方法公式简单，要测定的因素少，计算方便，但它的使用有 2 个严格的前提条件。

①待评价资产的年收入必须十分稳定。

②待评价资产的经营期是无限的，它可以无限期地永续经营下去。

该方法的合理应用必须注意 2 个问题：一个是年平均纯收益测算的准确性；二是投资收益率必须是不含通货膨胀率的当地林业投资的平均收益率。

10.3.5 收获现值法

收获现值法是利用收获表预测的被评价森林资产在主伐时纯收益的折现值，扣除评价后到主伐期间所支出的营林生产成本折现值的差额，作为被评价森林资源资产评价值的一种方法，其计算公式为：

$$E_n = K \times \frac{A_u + D_a(1+r)^{u-a} + D_b(1+r)^{u-b} + \cdots}{(1+r)^{u-n+1}} - \sum_{i=n}^{u-1} \frac{C_i}{(1+r)^{i-n+1}} \tag{10-18}$$

式中 A_u——参照林分 u 年主伐时的纯收入（指木材销售收入扣除采运成本、销售费用、管理费用、财务费用及有关税费和木材经营的合理利润后的余额）；

D_a，D_b——参照林分第 a、b 年的间伐单位纯收入（$n>a$ 和 b 时，D_a 和 $D_b=0$）；

r——投资收益率；

C_i——评价后到主伐期间的营林生产成本；

K——林分质量综合调整系数；

u——经营周期；

n——林分年龄；

r——投资收益率。

【例 10-2】 现有某国有林场拟转让一块面积（S）为 100 亩的杉木中龄林，年龄（n）为 14 年，蓄积量为 10 m^3/亩，经营类型为一般指数中径材，其主伐年龄（u）为 26 年，假设每年的营林管护成本为 5 元/亩，由该地区一般指数杉木中径材的标准参照林分的蓄积量生长方程 $y=f(x)$（此处方程可根据当地实际情况自行拟合如理查德方程）预测其主伐时蓄积量为 18 m^3/亩，现实林龄（即 14 年生）标准参照林分的蓄积量为 9 m^3/亩，该林分已经过间伐不再要求间伐，请计算该林分的林木资产评价值。

有关技术经济指标(均为虚构假设指标)

(1)营林生产成本

从第5年起每年的管护费用(A)为5元/亩。

(2)木材销售价格(参照成、过熟林而得)

①杉原木　730元/m^3;

②杉综合材　620元/m^3。

(3)两金统一计征价

①杉原木　400元/m^3;

②杉综合材　200元/m^3;

③增值税起征价杉原木　550元/m^3;

④杉综合材　420元/m^3。

(4)木材生产经营成本

木材生产经营成本(含短运、设计、检尺等)　130元/m^3。

(5)税金费

①育林费　按统一计征价的12%计;

②维简费　按统一计征价的8%计;

③木材检疫费　按统一计征价的0.2%计;

④销售费用　10元/m^3;

⑤管理费用　按销售收入的5%计;

⑥增值税　按起征价的6%计;

⑦城建税、教育附加费　按增值税的8%计;

⑧不可预见费中,杉原木为12元/m^3,杉综合材为7元/m^3。

(6)木材生产经营利润

①杉原木　15元/m^3;

②杉综合材　9元/m^3。

(7)林业投资收益率(r)　按6%计。

(8)出材率

①杉原木出材率(f_1)　25%;

②杉综合材出材率(f_2)　45%。

(9)地租

①杉原木林地　48元/m^3;

②杉综合材林地　33.6元/m^3。

计算过程:

(1)预测主伐时每亩蓄积量

$$M=\frac{\text{评估对象每亩蓄积量}\times\text{预测其主伐时平均每亩蓄积量}}{\text{评估对象标准参照林分的平均每亩蓄积量}}$$

$$=10\times18/9=20\ \mathrm{m}^3$$

(2)杉原木纯收入

A_1=木材销售价格-税金费-木材生产经营利润-地租

=730-130-400×20.2%-10-730×5%-12-550×6%×(1+0.05+0.03)-15-48=362.1元/m^3

(3)杉综合纯收入

A_2=木材销售价格-税金费-木材生产经营利润-地租

=620-130-200×20.2%-10-620×5%-7-420×6%×(1+0.05+0.03)-9-33.6

=331.8元/m^3

(4)评估时至主伐期间的营林管护成本

$$T=\frac{A[(1+r)^{u-n}-1]}{(1+r)^{u-n}r}$$

$=5\times[1.06^{(26-14)}-1]/[1.06^{(26-14)}\times 0.06]$

=42(元)

(5)根据题意，100亩杉木中龄林评价值

$$E=\frac{SM(f_1A_1+f_2A_2)}{1.06^{(u-n)}}-ST$$

$=100\times 20\times(0.25\times 362.1+0.45\times 331.8)/1.06^{(26-14)}-100\times 42=234181=234200$(元)

故该100亩杉木中龄林评价值为234200元。

10.3.6 重置成本法

重置成本法是评价资产按现有技术条件和价格水平计算的现时重置成本扣除各项损耗价值来确定资产价值的方法。在森林资产的评价中，重置成本法是按现时的工价及生产水平重新营造一块与被评价森林资源资产相类似的资产所需的成本费用，作为被评价资源资产的评价值。其计算公式为：

$$E_n = K\sum_{i=1}^{n} C_i(1+r)^{n-i+1} \tag{10-19}$$

式中 C_i——第i年的以现行工价及生产水平为标准的生产成本；

K——林分质量综合调整系数；

n——林分年龄；

r——投资收益率。

第十一章　森林经营方案编制技术

森林经营方案是根据森林资源状况和社会、经济、自然条件编制的森林培育、保护和利用的中长期规划，是科学、合理、有序地经营森林，充分发挥森林的生态、经济和社会效益，制订林业生产年度计划与安排、组织森林经营活动的规范性文件，是开展森林经营活动的重要依据。

11.1　森林经营条件调查

森林经营单位的经营条件调查需要从自然条件、社会经济条件、森林经营状况以及森林资源特点 4 个方面展开调查。

11.1.1　自然条件调查

自然条件是森林资源所处的环境条件，对森林的形成、演替、生长、类型结构、功能及森林的数量、质量起着决定性的作用。因此，深入了解林区的自然条件，是合理经营管理森林资源的前提。

11.1.1.1　地理条件

主要包括经营单位的行政区划位置、植物区系、地形地势、山脉和水系状况等。具体可按表 11-1 收集。

表 11-1　森林经营单位地理条件调查表

经营单位	行政区划位置	植物区系	地形地势	所属山脉	所属水系

11.1.1.2　地质条件

森林经营单位所属的土地的地质条件，可从以下几方面进行调查，并按照表 11-2 进行资料收集。

①主要包括土壤种类、比例、分布。

②各种土地的肥力状况，如有机物含量，N、P、K 的含量等。

③土壤的物理性质，如厚度、质地、结构等。

④地质形成状况，如成土母岩、风化程度等。

表 11-2　森林经营单位地质条件调查表

经营单位	林班	小班	土壤种类	土壤肥力状况				土壤物理性质			成土母岩	风化程度
				有机物含量(%)	N(%)	P(%)	K(%)	厚度	质地	结构		

11.1.1.3　水资源条件

依据以下 3 个方面对森林经营单位的水资源状况进行调查，数据资料的收集可采用表 11-3。

①主要河流的长度、流量、水位、流送能力等。

②水面、湿地状况，其面积、水量、深度及对森林动植物的影响等。

③水资源利用状况，以及水资源对调查区域内的地表土壤侵蚀等。

表 11-3　森林经营单位水资源条件调查表

经营单位	所属主要河流				水面、湿地状况			
	长度(km)	水位(m)	流量(m^3/h)	流送能力	面积(km^2)	水量(t)	深度(m)	对森林动植物的影响

经营单位	水资源利用状况		对调查区域的地表土地影响情况		
	用途	利用率(%)	类型	面积(m^2)	占土地面积比例(%)

11.1.1.4　气候、气象条件

主要侧重对森林资源产生最直接作用的气候、气象因素，可依据以下 3 个方面开展调查工作，并按照表 11-4 进行数据资料的收集。

①温度　最高气温，最低气温，年平均气温，年积温，初霜期，晚霜期等。

②降水　主要是年降水量，降水分布的季节，降水的形式等。

③其他天气现象　如风出现的时间、强度，可能对林木生长产生的影响等。

表 11-4　森林经营单位气候、气象条件调查表

经营单位	温度(℃)				生长季长度(d)	初霜期	晚霜期	降水			其他天气现象(例如风的强度、出现的时间)
	最高气温	最低气温	年平均气温	年积温				年降水量(mm)	主要降水季节	降水的形式	

11.1.2　社会经济条件调查

林业是区域社会经济系统的一个重要组成部分，它影响着区域社会经济的可持续发展。同时，区域社会其他部门对林业的发展又起到制约和促进作用。因此，制订森林经营计划必须考虑林区的社会经济条件。在社会经济调查中，应着重了解与林业关系最密切的部门或领域。社会经济条件调查的主要内容包括：

①林业与农、牧、渔、工业等的关系。

②森林与区域社会、环境的关系。

③林业的地域配置、林权等状况。

④森林产品市场状况。

⑤林业对区域社会的经济贡献。

⑥交通运输状况。

⑦人口、劳动力状况等。

11.1.3　森林经营状况调查

森林资源经营的周期长，因而历史经验对现实经营的作用非常重要。在进行森林经营历史调查时，应注重调查、汲取正反两方面的经验和教训，以便在今后的森林经营实践中扬长避短，提高经营水平。调查内容主要包括以下几个方面。

11.1.3.1　森林经营机构

包括森林经营管理机构的建立、变迁、人员、规模等方面的状况。

11.1.3.2　森林经营情况

森林经营单位的森林经营情况可从采伐收获、森林旅游、经济植物加工利用以及其他方面开展调查工作，数据资料可利用表 11-5 进行收集，包括采伐收获森林更新、低产林改造、病虫害、火灾、森林旅游、经济植物加工利用等情况。

表 11-5　森林经营单位经营情况调查表

经营单位	林班	小班	采伐收获					森林更新				
			采伐方式	采伐树种名	采伐株数(株)	采伐胸高断面积(m^2)	采伐量(m^3)	面积(m^2)	树种	株数(株)	平均树高(m)	平均基径(mm)

低产林改造					病虫害					
面积(m^2)	树种	株数(株)	平均树高(m)	平均基径(mm)	危害面积(m^2)	类型	发生时间	防治措施	防治时间	防治效果

火灾						森林旅游					经济植物加工利用				
受灾面积(m^2)	着火原因	着火时间	受灾树种名	受灾树种株数(株)	受灾树种蓄积量(m^3)	资源种类	数量	质量	用途	经济收益	种类	数量	质量	用途	经济收益

11.1.3.3 环境状况

①森林是区域社会中最重要的环境资源之一，它所发挥的环境功能与作用强度是否发生变化，发展趋势如何。

②森林资源自身的环境状况如何，即土壤、水、动物、植物等的变化情况。

11.1.4 森林资源特点

包括最近一次调查的森林资源数据、资源档案建立及资源管理情况。如有异龄林调查材料，可按表 11-6 收集。

表 11-6 近、成、过熟林组成树种分径级组株树蓄积量统计表

统计单位	龄组	组成树种	合计		合计		合计		合计		合计	
			株数	蓄积量	株数	蓄积量	株数	蓄积量	株数	蓄积量	株数	蓄积量

以上材料收集齐全后，要加以分析整理，去粗留精，去伪存真，重复的去除，遗漏的补上，作为森林经营方案编制的基础材料。

11.2 森林经营方案编制要求与内容

11.2.1 森林经营方案编制要求

11.2.1.1 森林经营方案的经营期

森林经营方案一般每 10 年编制一次，而后每 10 年进行一次森林经理复查，根据需要也可提前进行森林经理复查，修订森林经营方案。以工业原料林为主要经营对象的经营期可以为 5 年。

11.2.1.2 森林经营方案的编制主体

①一类编制单位　指国有林区林业局、国有林场、国有森林经营公司、国有林采育场、自然保护区、森林公园等国有经营单位。

②二类编制单位　指达到一定规模的集体组织、非公有制经营主体，个体、集体、联合经营林场。

③三类编制单位　指其他集体林组织或非公有制经营主体，以县为编案单位。

11.2.1.3 森林经营方案编制的广度和深度

森林经营方案编制的广度是指森林经营方案编制所涉及的内容。一般根据编制单位所有制的性质和建设规模而定。但为了统计方便，通常对编制经营方案有一个共同的规模要求。对于生产任务不大、技术力量不足的林区可编制简易经营方案，但必须满足造林、采伐、抚育间伐、低产林改造、森林保护等方面的要求。

森林经营方案编制的深度是指森林经营方案编制的详细程度。一般要求编制的深度要有粗有细、粗细结合。对于县级方案宜粗不宜细，对于乡村林场方案宜细不宜粗。

11.2.2 森林经营方案主要编制过程

森林经营方案编制一般要经过编案资格审查，然后按照编案准备、系统评价、经营决策、公众参与、规划设计、评审修改和审批7个阶段逐步推进，这里重点介绍编案准备、系统评价、经营决策、规划设计阶段的主要内容。

11.2.2.1　编案准备

(1)收集资料

编案前需要收集的资料较多，且应建立在资料翔实、准确的基础上。因此，需对近期森林资源二类调查成果、专业技术档案、林场经济情况，该区气象、水文、地质资料等内容进行核实和更新。其中，对于编案前2年内完成的森林资源二类调查，应对森林资源档案进行核实，更新至编案年度；对于编案前3~5年完成的森林资源二类调查，需根据森林资源档案，组织补充调查更新资源数据；对于超过5年的森林资源二类调查，或者未进行过的森林资源调查，应重新进行森林资源调查。其他资料也应及时更新至编制年度。收集的资料主要包括：

①森林资源数据资料　如编案前1~2年有关的森林经理调查成果；专业技术档案；其他专业的调查成果等。

②相关政府文件　一般包括上级林业主管部门下达的设计计划、任务；经上级主管部门审批的计划(设计)任务书等。

③有关林业的方针、政策、法规、细则、规程、规划等　包括各级各类技术规程、政策法规、实施细则、技术规定和当地的林业区划及林业发展规划等。

④参考经验资料　如过去森林经营利用活动的分析资料；林业科学研究新成就和生产方面的新经验等。

(2)完成工作方案和技术方案

根据编案单位类型确定编案内容；依据编案单位类型、经营性质与目标确定编案深度。

11.2.2.2　系统评价

对上一经理期森林经营方案的执行情况进行总结，然后对本经理期的经营环境、森林资源现状、经营需求趋势和经营管理要求等方案进行系统分析，明确经营目标、编案深度与广度及重点内容，以及森林经营方案需要解决的主要问题等。评价内容一般包括。

(1)森林生态系统分析

①森林生态系统的完整性和生物多样性　包括物种丰富度、均匀度、乡土树种、引进树种、珍稀濒危物种、入侵物种等。

②森林的健康状况　包括森林景观、森林衰退状况、森林火灾等。

③森林资源的生态服务功能　包括森林的水土保持、游憩服务、涵养水源、固碳等能力。

④森林经营的效益　包括经济效益和社会效益，其中经济效益包括森林提供木质与非木质林产品的能力等，社会效益包括森林经营活动对劳动就业、周边居民生产生活影响等。

(2)森林可持续经营评价

应参照国家、区域或经营单位等不同层次的森林可持续经营标准和指标，从以下方面进行评价：

①森林生态系统生产能力的维持。

②生物多样性保护。

③水土保持。

④森林生态系统健康与活力。

⑤森林对全球碳循环贡献。

⑥所发挥的社会效益。

⑦政策与法制等。

(3)编案单位经营能力分析

指编案单位对各种生产经营活动的管理能力的总和，一般包括：

①人力资源(管理人员、职工和其他劳工素质等)。

②组织管理体系(组织机构、运营机制、管理体制等)。

(4)经营环境分析

经营环境分析就是通过定性或定量的方式对编案单位所处自然、社会和经济环境进行分析，找出影响森林经营管理的关键因子，确定其影响程度，应以生态、经济、社会三大效益统筹兼顾和协调发展的经营理念确定经营目标、经营策略。可重点分析：

①相关森林经营政策。

②林业管理制度的约束与要求。

③当地居民生产活动和其他利益相关者对森林经营的需求及依赖程度。

④生态安全与森林健康对森林多目标经营要求与限制等。

(5)森林经营方针的确定

森林经营方针是指根据经营思想，为达到经营目标所确定的总体或某种重点经营活动应遵循的基本原则(行为准则、规范)。经营方针应统筹好当前与长远、局部与整体、林场与社区的利益，确保森林资源的生态、经济和社会等多种效益的充分发挥。

(6)森林经理期经营目标的确定

森林经营方案必须明确提出经理期内要实现的经营目标。经营目标在制定时需综合考虑现有森林资源状况、林地生产潜力和当地社会经济情况。具体可包括以下几个方面：

①森林资源发展目标(数量、质量、森林覆盖率等)。

②林产品供给目标(产量、产值等)。

③综合效益目标(经济效益目标、生态效益目标和社会效益目标)。

(7)森林经营方案深度的确定

森林经营方案的编制深度依据编案单位类型、经营行政与经营目标确定。

森林经营方案应将经理期前3~5年的所有经营任务和指标按照森林经营类型分解到年度，并选择适宜的小班进行作业进度排序；后期经营规划指标分解到年度。在方案实施时按时段(2~3年)滚动式地落实小班。

简明森林经营方案应将森林采伐和更新任务分解到年度，规划到小班(地块)并进行作业进度排序，其他经营规划任务落实到年度。

(8)森林经营方案广度的确定

森林经营方案的广度即森林经营方案的内容，应根据编案单位的类型、规模和发展方向不同而异。可参考上文，但至少应解决好以下相关问题：

①经营方针　经讨论研究确定后，应作为林场长期经营的依据，不得轻易变动。

②经营规模　因林场类型及经营水平不同而异。

③生产布局　合理的布局关系到能否合理、充分和永续利用现有森林资源，挖掘生产潜力、降低生产成本和提高劳动生产率等。

④生产顺序　林业生产周期长，规划设计应从林业生产全过程出发考虑各项问题。编案时应根据轻重缓急分为远期规划和近期规划，有条件的地区还可对近期规划再按年度次序编制。

⑤保障措施　包括技术措施、组织机构、资金和设备、基础建设和预期效益等。

11.2.2.3　经营决策

经营决策是在系统分析的基础上，分别不同侧重点提出若干备选方案，对每个备选方案进行投入产出分析、生态与社会影响评估，选出最佳方案。经营决策在制定时可通过下述几步来进行。

(1)明确经营决策的依据

以生态系统经营理论为指导，积极应用林学、生态学、经济学等科学方法和计算机、遥感(RS)、地理信息系统(GIS)等技术手段，确保森林经营方案的科学性、可行性和先进性。

(2)明确不同经营决策的侧重点

应针对森林经营周期长、功能多样、受外部环境影响大等特点，分别不同侧重点对森林结构调整和经营规模提出多个备选方案，进行多方案比选。

①每个备选方案应测算和评价一个半经营周期内的森林资源动态变化、木材及林产品生产能力、投入与产出等指标。

②每个备选方案应对水土保持、生物多样性保护、地力维持、森林健康维护等进行长周期的生态影响评估。

③每个备选方案应对社区服务、社区就业、森林文化维护进行长周期社会影响评估。

(3)分别确定不同侧重点的经营决策

①侧重森林经营的经营决策。

②侧重森林利用的经营决策。

③侧重森林结构调整的经营决策。

(4)森林采伐量的计算

森林采伐量是指采伐林木的蓄积量或采伐林木所能生产商品材的数量，包括主伐量、抚育间伐量、卫生采伐量、更新采伐量、低产林改造采伐量和补充主伐量。其中，主伐量和间伐量是森林生产过程中的主要采伐量。通常，计算森林主伐量受林分的年龄结构、经营单位的面积和蓄积量按龄级分配状况、材积连年生长量和平均生长量、轮伐期或主伐年龄的大小、各小班的林分卫生状况等的影响。

由于不同森林经营单位的森林资源条件存在着千差万别，所以在计算采伐量时通常采用不同公式。在计算和确定森林主伐量时，应先根据森林经营单位森林资源特点和林业生产条件，选用几个适用公式分别计算，得出几种不同数值的年伐量，然后对这些不同方案的年伐量数值进行分析、比较和论证，最后确定一个合理年伐量方案。这种年伐量又称标准年伐量。由于各个公式的理论基础和计算公式不同，得出的结果往往大小不一。在最后分析论证时，应统筹考虑经营单位的森林资源状况，社会经济条件以及市场需求情况来确定标准年伐量(这里指经理期内的平均年伐量)。需要注意，最后分析论证所确定的合理采伐量，应考虑以下方面：有利于改善经营单位森林的年龄结构和径级结构；主伐的对象应为达到主伐年龄的成熟林分；对于成熟林和过熟林占优势的林分，应及时利用好现有资源，同时应在较长时间保持采伐量相对稳定；应积极扩大间伐利用量，充分利用可供采伐的疏林和散生木资源。

11.2.2.4 规划设计

在最佳方案控制下，进行各项森林经营规划设计，编写方案文本及相关图表和数据库，最终确定森林经营方案的各项编制内容。规划设计在实施时应考虑以下要点：

①经营对象的自然经济社会。

②经营方针和经营目标。

③主伐规划　确定主伐年龄、轮伐期和择伐周期，计算和确定标准采伐量，确定主伐方式，安排伐区顺序和布局，编制主伐计划和图表材料(表11-7)。

表11-7　主伐一览表

林班号	小班号	面积	龄级	地位级	疏密度	林型	出材率等级	小班中各林层总蓄积量(m^3)	林层的组成及各树种年龄	小班内各树种的总蓄积量(m^3)	保留的立木蓄积量(m^3)	预定采伐的蓄积量(m^3)	其中		商品材总计	采伐记载
													用材	薪材		

④更新造林规划　确定更新造林方式及比例，主要树种的选择，更新造林的主要技术措施，速生丰产林设计，种苗需求量，更新期及顺序，编制更新造林计划(表11-8，表11-9)。

⑤森林抚育间伐及低产林改造规划(表11-10，表11-11)。

表11-8　人工造林一览表

林班号	小班号	土地种类	播种造林			植树造林			执行情况
			主要树种	整地方式		主要树种	整地方式		
				全面整地	局部整地		全面整地	局部整地	
				面积(hm^2)			面积(hm^2)		

表11-9　人工促进天然更新措施规划表

林班号	小班号	土地种类	优势树种	人工促进措施				整地面积	执行情况
				面积(hm^2)					

表 11-10　森林抚育间伐一览表

林班号	小班号	面积(hm²)	蓄积量(m³)	采伐强度(%)	伐除量(m³)	执行情况

表 11-11　林分改造一览表

林班号	小班号	面积(hm²)	现有林分种类	目的林分	改造措施	预计工数	执行情况

⑥森林保护规划　为合理设计防火措施，应根据各林班树种、土壤湿度和火源距离等划分火险等级，并设计相应防火措施。我国通用火险等级可参考表 11-12，火险区确定后，可编制火险区一览表(表 11-13)和相应的防火措施一览表(表 11-14)。

表 11-12　森林火灾危险等级查定表

<table>
<tr><td colspan="2" rowspan="3">森林火灾危险等级</td><td colspan="3">亚级</td></tr>
<tr><td>甲</td><td>乙</td><td>丙</td></tr>
<tr><td>在林内或森林附近 200 m 内有道路通过或距森林 5 km，有居民点或作业点</td><td>森林距离最近的村庄在 5~10 km 以内</td><td>森林距离最近的村庄在 10 km 以上</td></tr>
<tr><td>Ⅰ</td><td>很干燥、干燥土壤上的针阔叶林和潮湿、湿润土壤上的针叶林</td><td>Ⅰ甲</td><td>Ⅰ乙</td><td>Ⅰ丙</td></tr>
<tr><td>Ⅱ</td><td>潮湿地或水湿地上的针叶林</td><td>Ⅱ甲</td><td>Ⅱ乙</td><td>Ⅱ丙</td></tr>
<tr><td>Ⅲ</td><td>潮润、湿润、潮湿、水湿地上的阔叶林</td><td>Ⅲ甲</td><td>Ⅲ乙</td><td>Ⅲ丙</td></tr>
</table>

表 11-13　火险区一览表

火险区号	火险区所包括的林班号	火险等级	火险区面积(hm²)	其中针叶幼龄林所占的面积(hm²)	优势林分的一般情况，生长条件及立地类型的说明	火源与其离火险区的距离(km)	灭火用具与其离火险区的距离(km)

根据表 11-13 绘制火险图。图中用不同颜色表示火险等级，一般用红色表示Ⅰ级，橙黄色表示Ⅱ级，绿色表示Ⅲ级。各级的甲、乙、丙亚级也需用同种颜色不同深浅表示。

表 11-14　防火措施一览表

火险防火措施项目	单位	现有的防火措施	在复查间隔期内需要增设的防火措施	备注

⑦森林病虫害防治规划(表 11-15)。

表 11-15　森林病虫害防治措施一览表

林班号	小班号	面积(hm²)	病虫害种类	树种受害情况	防治措施	执行情况

⑧封山育林及天然林保护规划(表 11-16)。

表 11-16 封山育林及天然林保护措施一览表

林班号	小班号	面积(hm^2)	优势树种	林龄	封育措施	执行情况

⑨母树林、种子园和苗圃规划 母树林、种子园设计和苗圃生产设计。

⑩多种经营综合利用规划 包括木材加工、综合利用规划等。

⑪伐区基本建设与附属工程规划。

⑫组织机构人员投资及概算。

⑬本经理期综合效益评价 包括经济效果、自然资源与环境生态效果、社会效果和技术效果等。

⑭方案的管理、监督与保障措施。

11.2.3 森林经营方案基本内容

一类编案单位的经营方案是常见的森林经营方案，此类编制单位一般规模较大，需要相对全面的谋划，编案内容一般包括：

①森林资源与经营评价。

②森林经营方针与经营目标。

③森林功能区划、森林分类与经营类型。

④森林经营。

⑤非木质资源经营。

⑥森林健康与保护。

⑦森林经营基础设施建设与维护。

⑧投资估算与效益分析。

⑨森林经营的生态与社会影响评估。

⑩方案实施的保障措施等。

11.3 森林抚育技术设计

森林抚育指从幼林郁闭成林到林分成熟前为根据培育目标所采取的各种营林措施的总称。而针对具体森林的特定抚育设计都是这个整体框架中某些要素和过程的有机结合。

11.3.1 森林抚育方式

森林抚育包括抚育采伐、补植、修枝、浇水、施肥、人工促进天然更新以及视情况进行的割灌、除草等辅助作业活动。在实际抚育作业中，这些措施不是独立执行的，一个森林抚育的作业可以包括 2 个以上的作业措施和内容。如在执行生长伐作业中，包括了采伐干扰树、促进天然更新、针对目标树的修枝等作业内容。

森林抚育的目标为改善森林的树种组成、年龄和空间结构，提高林地生产力和林木生长量，促进森林、林木生长发育，丰富生物多样性，维持森林健康，充分发挥森林多种功能，协调生态、社会、经济效益，培育健康稳定、优质高效的森林生态系统。应根据森林发育阶段、培育目标和森林生态系统生长发育与演替规律，确定森林抚育方式。

①幼龄林阶段由于林木差异还不显著而难以区分个体间的优劣情况，不宜进行林木分类和分级，而需要确定目标树种和培育目标。

②幼龄林阶段的天然林或混交林由于成分和结构复杂而适用透光伐抚育；幼龄林阶段的人工同龄纯林(特别是针叶纯林)，由于基本没有种间关系而适用疏伐抚育，必要时进行补植。

③中龄林阶段由于个体的优劣关系已经明确而适用基于林木分类(或分级)的生长伐，必要时进行补植，促进形成混交林。

④只对遭受自然灾害显著影响的森林进行卫生伐。

⑤条件允许时，可以进行浇水、施肥等其他抚育措施。

确定森林抚育方式要有相应的设计方案，使每一个作业措施都能按照培育目标产生正面效应，避免无效工作或负面影响。同一林分需要采用两种及以上抚育方式时，要同时实施，避免分头作业。

11.3.1.1　抚育采伐

抚育采伐是根据林分发育、林木竞争和自然稀疏规律及森林培育目标，适时适量伐除部分林木，调整树种组成和林分密度，优化林分结构，改善林木生长环境条件，促进保留木生长，缩短培育周期的营林措施，又称为间伐。采伐对象为乔木或大灌木，抚育作业类型分为透光伐、疏伐、生长伐和卫生伐4类。

①透光伐　指在林分郁闭后的幼龄林阶段，当目的树种林木受上层或侧方霸王树、非目的树种等压抑，高生长受到明显影响时所进行的抚育采伐。透光伐通常需要伐除上层或侧方遮阴的劣质林木、霸王树、萌芽条、大灌木、蔓藤等，间密留匀、去劣留优，调整林分树种结构，改善保留木的生长条件，促进林木高生长。

②疏伐　指在人工同龄单层林林分郁闭后的幼龄林后期或中龄林阶段，当林分过密时，林木间关系从互助互利生长开始向互抑、互害竞争转变后进行的抚育采伐。疏伐主要针对人工同龄林，需要伐除密度过大、生长不良的林木，间密留匀、去劣留优，进一步调整林分树种和空间结构，为目标树或保留木留出适宜的营养空间。其采伐阶段为林分郁闭后的幼龄或中龄阶段。从森林演替的角度看，疏伐主要在林分竞争生长阶段进行，通过采伐作业调整林木间的竞争关系，优化目标树或保留木的生长空间。

③生长伐　指在中龄林阶段，当林分胸径连年生长量明显下降，目标树或保留木生长受到明显影响时进行的抚育采伐。生长伐需要确定目标树或保留木的最终保留密度(终伐密度)。若采用目标树分类的，通过林木分类，选择和标记目标树，采伐干扰树；若采用林木分级的，保留Ⅰ、Ⅱ级林木，采伐Ⅳ、Ⅴ级林木，为目标树或保留木留出适宜的营养空间，促进林木径向生长以便提高蓄积量增长。

④卫生伐　指在遭受自然灾害的森林中以改善林分健康状况为目标进行的抚育间伐。卫生伐主要伐除已被危害、丧失培育前途、难以恢复或者危及目标树(或保留木)生长的林木。

11.3.1.2　补植

补植指在郁闭度低的林分，或林隙、林窗、林中空地等林木稀疏的地方，或在缺少目的树种的林分中，在林冠下或林窗等处补植目的树种，调整树种结构和林分密度、提高林地生产力和生态功能的抚育方式。补植方式主要包括带状补植、株行间补植和群团状补植(图 11-1)。当对象林分出现以下 3 种情况，可通过播种或植苗的方式在林内补充目的树种：

①郁闭度低(小于 0.5)。

②林木分布不均匀，具有较大的林窗或林隙。

③缺少目的树种时，通过播种或植苗的方式在林内补充目的树种。

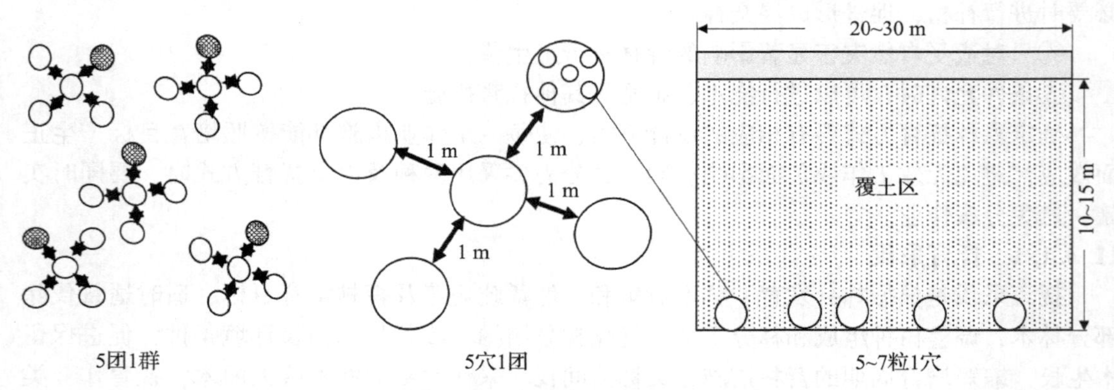

图 11-1　人工补植(播种)示例

11.3.1.3　修枝

修枝又称人工整枝，即人为地除掉林木下部枝条的抚育方式。主要用于培育天然整枝不良的大径级用材林或珍贵树种用材林。修枝不需要对所有林木进行。采用林木分类标记的，仅对目标树进行修枝；采用林木分级的，主要针对Ⅰ、Ⅱ级木进行。此外，修枝主要是针对针叶树形成无节良材主干的措施，整枝则是针对部分二叉分枝或假二叉分枝的阔叶树采取的特别措施。

11.3.1.4　浇水

浇水指补充自然降水量不足，以满足林木生长发育对水分需求的抚育措施。浇水不是幼林抚育的必要措施，一般只在干旱地区和半干旱的山地造林时视情况采用浇水措施。通常提倡采用滴灌或喷灌等节水措施。

11.3.1.5　施肥

施肥指将肥料施于土壤中或林木上，以提供林木所需养分，并保持和提高土壤肥力的抚育方式。对于集约经营的短周期人工林，提倡测土配方施肥。

11.3.1.6　人工促进天然更新

人工促进天然更新指通过松土除草、平茬或断根复壮、补植或补播、除蘖间苗等措施促进目的树种幼苗幼树生长发育的抚育方式。主要由于天然更新幼苗在早期生长中可能出现顶芽损伤、萌蘖的现象，同时受邻近灌草竞争影响较大，为了促进天然更新苗木的生长，常结合实际情况，对林下层天然更新幼苗采取平茬复壮、侧方割灌、松土除草、除蘖等措施。条件允许的情况下，对潜在目标幼苗可做水肥坑或筑围栏保护。

11.3.1.7 割灌除草

割灌除草指清除妨碍林木、幼苗、幼树生长的灌木、藤条和杂草的抚育方式。一般情况下，只需割除目的树种幼苗幼树周边 1 m 左右的灌木、杂草、藤条，避免全面割灌除草，同时进行培埂、扩穴，以促进幼苗幼树的正常生长。割灌除草有以下几点注意事项：

①全林割灌不利于保护有前途树种的幼苗，对森林的持续生长能力有负面影响。

②在不影响幼树生长情况下，保持林下灌草的生态效果，有保护和促进微生物发育、养护土壤，促进森林生态系统的物质分解循环的功效。

在生产实践中，定株也是森林抚育的一个方式。定株是在幼龄林中，同一穴中种植或萌生了多株幼树时，按照合理密度伐除质量差、长势弱的林木，保留质量好、长势强的林木，为保留木留出适宜生长空间的抚育方式。定株针对造林后形成的"一穴多株"现象而设计，主要在幼龄林阶段进行，伐除质量差、长势弱萌生的植株。

11.3.2 林木分类与分级

11.3.2.1 林木分类

林木分类适用于所有林分(单层同龄人工纯林也可以采用林木分类)。林木类型划分为目标树、辅助树、干扰树和其他树。

(1)目标树

选择目标树的一般标准为：属于目的树种；生活力强；干材质量好；没有(或至少根部没有)损伤；优先选择实生起源的林木。

在林业生产实践过程中，根据上述林木类型划分标准，在选择目标树的时候，需要注意把握以下几个要点：

①目标树必须是特优木或者优势木，占据林分主林层，被压木和濒死木不能选作目标树。

②目标树干形通直完满，如果整体林分质量不高，可以考虑选择局部轻度弯曲的林木作为目标树，但是多分支或者重度弯曲和扭曲的林木个体不能选作目标树。对于二叉分枝的林木个体，可以视分枝高度和分枝下部林木干形情况而定。如果二叉分枝的分枝高度较高，在 4 m 以上，且分枝下部林木干形通直完满，在整体林分质量不高的特殊情况下，可以选作目标树；除此之外，均不能选作目标树。

③目标树要求根部无损伤和病虫害的情况。如果整体林分质量不高，可以考虑轻度损伤的林木选择为目标树，但是中度和重度损伤的个体不能选作目标树。

④目标树树冠均匀饱满，冠形一般要求至少有 1/4 树高的冠长。根据树种的不同，冠形也有不同的指标。例如，对于油松来说，目标树的冠形应该是倒锥形的，且针叶致密而油绿。

选择目标树可以根据不同的森林情况灵活掌握。对于树种价值差异不显著的天然林，可以不苛求"目的树种"而直接选择"生活力强的林木个体"作为目标树；对于人工同龄纯林可以不苛求"实生"与"萌生"的区别，按照"与周边其他相邻木相比具有最强的生活力"的原则选择目标树。

目标树选择过程中往往会存在一定的误区，先就实践中易出现的误区列举如下，并给出一定的改进建议：

①认为胸径大的树就是目标树　胸径并不是选择目标树的唯一标准，在选择目标树时首要考虑的是林木的生活力，这个指标包括了胸径、干形和冠形等三方面均为优势的考虑，且不能有明显的损伤，即按确定林分中长期优势木的标准来选择目标树。

②认为长得高，树干通直就能选作目标树　树高和干形质量是选择目标树的标准，但也还需要考虑胸径和冠形等个体生活力的重要特征。林分中长得高而细的林木个体并没有最好的竞争力，在进入第三演替阶段后常常表现出生长力退化的趋势。

因此，不能把胸径、树高、冠形等指标单独使用，而要用生活力这个综合指标，再加上干形通直、无损伤等质量指标综合确定目标树，这是在生产实践工作中最容易被忽略的。

上述明确了目标树的选择标准，并指出了在生产实践中存在的选择误区及改进建议，那么，如何确定目标树的数量呢？首先，需要注意的是目标树密度和保留木密度不是一个概念，需要加以区分。在不同的阶段，保留木数量不同。目标树之间距离的控制问题和目标树的密度(数量)是一个事情的两个方面。这个问题首先出现在第一次选择目标树的时候，需要确定这一株目标树到下一株的距离，这个距离既与目标树之间的竞争强度有关，又与确定目标树的密度有关，即与单位面积上选择多少株目标树有关。因此，确定目标树的数量的方法有 2 种：

①最终目标密度确定方法　该法是德国的经典方法。根据发展类型，设计一次选择最终的目标树密度。比如，硬阔叶材目标树的终伐密度是 50 株/hm^2，则幼林结束期第一次选择目标树的数量就是 50 株/hm^2。

②动态密度确定方法　根据终伐密度和林分不同发育阶段的竞争关系调节需求来选择目标树数量，逐步减少到培育的最终目标树密度，是一个从初始密度到终伐密度的经营过程。

上述明确了确定目标树的数量的方法，以下是根据目标树动态密度确定方法提出的目标树距离确定方法。目标树的控制距离一般是以目标直径的 20 倍为一个定数。具体选目标树时，如果确定了一株目标树(目标直径确定为 x m)，其周围 20x m 内就不能再选择目标树。因为目标树太密，相互之间就会产生比较强的竞争关系。这个指标也视林冠情况而变动，20 倍是针对针叶林的，如果是阔叶林，也可为 25 倍或 30 倍，因为阔叶树需要的树冠更大，针叶树的树冠相对窄一些。需要强调的是，我们不能将这个指标作为测算目标树密度控制的唯一指标。例如，选了一株目标树，目标直径的 20 倍是 6 m 左右，选出下一株，再选下一株，这样选出来总数可能就会多。所以另一个数量控制指标为目标树总数。

目标树控制距离是在局部控制目标树的选择范围。选了一株目标树以后，在 20 倍、25 倍或者 30 倍胸径的地方，并不是必须选择另一株，而是可以选择另一株，“可以选择”实际上就是也可以不选择。如果 20 倍胸径范围内 2 株树都好，就要慎重思考一下，到底定哪株为目标树，不能 2 株都定。20 倍不是目标直径的 20 倍，而是当前直径的 20 倍，目的是让选出的林木有生长空间，这就是目标树的控制距离问题。

(2)辅助树

辅助树又称生态目标树，是有利于提高森林的生物多样性、保护珍稀濒危物种、改善森林空间结构、保护和改良土壤等功能的林木。比如，能为鸟类或其他动物提供栖息场所的林木可选作辅助树加以保护。选择辅助树(生态目标树)应当首先考虑生物多样性的因素，且同时应当考虑以下几点：

①辅助树能够改变现有单一林分结构，增加林分生物多样性。因此，油松纯林在经营的第一阶段和第二阶段尤其要考虑辅助树的选择和保护。

②辅助树并不只包括阔叶树种，一些适合当地立地条件的稀有树种、具有保存价值的古树、能为鸟类或其他动物提供食物和栖息地的林木等均为辅助树。

③在选择辅助树时，应首先考虑顶极树种。例如，在部分针叶林区的栎类、核桃等。其次是考虑先锋树种。例如，山杨、白桦等。先锋树种应根据林木类型划分标准表，选择干形和冠形较好、生活力强的个体作为辅助树。

(3)干扰树

干扰树是指对目标树生长直接产生不利影响，或显著影响林分卫生条件、需要在近期采伐的林木。干扰树的采伐需要同时考虑生态有效性和经济合理性2个原则。因此，干扰树的选择至关重要，它关系到目标树能否顺利和健康地生长。在选择干扰树时应考虑如下几点：

①影响目标树或者辅助树生长的林木个体为干扰树。这里的影响主要是影响目标树的树冠生长。因此，在确定干扰树时主要考虑树冠是否显著地影响了目标树或辅助树的正常生长。

②选择干扰树时，当林分处在近自然森林经营阶段的第二阶段时，如果在优势木中发现2株相互干扰却都符合选择目标树条件的林木时，应该同时保留这2株林木，不选择干扰树。

③在选择干扰树时，当发现一些林木离目标树很近，树冠却处于目标树树冠下方并没有影响目标树的正常生长，且采伐后不能用材的林木不宜选作干扰树，应当做一般林木。

④当发现辅助树周围有符合被选作目标树的林木时，应该首要考虑目标树的生长，同时标注辅助树和目标树，而不确定干扰树。

(4)其他树

林分中除目标树、辅助树、干扰树以外的林木，称为其他树。其他树的抚育采伐作业可以根据林分密度需求进行确定。

11.3.2.2　林木分级

采用德国克拉夫特分级法，将单纯同龄人工纯林中的林木按照生长优劣分为5级，具体分级方法如下：

①Ⅰ级木　又称优势木。林木的直径最大，树高最高、树冠处于林冠上部，占用空间最大、受光最多，几乎不受挤压。

②Ⅱ级木　又称亚优势木。直径、树高仅次于优势木，树冠稍高于林冠层的平均高度，侧方稍受挤压。

③Ⅲ级木　又称中等木。直径、树高均为中等大小，树冠构成林冠主体，侧方受到一定挤压。

④Ⅳ级木　又称被压木。树干纤细，树冠窄小且偏冠，树冠处于林冠层平均高度以下，通常对光、营养的需求不足。

⑤Ⅴ级木 又称濒死木、枯死木。处于林冠层以下，接受不到正常的光照，生长衰弱，接近死亡或已经死亡。

11.3.2.3 林木采伐顺序

抚育采伐可按照以下顺序确定保留木、采伐木：

①没有进行林木分类或分级的幼龄林，保留木顺序为目标树、辅助树。

②实行林木分类的，采伐木顺序为干扰树、(必要时)其他树；保留木顺序为目标树、辅助树、其他树。

执行林木分类时须注意采伐干扰树时采伐方式和倒向应有利于保护其他林木和幼树。进行马刀锯或者机械油锯人工采伐，伐桩应不得高于地面 10 cm。采伐木倒下时应避开目标树和林下更新的幼树。一般横山倒向，不要仰山或顺山。伐前对采伐木需要进一步确定并作标记，不能错误采伐。间伐后造材时，长材不短造，优材不劣造，充分利用小材小料。木材全部下山归楞。一般不清林，没有经济价值的枝梢均匀地散开；对于处在目标树下方的干扰木，若对目标树不构成威胁，且无经济价值，可以保留；枯死木可为鸟类、蚂蚁等森林动物提供栖息场所，也可保留，以增加林分生物多样性。

③实行林木分级的，采伐木顺序为Ⅴ级、Ⅳ级木、(必要时)Ⅲ级木；保留木顺序为Ⅰ级木、Ⅱ级木、Ⅲ级木。

执行林木分级时须注意在第一次抚育时，作业目标是提高林分质量，采伐木应为Ⅴ、Ⅳ级林木；在生长伐时，抚育的目标主要是消除干扰竞争和促进保留木的生长，所以除了Ⅴ、Ⅳ级木外，还要采伐显著影响Ⅰ级木生长的其他林木，因为抚育的首要目标是调节竞争关系，并尽可能兼顾生产功能。

11.4 森林经营模式设计

传统的森林经营中，针对作业级的森林经理计划是以轮伐期为经营周期指标，实现对森林生长动态进程的整体控制。森林可持续经营的关键问题，是森林全部再生产活动从以采伐利用为核心转向以全面科学经营为核心，将种苗、造林、管护、幼抚、修枝、疏伐、终伐、更新等的全过程纳入森林经营的整体目标，这就是全周期森林经营。

11.4.1 全周期生长阶段特征及其判别

按照轮伐期目标和森林生长的一般过程，通常将森林划分为幼龄林、中龄林、近熟林、成熟林和过熟林。这样的划分，能够体现不同龄级阶段的特点，却不能反映出不同树种、不同演替阶段、不同混交方式下的森林经营目标和措施。结合近自然经营理论、森林演替特性及经营活动的特点，应确定不同的生长阶段，以确定不同阶段的森林经营目标、原则和具体技术措施。森林发育演替阶段对森林经营具有导向作用，利用不同阶段的自然力，通过顺势促进的经营措施，将大大提高森林经营水平和经营效果。

①森林建群阶段 即人工林造林到郁闭或天然林先锋群落发生和更新的阶段。

以栎类为例，该阶段是指天然栎类幼树到幼林郁闭或天然灌木林向小乔木林发展的阶段。此阶段主要是栎类母树种子落地萌发产生幼苗到定居长成幼树，林分平均高在 2 m 以下，其他林木或灌木对林分影响较大。此阶段主要是为栎类幼苗定居建群而进行的各种经营措施，应间伐栎类幼苗幼树周围的其他灌木，或者间伐栎类群丛生长的个体。

②竞争生长阶段　即所有林木个体在互利互助的竞争关系下开始快速高生长而导致主林层高度迅速增长的阶段，由于主林层的密集生长导致林下强烈庇荫，草本和灌木稀少。

该阶段是栎类林木发展的阶段，栎类林分进入平均高速生期，其他林木和灌木对栎类的生长影响较大，仍需要人工辅助来促进栎类林木的快速生长，主要解决密度过大造成过分竞争问题，提高栎类的生长速度。

③质量选择阶段　林木个体竞争关系转化为相互排斥为主，林木出现显著分化，优势木和被压木可以明显识别出来，生活力强的树木占据林冠的主林层并进入直径快速生长期，部分竞争中处于劣势的林木开始死亡，林下有典型的耐阴(顶极)群落树种出现的大量天然更新。

以栎林为例，一旦栎类林木在一块林地上定植下来，并经过一段快速生长以后，林木竞争关系转变为相互排斥为主，主林层林木从生活力上可区分出优势木和被压木，从个体质量上可区分出优良木和劣质木等特征(指标)差异。生活力弱或生长不良的树木生长开始显著滞后，林木出现分化。同时也是林分的数量生长阶段，主要由于占据上层的优势木具有更大的树高和直径生长量，活立木蓄积量得以快速提高，部分优势林木进入成熟期而出现结实。生活力强的林木表现出对森林发展有重要作用的生长势头。在林分内，许多典型的草本植物和灌木的更新变化缓慢。从该阶段起，林分经营即可按照目标树作业体系执行干扰树采伐，每 10 年经理期作业 1 次，生产部分间伐用材。

④近自然森林阶段　树高差异变化表现出停止的趋势，部分天然更新起源的耐阴树种林木进入主林层，林分表现出先锋树种和顶极群落树种交替(混交)的特征，直到部分林木达到目标直径的状态，这一阶段称为近自然林业经营的目标森林状态开始的阶段。

这一阶段的林分树冠层次有明显的树种交替变化，到森林中出现达到目标直径的林木时止，又可称为准恒续林阶段。由于持续的排斥性竞争导致栎类先锋树种的部分被压木死亡，天然更新的乡土耐阴树种在死亡林木的空隙中得到机会或通过强盛竞争力而快速生长达到主林层，主林层的树种结构出现明显的变化，树种多样性达到最高的水平。近自然森林经营的主要目标是尽可能把森林导向并保持在这一稳定性和生产力都较高的发展阶段。从该阶段起，质量较高的林分可按照目标树作业体系执行干扰树采伐和收获达到目标直径的目标树，每 10 年经理期作业 1 次，生产部分间伐用材和高品质用材。

⑤恒续林阶段　当森林中的优势木达到目标直径(满足质量成熟标准)时，这个阶段就开始了，是主要由先锋树种和耐阴树种混交组成的稳定群落，主林层树种结构相对合理，达到目标直径的林木生长量开始下降，天然更新在部分林木死亡所形成的林隙下大量出现。

这个阶段是自然状态下主林层栎类开始衰退而耐阴树种组成持续增加的顶极群落阶段。主林层树种结构相对稳定，部分林木死亡产生随机的林隙，林下天然更新大量出现，森林由于表现出多样化的组成结构而具有更丰富的生产和服务能力。

11.4.2　栎类人工林全周期森林经营措施案例

以栎类人工纯林为对象，构建栎类混交—大径材培育型公益林。因此，由于林分目标为大径材培育型公益林，目标树选取时应当注意可能影响直径生长的各种环境，根据林分生长调整林分目标树径阶分布，控制的最终目标树胸径为 60 cm 以上，最终目标树数量为

70 株/hm²。依据经营对象及目标，结合全周期森林经营理念及划分方法，栎类人工纯林不同演替及生长抚育阶段的经营措施见表 11-17。

表 11-17 栎类人工纯林不同演替状态和生长状况下抚育技术措施制定

生长阶段	生长指标特征	抚育目的和主要技术措施
森林建群阶段	75%以上的林木个体树高小于 4 m，胸径小于 5 cm	围绕促进林木个体生长发育，使林分尽快郁闭成林开展经营活动，主要经营措施如下： a)加强管护，避免人畜危害，严禁薪材采集，防控森林火灾和林木有害生物危害等； b)必要时进行浇水、施肥，割除影响栎类幼苗生长的灌草
竞争生长阶段	林分平均高度大于 4 m，平均胸径大于 5 cm；林分郁闭度 0.5 以上	围绕促进林木的树高生长和目标树的质量形成开展经营活动，主要经营措施如下： a)目标树密度控制在 300~450 株/hm²； b)保持一定郁闭度，促进林木树高生长，促进目标树形成通直树干； c)对在郁闭度 0.8 以上的林分进行疏伐，作业间隔期 5~8 年； d)对一穴多株的林木进行定株； e)必要时进行补植，同时加强管护，避免人畜危害，严禁薪材采集，防控森林火灾和林木有害生物危害等
质量选择阶段	林分开始分化，林内出现生活力弱、生长显著滞后的林木个体；郁闭度大于 0.7；林分平均高度大于 6 m，林木胸径大于 10 cm	围绕促进目标树径向生长，提高林分整体质量开展经营活动，主要经营措施如下： a)目标树密度控制在 150~200 株/hm²； b)开展生长伐，伐除郁闭度 0.8 以上林分中的干扰树，伐后林分郁闭度不低于 0.6，作业间隔期 8~10 年； c)从高度 1.5 m 以上的幼树中选择、培育二代目标树，并对目标树进行修枝； d)采取扩穴、割灌等措施，保护和促进天然更新的乡土幼树生长
近自然森林阶段	林木高度的分化格局基本形成，次林层发育良好；生物多样性丰富；林分天然更新良好，在受自然干扰或采伐后形成的林窗内出现更新树种；地表植被以当地典型草本植物占优势；部分目标树可达到目标直径，即 45 cm 及以上	围绕促进林分的稳定性和持续性开展经营活动，主要经营措施如下： a)目标树密度控制在 80~100 株/hm²； b)伐除干扰树，作业间隔为 10~12 年； c)可采伐利用达到目标直径的目标树，采伐后的郁闭度不低于 0.6；在采伐和集材过程中，应注意对幼苗幼树的保护，不应损伤其他目标树； d)对天然更新等级为中等以下、幼苗幼树株数占林分幼苗幼树总株数的 50%以下的林分，开展人工促进天然更新； e)对二代目标树进行修枝；采伐影响二代目标树和一代目标树的干扰树
恒续林阶段	多树种混交，复林层和异龄结构；栎类林木幼龄个体多于老龄个体，径级分布呈倒"J"分布，即随径级增大，立木株数逐渐减少；林分天然更新良好，耐阴树种在自然状态下进入主林层	围绕维持森林多功能的持续发挥开展经营活动，主要经营措施如下： a)培育二代目标树，密度控制在 80~100 株/hm²； b)伐除干扰树，作业间隔 10~15 年； c)可采伐利用达到目标直径的目标树，采伐后的郁闭度不低于 0.6； d)在采伐和集材过程中应注意对幼苗幼树的保护，不应损伤其他目标树

11.4.3 黄山松人工林的全周期经营措施案例

以水土保持、防风固沙、景观美化等生态服务功能为主兼顾大径材培育的黄山松人工纯林为对象。其目的树种为黄山松、栎类等，黄山松目标树株数 120~180 株/hm²(上层林分密度 150~240 株/hm²)，目标树直径大于等于 45 cm，生长周期 60 年以上，目标林分蓄积量 200~270 m³/hm²，经多次抚育及促进栎类、枫香、鹅掌楸或其他适生阔叶树更新，择伐后形成黄山松—栎类(或枫香、鹅掌楸)异龄复层林。依据经营对象及目标，结合全周期森林经营理念及划分方法，不同生长阶段主要经营措施见表 11-18。

表 11-18　黄山松人工林不同演替状态和生长状况下抚育技术措施制定

生长阶段	林龄范围	胸径范围(cm)	树高范围(m)	主要经营措施
森林建群阶段	1~3	<5	<2	造林密度 4500~5400 株/hm²，为保证造林成功，适度密植。造林后连续 3 年(2+2+1)5 次幼林抚育，采取穴状割灌除草、锄草松土(压青)、扩穴(培土)等措施，注意保护好天然珍稀植被
	4~8	6~7	2~3	伐除影响黄山松生长的非目的树种和灌木、割除藤本，适当进行修枝，林内保留主干成形的天然硬阔树种
竞争生长阶段	9~14	7~11	4~7	林分郁闭后，林木生长出现竞争趋势，大约在第 14 年林分出现分化时，开展第 1 次生长伐，株数采伐强度 30%~35%，保留密度 3200~3600 株/hm²，保留林分郁闭度 0.6~0.7。立地条件好、初植密度大的间伐强度可大些；反之，则小些。禁止对目标树进行采脂作业
质量选择阶段	15~21	12~17	6~11	黄山松间伐起始期 14 年，第 2 次间伐间隔期 7 年，株数强度 30%左右，伐后林分密度 2200~2600 株/hm²，适度进行修枝。禁止对目标树进行采脂作业
	22~35	14~28	7~14	从第 3 次间伐起确定目标树及辅助树，每间隔 7 年开展一次生长伐，株数强度 30%左右，蓄积量强度 15%~20%。对天然硬阔进行适度修枝，经 5 次生长伐，保留林分密度 810~870 株/hm²。禁止对目标树进行采脂作业
近自然森林阶段	36~60	22~40	11~16	经过 5 次生长伐后，林分进入冠下更新阶段，定量点播、人工栽植栎类(或枫香、鹅掌楸)等适生阔叶树，及时对更新层进行幼林抚育，并注意保留天然更新的幼树(苗)。当下层栽植、更新的幼树生长受抑制时，对上层黄山松辅助树实施单株采伐 2~3 次，最终保留林分密度 210~240 株/hm²。促进林木个体径向生长，增加林木蓄积量，改善林木质量和森林健康，培育高品质的黄山松(部分阔叶树)大径级林木
恒续林阶段	≥61	≥40+	≥16	对上层林木择伐 2~3 次，每次株数强度不大于 30%，同时对更新层进行抚育，确保不同层次林木的正常生长。最终保留上层大径级林木 120~150 株/hm²(至生理成熟)，培育黄山松—栎类(或枫香、鹅掌楸)异龄复层林

附录 11-1 森林抚育调查用表

一、森林抚育小班外业调查表

调查人员： 调查日期： 年 月 日

位置： 乡镇(林场) 村(林班) 小班 地理坐标：

小班面积： hm^2 起源： 土地权属： 林木权属： 林种：

地貌类型：①山地阳坡 ②山地阴坡 ③山地脊部 ④山地沟谷 ⑤丘陵 ⑥岗地 ⑦阶地 ⑧河漫滩 ⑨平原 ⑩其他(具体说明)

海拔： m | 坡度： | 坡向： | 坡位：

目的树种天然更新情况：

幼苗、幼树更新频度： 株/ hm^2，平均年龄： 年，生长状况：①良好 ②较好 ③一般 ④较差

土壤类型： 土层厚度： cm

林下植被调查	总盖度(%)	高度(m)	分布状况
主要灌木：			
主要草本：			

珍稀物种

林分因子调查	小班平均	标准地 1	标准地 2	标准地 3
年龄(年)				
郁闭度				
树种组成				
平均胸径(cm)				
平均树高(m)				
每公顷株数(株)				
每公顷蓄积量(m^2)				
灌木草本盖度(%)				
灾害发生情况				
每公顷目标树株数(株)				
每公顷辅助树株数(株)				
每公顷干扰树株数(株)				
每公顷其他树株数(株)				

二、森林抚育小班标准地每木调查表

乡镇(林场)________ 村(林班)________ 小班；标准地号 ________ 标准地面积________m^2 起源________

编号	树种名称	胸径(cm)	树高(m)	林木分类	林木分级	材积(m^3)

调查人员： 调查日期： 年 月 日

三、森林抚育小班标准地每木调查汇总表

乡镇(林区)__________ 村(林班)__________ 小班；标准地号__________ 标准地面积__________m^2
中心 GPS 坐标 纵：____________________横：____________________ 起源__________

<table>
<tr><td>树种</td><td colspan="4"></td><td colspan="4"></td><td colspan="4"></td><td rowspan="3">枯死木株数</td><td rowspan="3">枯死木采伐株数</td><td>调查设计因子</td></tr>
<tr><td>径阶</td><td colspan="2">保留木</td><td colspan="2">采伐木</td><td colspan="2">保留木</td><td colspan="2">采伐木</td><td colspan="2">保留木</td><td colspan="2">采伐木</td><td rowspan="22">一、作业前调查因子：
1. 树种组成
2. 林龄 年
3. 平均树高 m
4. 平均胸径 cm
5. 郁闭度
6. 每公顷株数 株
7. 每公顷蓄积量 m^3
8. 每公顷枯木株数 株
二、作业设计因子：
1. 抚育方式
2. 采伐株(丛)数 株
3. 采伐蓄积量 m^3
4. 株数强度 %
5. 蓄积量强度 %
6. 修割丛数 丛
7. 采伐枯死木 株
三、作业后设计因子：
1. 树种组成
2. 林龄 年
3. 平均胸径 cm
4. 郁闭度
5. 每公顷株数 株
或丛数 丛
(分蘖 丛
萌蘖 丛)
6. 每公顷蓄积量 m^3</td></tr>
<tr><td>cm</td><td>株数</td><td>材积</td><td>株数</td><td>材积</td><td>株数</td><td>材积</td><td>株数</td><td>材积</td><td>株数</td><td>材积</td><td>株数</td><td>材积</td></tr>
<tr><td>小于5</td><td></td><td>—</td><td></td><td>—</td><td></td><td>—</td><td></td><td>—</td><td></td><td>—</td><td></td><td>—</td><td></td><td></td></tr>
<tr><td>6</td><td></td><td></td><td></td><td></td><td></td><td></td><td></td><td></td><td></td><td></td><td></td><td></td><td></td><td></td></tr>
<tr><td>8</td><td></td><td></td><td></td><td></td><td></td><td></td><td></td><td></td><td></td><td></td><td></td><td></td><td></td><td></td></tr>
<tr><td>10</td><td></td><td></td><td></td><td></td><td></td><td></td><td></td><td></td><td></td><td></td><td></td><td></td><td></td><td></td></tr>
<tr><td>12</td><td></td><td></td><td></td><td></td><td></td><td></td><td></td><td></td><td></td><td></td><td></td><td></td><td></td><td></td></tr>
<tr><td>14</td><td></td><td></td><td></td><td></td><td></td><td></td><td></td><td></td><td></td><td></td><td></td><td></td><td></td><td></td></tr>
<tr><td>16</td><td></td><td></td><td></td><td></td><td></td><td></td><td></td><td></td><td></td><td></td><td></td><td></td><td></td><td></td></tr>
<tr><td>18</td><td></td><td></td><td></td><td></td><td></td><td></td><td></td><td></td><td></td><td></td><td></td><td></td><td></td><td></td></tr>
<tr><td>20</td><td></td><td></td><td></td><td></td><td></td><td></td><td></td><td></td><td></td><td></td><td></td><td></td><td></td><td></td></tr>
<tr><td>22</td><td></td><td></td><td></td><td></td><td></td><td></td><td></td><td></td><td></td><td></td><td></td><td></td><td></td><td></td></tr>
<tr><td>24</td><td></td><td></td><td></td><td></td><td></td><td></td><td></td><td></td><td></td><td></td><td></td><td></td><td></td><td></td></tr>
<tr><td>26</td><td></td><td></td><td></td><td></td><td></td><td></td><td></td><td></td><td></td><td></td><td></td><td></td><td></td><td></td></tr>
<tr><td>28</td><td></td><td></td><td></td><td></td><td></td><td></td><td></td><td></td><td></td><td></td><td></td><td></td><td></td><td></td></tr>
<tr><td>30</td><td></td><td></td><td></td><td></td><td></td><td></td><td></td><td></td><td></td><td></td><td></td><td></td><td></td><td></td></tr>
<tr><td>32</td><td></td><td></td><td></td><td></td><td></td><td></td><td></td><td></td><td></td><td></td><td></td><td></td><td></td><td></td></tr>
<tr><td>34</td><td></td><td></td><td></td><td></td><td></td><td></td><td></td><td></td><td></td><td></td><td></td><td></td><td></td><td></td></tr>
<tr><td>36</td><td></td><td></td><td></td><td></td><td></td><td></td><td></td><td></td><td></td><td></td><td></td><td></td><td></td><td></td></tr>
<tr><td>38</td><td></td><td></td><td></td><td></td><td></td><td></td><td></td><td></td><td></td><td></td><td></td><td></td><td></td><td></td></tr>
<tr><td>40</td><td></td><td></td><td></td><td></td><td></td><td></td><td></td><td></td><td></td><td></td><td></td><td></td><td></td><td></td></tr>
<tr><td>…</td><td></td><td></td><td></td><td></td><td></td><td></td><td></td><td></td><td></td><td></td><td></td><td></td><td></td><td></td><td></td></tr>
<tr><td>合计</td><td></td><td></td><td></td><td></td><td></td><td></td><td></td><td></td><td></td><td></td><td></td><td></td><td></td><td></td><td></td></tr>
</table>

注：1. 林龄、平均树高、平均胸径为目的树种(优势树种)的指标，郁闭度、株数、蓄积量、采伐强度是整个林分的综合指标。2. 幼龄林计算采伐株(丛)数强度的标准地，胸径小于 5 cm 的幼树数量要调查填表；以计算采伐蓄积量强度为主的标准地，不调查计算胸径小于 5 cm 的幼树。

第十二章　森林经理学课程设计

通过开展森林经理学课程设计，综合课程所学知识分析某个经营单位的森林资源调查数据，确定森林经营方针与目标，开展森林经营规划和采伐设计，以及非木质资源经营和森林游憩规划、森林健康与生物多样性保护，形成某个经营单位的森林经营方案，进而帮助学生加深对森林经理学在生产中的具体应用的理解，掌握森林资源统计方法和分析、森林资源评价、合理采伐量的确定、森林可持续经营技术等森林经理学课程的重要内容。

12.1　课程设计内容

12.1.1　熟悉与编写设计地区的基本情况

为了确定经营单位或森林资源规划设计地区的森林经营方针，编制科学合理的森林经营方案，必须对经营单位的自然条件、经济条件、森林资源条件以及森林经营状况等基本情况进行全面了解。编写者应在充分熟悉设计地区的林业生产条件基础上，编写如下几方面的基本情况：

①经营单位的自然概况　地理位置、地形地貌、地质土壤、水系、气候、植被等。

②经营单位的经济条件　设计地区的经济区位优势、交通运输条件、人口与劳动力、国民生产总值、经济地位等。

③经营单位森林资源　包括森林覆率、林业用地面积、蓄积量结构、乔木林的树种和龄组结构、竹林资源、经济林资源、野生动植物资源、森林景观资源等。

④林业经营状况　了解森林经营管理机构、林业生态体系建设、林业产业体系建设、森林经营形式、森林保护和林业信息化建设等。

12.1.2　检查调查材料

根据小班调查簿数据进行森林资源的统计和分析，并设计经营措施。如果调查簿有错误，将影响后续统计、分析和一系列的设计成果。因此，在使用调查簿数据之前，必须对调查簿进行仔细检查与整理。

12.1.3　森林资源统计与分析

12.1.3.1　各类森林资源统计表

为了掌握调查地区的森林资源特点，需要编制各类森林资源统计表，具体可见本教材第7章附录7-2。编制森林资源统计表时，注意按各表格所要求的单位统计和填写。凡累加的统计量如面积、蓄积量和株数，应进行行与列的合计，且行与列的合计应相等。

(1)平均年龄

首先确定各龄级的平均年龄，见表12-1。然后，用加权平均法求得各优势树种的平均年龄，即以龄级的平均年龄乘该龄级的林分面积，相加后除以该优势树种各龄级的总面积，即$\sum\frac{平均年龄\times面积}{总面积}$。

【例 12-1】 某优势树种各龄级的面积见表 12-2，则：

$$该树种的平均年龄=\sum\frac{平均年龄\times面积}{总面积}$$

$$=\frac{13090}{334}=39.19\approx39(年)。$$

表 12-1　各龄级平均年龄

年数 龄级	龄级期限 20 年		龄级期限 10 年		龄级期限 2 年	
	年龄范围	平均年龄	年龄范围	平均年龄	年龄范围	平均年龄
Ⅰ	1~20	10	1~10	5	1	1
Ⅱ	21~40	30	11~20	15	2~3	2.5
Ⅲ	41~60	50	21~30	25	4~5	4.5
Ⅳ	61~80	70	31~40	35	6~7	6.5
Ⅴ	81~100	90	41~50	45	8~9	8.5
Ⅵ	101~120	110	51~60	55	10~11	10.5
Ⅶ	121~140	130	61~70	65	12~13	12.5
Ⅷ	141~160	150	71~80	75	14~15	14.5

表 12-2　各龄级面积

龄级	平均年龄	面积(hm^2)	平均年龄×面积
Ⅰ	5	6	30
Ⅱ	15	94	1410
Ⅲ	25	40	1000
Ⅳ	35	15	525
Ⅴ	45	35	1575
Ⅵ	55	111	6105
Ⅶ	65	15	975
Ⅷ	75	6	450
Ⅸ	85	12	1020
合计		334	13090

(2)平均地位级

首先统计出优势树种各地位级的面积。然后以加权平均法求得平均地位级，精确到小数点后 1 位。计算平均地位级时用假定数字代替地位级，即Ⅰ-1、Ⅱ-2、Ⅲ-3、Ⅳ-4 等，结果保留 1 位小数。

【例 12-2】 地位级：Ⅰ、Ⅱ、Ⅲ、Ⅳ，分别用数字 1、2、3、4 代表，面积(hm^2)分别为 27、0、0、13，面积合计为 40，则：

平均地位级=(1×27+2×0+3×0+4×13)÷40=1.98≈2.0，即为Ⅱ地位级。

(3)平均自然度

平均自然度指以面积加权平均法求优势树种的平均自然度，精确到小数点后1位。

【例12-3】 自然度分别为Ⅰ、Ⅱ、Ⅲ，分别用数字1、2、3代表，面积(hm^2)分别为0、72、39，面积合计为111，则：

平均自然度$=\frac{1\times0+2\times72+3\times39}{111}=2.4$，即Ⅱ.4级自然度。

(4)平均每公顷蓄积量

以优势树种各龄级的有林地蓄积量除以其相应的有林地面积即得该优势树种及各龄级的平均每公顷蓄积量。

【例12-4】 某优势树种的平均每公顷蓄积量为：Ⅰ龄级$\frac{110}{6}=18\ m^3$，Ⅱ龄级$\frac{2690}{94}=29\ m^3$，优势树种$\frac{39880+1860}{334}=125\ m^3$(表12-3)。精确到$1m^3$(次林层蓄积量加入主林层蓄积量内计算)。

(5)平均生长量

各龄级的总蓄积量除以其平均年龄，即得各龄级的平均生长量，然后各龄级的平均生长量相加即得优势树种的总平均生长量。仍以某优势树种为例，计算过程见表12-3。

(6)平均每公顷生长量

优势树种及各龄级的平均生长量除以优势树种及各龄级的面积。如上例：Ⅰ龄级$\frac{22}{6}=3.7\ m^3$，Ⅱ龄级$\frac{179}{94}=1.9\ m^3$，优势树种$\frac{1020}{334}=3.1\ m^3$(精确到小数点后1位)。

表12-3 平均每公顷蓄积量与平均生长量计算

龄级	Ⅰ	Ⅱ	Ⅲ	Ⅳ	Ⅴ	Ⅵ	Ⅶ	Ⅷ	Ⅸ	合计
蓄积量(m^3)	110	2690	4430	1060	2820	24400	3160	360	850	39880
面积(hm^2)	6	94	40	15	35	111	15	6	12	334
平均每公顷蓄积量(m^3)	18	29	111	71	134	220	211	60	71	125
平均年龄	5	15	25	35	45	55	65	75	85	39
平均生长量(m^3)	22	179	177	30	104	444	49	5	10	1020
平均每公顷生长量(m^3)	3.7	1.9	4.4	2.0	3.0	4.0	3.2	0.8	0.8	3.1

若几个优势树种组成一个经营类型，应利用各优势树种的统计材料，用面积加权法为经营类型计算上述各项平均因子，但经营类型的总平均生长量为经营类型内各优势树种总平均生长量之和。

【例12-5】 红松、云杉、冷杉3个优势树种组成针叶树经营类型，各优势树种平均年龄和有林地面积见表12-4。针叶树经营类型的平均年龄$\frac{120\times100+70\times70+40\times50}{220}=86$(年)。

调查簿上若有的幼龄林只有面积而无蓄积量记载，则不参加平均每公顷蓄积量与平均每公顷生长量的计算。

表 12-4　针叶树经营类型平均年龄与面积

优势树种	平均年龄	有林地面积(hm^2)
红松	120	100
云杉	70	70
冷杉	50	50
合计		220

12.1.3.2　设计地区的森林资源特点

编制好各类森林资源统计表后，需进一步分析设计地区的森林资源本身的特点，为制定经营原则、安排生产利用、设计经营措施等提供充分的论据。每个森林资源统计表反映森林资源在某个方面的特点。应根据每个统计表数据，分析森林资源的特点，汇总统计表见本教材第 7 章附录 7-2。可从下面几个方面进行分析：

(1)设计地区各类土地面积与各类蓄积量的分配特点

根据附录 7-2“一、各类土地面积统计表”和“三、各类森林、林木面积及蓄积量统计表”，说明林业用地、其他用地所占比重与森林覆盖率等土地利用情况，从而分析森林资源的丰富程度、土地利用的合理情况，以及各类蓄积量所占的比重，分析其形成原因，并提出改进意见。

(2)设计地区林种结构特点

根据附录 7-2“四、林种统计表”，分析设计地区林种类型与比例、地类、乔木林龄组结构特点。

(3)设计地区乔木林有林地各优势树种的面积、蓄积量按龄级分配特点

可用表 12-5 和附录 7-2“八、乔木林各龄组面积及蓄积量按起源和优势树种统计表”，统计分析各优势树种各龄级、龄组的面积、蓄积量分配特点。

表 12-5　各优势树种面积、蓄积量按龄级分配表

优势树种	合计				龄级				龄级				龄级			
	面积		蓄积量		面积		蓄积量		面积		蓄积量		面积		蓄积量	
	hm^2	%	m^3	%	hm^2	%	m^3	%	hm^2	%	m^3	%	hm^2	%	m^3	%

(4)设计地区用材林面积蓄积量按龄级分配特点

根据附录 7-2“十五、用材林面积及蓄积量按龄级统计表”，分析用材林面积蓄积量按龄级分配特点及永续利用前景。

(5)设计地区经济林生产期分配特点

根据附录 7-2“十二、经济树种统计表”，分析经济林的树种、乔木经济林和灌木经济林的生产期分配特点。

(6)设计地区竹林特点

根据附录7-2“十三、竹林统计表”，分析竹林的面积及占林业用地面积比例、株数和龄组结构特点。

(7)设计地区灌木林特点

根据附录7-2“十四、灌木林统计表”，分析灌木林面积及占林业用地面积比例、灌木林优势树种、覆盖度等级等特点。

(8)设计地区乔木树种面积蓄积量分配特点

根据附录7-2“十、乔木林各林种面积及蓄积量按优势树种统计表”，分析各乔木优势树种面积、蓄积量按龄组的分配特点，为计算和确定合理采伐量提供依据。

(9)设计地区有林地中各优势树种的平均调查因子

根据各优势树种平均调查因子计算结果，按表12-6格式编制设计地区各优势树种的平均调查因子表，并比较评定各优势树种的各项平均调查因子，以说明目前哪种优势树种具有最高的生产力及经营前景。

表12-6 各优势树种平均调查因子表

优势树种	年龄	地位级	郁闭度	自然度	每公顷蓄积量(m^3)	平均生长量(m^3)	
						总	每公顷
树种1							
树种2							
…							
合计							

(10)设计地区森林更新、生长发育状况

根据调查簿材料简单分析说明设计地区各优势树种的更新情况(天然、人工)，生长发育情况及发展前途等。

(11)设计地区林副产品及其他资源

分析说明设计地区的林副产品及其他资源种类及其利用发展的可能性等。在分析说明设计地区上述各项森林资源特点时，最好能提出自己对今后经营利用的意见，以供设计经营措施时参考。

12.1.4 确定森林经营方针与目标

12.1.4.1 森林经营方针

根据国家、地方有关法律法规和政策，结合设计地区的森林资源及其保护利用现状、经营特点、技术与基础条件等，确定森林经营方案规划期的森林经营方针。经营方针必须统筹好当前与长远、局部与整体、经营主体与社区的利益，协调好森林多功能与森林经营多目标的关系，确保森林资源的生态、经济和社会等多种效益的充分发挥。主要包括下列几个方面：

①以生态建设为中心，产业发展为重点，科学技术为依托，多资源多功能综合利用。

②实行分类经营，定向培育，集约管理的经营管理策略。

③优化森林结构，提高森林质量，提升经营效益，培育稳定健康的森林生态系统以及

高效益的林业产业体系。

12.1.4.2　经营目标

设计下一个经理期经营目标时，应根据现有森林资源状况、林地生产潜力、森林经营能力和当地经济社会情况等综合确定。森林经营目标应当作为当地国民经济发展目标的重要组成部分，并与国家、区域森林可持续经营标准和指标体系相衔接。经营目标主要包括森林资源发展目标，林产品供给目标和森林综合效益发挥目标等。具体包括：

①森林覆盖率。

②有林地面积。

③林木年采伐量。

④森林资源结构优化调整：林种结构、用材林树种结构、用材林龄组结构。

⑤长远目标应为人与自然和谐、资源利用与保护、森林可持续经营、生物多样性保护、森林健康与活力维持、生态体系与产业体系进一步完善。

12.1.4.3　森林功能区划与分类经营

根据设计地区各区域自然地形地貌、森林植被、生态区位、经济发展、产业布局、土地利用方式等的差异性，按照森林多种功能主导利用原则，划分森林功能区。例如，森林集水区、生态景观游憩区、生物多样性保护区、人文遗产保护区、森林灾害防控区、木质林产品经营区、非木质林产品经营区等。

在功能区划的基础上，以小班为单元，按照森林分类经营的要求进一步划分公益林和商品林。公益林以保护和改善人类生存环境、维持生态平衡、保存物种资源、科学实验、森林旅游、国土保安等需要为主要经营目的；商品林以生产木材、竹材、薪材、干鲜果品和其他工业原料等为主要经营目的。

12.1.5　森林经营规划

森林经营规划是根据公益林和商品林主导利用功能的不同，按照适地适树、充分发挥林地生产力、兼顾生态效益、经济效益和社会效益原则，组织森林经营类型，制定经营措施，对森林进行科学经营管理。

12.1.5.1　森林经营类型组织

根据二类调查资料和森林资源状况，按林种、树种、起源、立地条件及经营目的不同，以小班为单元组织森林经营类型。考虑生态重要性、林权、经营目标一致性等因素，将经营目的、经营周期、经营管理水平、立地质量和技术特征相同或相似的小班组织成经营类型。经营类型是基本经营单元和规划设计单元。

12.1.5.2　公益林经营规划设计原则

根据公益林经营目标的不同，分别确定经营技术与培育、管护措施，包括造林、抚育和更新改造等，维持和提高公益林的保护价值和生态功能。公益林的更新造林，应充分利用自然力进行生态修复；人工林应采取保护天然幼树、幼苗等措施，增强自然属性。公益林可以限量规划抚育采伐、低效林改造和更新采伐，引进乡土珍贵树种，提高公益林的经济产出潜力。

12.1.5.3　商品林经营规划设计原则

商品林经营规划应体现以市场为导向，在确保生态安全前提下，以追求经济效益最大化为目标，充分利用林地资源，实行定向培育、集约经营。

(1)用材林

用材林追求经济效益最大化，同时考虑森林资源可持续利用的结构调整。按林种—森林经营类型—经营措施类型进行组织，各项经营措施落实到每个森林经营类型，这些经营措施包括更新造林、抚育间伐等。

(2)经济林

经济林规划应根据种植传统，因地制宜地选择果树林、食用原料林、林化工业原料林、药用林或其他经济林。根据市场需求、土地资源、产品质量、经营加工能力、储存能力及运输条件、名牌效应等因素确定经济林发展规模。按照“名、特、优、新”的原则，选择优先发展的产业。

(3)生物质能源林

生物质能源林经营可分为木质能源林和油料能源林。木质能源林经营应重点考虑当地居民的生活能源需求和当地生物质电能源生产的原料需求，选择高燃烧值的树种，规划经营规模；油料能源林经营应充分考虑就近加工的条件和能力，因地制宜地选择具有商业开发价值的树种，规划培育基地规模。

12.1.5.4　造林更新

造林更新是森林更新的主要方式之一，也是快速恢复森林植被的主要措施。造林更新是提高林分质量、调整树种结构和林种结构的重要措施。

(1)造林更新对象

经理期内进行造林更新的对象包括旧采伐迹地、火烧迹地、其他无立木林地、宜林地、达不到预期效益的低产林及经理期内实施皆伐作业的新采伐迹地等。

(2)造林更新面积

经理期内需要规划人工造林更新面积，其中包括宜林地造林规划面积、旧采伐迹地面积、其他无立木林地面积、低产林改造需造林面积、在经理期内实施皆伐作业的新采伐迹地面积及各自占更新规划面积比例，并要求在经理期内实现更新。

(3)造林更新措施

造林更新规划应根据造林地的立地条件、更新条件、交通条件、原植被等情况，按照森林经营布局、森林经营类型和适地适树等原则，对更新方式、造林更新树种、密度、造林季节、整地方式等做出科学的选择。

造林更新规划应选择生长快、材质好、经济效益高的珍贵树种和乡土树种，良种壮苗上山，保证造林成效。造林更新顺序应该先安排新采伐迹地，后安排有防护的宜林地，再安排交通便利、能集约经营的宜林地。

造林更新规划应列出人工造林按地类树种的规划表(表12-7)。按小班(细班)编制造林更新一览表(表12-8)。统计汇总，规划各树种按年度人工造林规划表(表12-9)。

表12-7　经理期人工造林按地类树种规划表　　hm^2

地类	树种1	树种2	树种3	树种4	…
地类1					

（续）

地类	树种 1	树种 2	树种 3	树种 4	…
地类 2					
…					
合计					

表 12-8　造林更新一览表

小班号	细班号	土地种类	目的树种	面积(hm^2)	造林季节	整地方式
1						
2						
…						
合计						

表 12-9　某树种按年度人工造林规划表　hm^2

地类	第 1 年	第 2 年	第 3 年	第 4 年	第 5 年	后 5 年
地类 1						
地类 2						
….						
合计						

12.1.5.5　抚育采伐

抚育采伐是在未成熟林分中，为了给保留木创造良好的生长条件，采伐部分林木的森林培育措施。抚育采伐伐除劣质林木、枯死木、病虫害木等，目的是调整林分组成，降低林分密度，改善林木生长条件，促进林木生长，提高林分质量。根据小班调查因子一览表，考虑各种抚育采伐技术要求，确定要进行抚育采伐的小班。以经营类型为单位，分别抚育采伐类型，编制“经营类型森林抚育采伐一览表”(表 12-10)。在一个经理期内，同一小班的同一种抚育采伐重复数次时，则应重复数次编入表中。各类抚育采伐分别合计。各种抚育采伐的面积与蓄积量除以间隔期即得各种抚育采伐的年伐面积和年伐蓄积量。

表 12-10　××经营类型森林抚育采伐一览表

抚育采伐类型	小班号	面积(hm^2)	蓄积量(m^3)	采伐强度(%)	采伐量(m^3)
类型 1					
类型 2					
…					
合计					

汇总各种抚育采伐面积，平均分配规划前 5 年抚育采伐面积并填入《各年度抚育采伐面积表》(表 12-11)，说明幼龄林和中龄林的抚育采伐面积及比例。

表 12-11 各年度抚育采伐面积表 hm^2

抚育采伐类型	第 1 年	第 2 年	第 3 年	第 4 年	第 5 年	后 5 年
类型 1						
类型 2						
…						
合计						

12.1.5.6 林分改造

林分改造是为了提高林分质量，对不符合经营目的、生长不良、经济价值低、没有培育前途的森林，实施有计划地进行改造，以适地适树，生长良好的林分取代的一种营林措施。以封育、抚育改造为主，避免大砍大造，结合适当的人工造林、人工补植等阔叶化造林措施，尽量培育异龄、复层、混交的健康稳定森林。林分改造内容包括林分改造对象、林分改造方式、林分改造技术措施和林分改造面积分配。

林分改造首先在疏林地、经济价值低的非目的树种组成的幼龄林中进行。在天然更新不良、卫生情况不佳的残破中龄林、近熟林内进行林分改造时，力求与抚育采伐等经营措施相结合。需进行林分改造的小班，应编制“林分改造一览表”(表 12-12)。规划经理期内需进行低产林改造的面积，应填表 12-13 说明其中低效防护林面积、低产用材林面积和低产竹林面积。

表 12-12 林分改造一览表

小班号	面积 (hm^2)	蓄积量 (m^3)	现有林分树种组成	目的林分树种组成	改造措施	采伐量 (m^3)	改造完成年限
1							
2							
…							
合计							

表 12-13 低产低效林改造规划面积表 hm^2

年度		第 1 年	第 2 年	第 3 年	第 4 年	第 5 年	后 5 年
合计							
商品林	低产用材林						
公益林	低效防护林						

12.1.6 森林采伐设计

森林采伐设计应坚持“以营林为基础，普遍护林，大力造林，采育结合，永续利用”的林业建设方针。森林采伐应有利于调整和优化森林结构，提高森林质量，稳定木材产量，保护生物多样性与水土资源，满足利益相关者的经营目的。应当根据森林资源状况、森林经营管理水平和社会经济条件等因素进行测算，合理确定采伐量。

12.1.6.1　森林采伐类型

森林采伐类型主要有主伐、抚育采伐、低产(效)林改造采伐、更新采伐等。

12.1.6.2　森林采伐量计算

(1)主伐

以经营类型为单位计算年伐量。

①主伐年龄和轮伐期　按优势树种确定主伐年龄。各经营类型的轮伐期等于优势树种主伐年龄加减更新期。一般情况下，森林采伐后能及时更新，轮伐期就等于主伐年龄。如果某经营类型由几个优势树种组成，则计算综合轮伐期：

$$u_a = \sum_{i=1}^{n} u_i p_i \tag{12-1}$$

式中　u_a——综合轮伐期；

u_i——某树种的轮伐期；

p_i——某树种下一代更新面积比重。

②皆伐年伐量计算　分别采用平均生长量法、区划轮伐法、成熟度法、第一林龄公式、第二林龄公式、数式平分法和曼特尔利用率法计算。当龄级结构分配均匀时，可选用的公式较多，其中较合适的是平均生长量法；在成、过熟林占优势的用材林中，可以采用区划轮伐法、数式平分法；在缺少成、过熟林时，可采用成熟度法和第一林龄公式。在各公式计算基础上，还有必要根据经营与利用要求，选择和确定各经营类型在经理期内的年伐量。对确定的年伐量应充分阐述理由与根据，说明这一年伐量是最适合设计对象的具体条件的。最后，编制各经营类型的年伐面积、蓄积量一览表(表 12-14)。

表 12-14　各经营类型年皆伐量计算结果表　　hm^2、m^3

经营类型	龄级公式		区划轮伐法		成熟度法		第一林龄公式		第二林龄公式		数式平分法		曼特尔利用率法		确定年伐量	
	面积	蓄积量	面积	蓄积量	面积	蓄积量	面积	蓄积量	面积	蓄积量	面积	蓄积量	面积	蓄积量	面积	蓄积量
类型 1																
类型 2																
类型 3																
…																
合计																

③择伐年伐量计算　择伐面积、蓄积量用下式计算：

$$\text{年伐面积} = \frac{\text{需择伐作业的成、过熟林面积} + \text{经理期内进入择伐作业的成、过熟林面积}}{\text{择伐周期}} \tag{12-2}$$

$$\text{年伐蓄积量} = \text{年伐面积} \times \text{成、过熟林单位面积蓄积量} \times \text{采伐强度} + \frac{\text{成、过熟林年净生长量}}{2} \tag{12-3}$$

经上式计算，得到年择伐面积和年择伐蓄积量，并记入表 12-15。

表 12-15 各经营类型年择伐量计算结果表

经营类型	择伐强度	面积(hm^2)	蓄积量(m^3)
类型 1			
类型 2			
…			
合计			

④主伐地点安排　主伐方式和年伐量确定好后，结合以下条件，安排经理期内前 5 年的采伐地点，后 5 年不分年度。

a. 根据林况急需采伐的林分。

b. 根据经营上的特殊需要，如防火线、苗圃、建设用地及林道等的需要而必须采伐的林木。

c. 过去没有采伐完的伐区成熟林分。

d. 郁闭度小，而生长量已经下降的过熟林分。

e. 便于采运作业。

在选择主伐地点时，不仅要考虑年伐面积，更要注意年伐蓄积量。以经营类型为单位分别采伐方式编制主伐一览表(表 12-16)。

表 12-16 各经营类型主伐一览表　hm^2、m^3

经营类型	采伐年度	小班号	面积	蓄积量	采伐面积	采伐蓄积量	保留蓄积量	预定采伐蓄积量
类型 1								
类型 2								
…								
合计								

(2)抚育采伐

统计经理期内幼、中龄林需抚育采伐的面积，其中包括幼龄林透光伐面积及比例；中龄林采伐面积及比例。抚育采伐量用以下公式计算：

$$\text{年抚育采伐面积}=\frac{\text{需抚育采伐面积}}{\text{间隔期(10 年)}} \tag{12-4}$$

$$\text{抚育采伐蓄积量}=\text{年采伐面积}\times\text{采伐每亩蓄积量}\times\text{采伐强度} \tag{12-5}$$

经计算，得到经理期年抚育采伐面积和年采伐蓄积量，并记入表 12-17。

表 12-17 年抚育采伐量计算结果表　hm^2、m^3

林种、经营类型	合计		幼龄林		中龄林	
	面积	蓄积量	面积	蓄积量	面积	蓄积量
防护林计						
…						
用材林计						
…						
合计						

(3)低产(效)林改造采伐

分别优势树种计算低产(效)乔木林需改造面积，改造采伐量用以下公式计算：

$$年伐面积=\frac{需改造低产低效林面积}{改造期(5年)} \tag{12-6}$$

$$年伐蓄积量=年伐面积×需改造林分每亩蓄积量×改造采伐强度 \tag{12-7}$$

经上式计算，得到经理期前 5 年年均林分改造面积、年均采伐蓄积量，并记入表 12-18。

表 12-18　年改均造伐面积、蓄积量计算结果表　hm^2、m^3

优势树种组	年改造面积	年改造采伐蓄积量
树种 1		
树种 2		
…		
合计		

(4)防护林更新采伐

①防护林更新采伐年龄　按大于各树种(组)进入成熟期的 1~2 个龄级以上确定。

②防护林更新采伐方式、间隔期和强度　防护林更新采伐方式采用渐伐或择伐方式。渐(择)伐间隔期为林分优势树种组的一个龄级。渐(择)伐强度：松、杉为伐前林分蓄积量的 30%，阔叶树为伐前林分蓄积量的 25%。

③防护林更新采伐面积、蓄积量计算。

$$年伐面积=\frac{经理期内需进行更新采伐的防护林面积}{间隔期} \tag{12-8}$$

$$年伐蓄积量=年伐面积×防护林成、过熟林每亩蓄积量×采伐强度 \tag{12-9}$$

经理期内，统计防护林需更新采伐更新的面积和蓄积量。按上述公式分别起源、树种组计算经理期内防护林年更新伐面积和年更新伐蓄积量，并记入表 12-19。

表 12-19　防护林各树种组更新采伐面积、蓄积量计算结果表　hm^2、m^3

树种	年更新伐面积	年更新伐蓄积量
树种 1		
树种 2		
…		
天然计		
树种	年更新伐面积	年更新伐蓄积量
树种 1		
树种 2		
…		
人工计		

12.1.6.3 森林合理年伐量确定和评价

(1)合理年伐量的确定原则

①林木年消耗量小于年总生长量。

②有利于改善、调整森林结构和提高森林质量。

③主伐对象仅为达主伐年龄的用材林林分。

④优先安排抚育采伐、林分改造及过熟林采伐。

⑤适时采伐各类可利用资源，获得最佳综合效益。

(2)合理年伐量的确定

遵循合理年伐量的确定原则，根据上述计算的各类林木采伐量，考虑经营单位生态、经济与社会发展对森林资源的需求，经综合分析后确定经理期前5年和后5年各类林木的合理年伐量和后5年各类林木的采伐总量，并编制经营单位各采伐类型的合理年采伐面积、蓄积量汇总表。

(3)分年度各类森林采伐量

由森林主伐、抚育采伐、更新采伐、林分改造等多种森林经营措施进行的林木采伐利用构成森林总采伐。按照经营类型、优势树种进行汇总，最后编制出各类森林采伐量汇总表(表12-20)。

(4)合理年伐量分析评价

根据采伐量是否超过生长量，是否会采伐未成熟林分，抚育采伐和林分改造面积占幼、中龄林的比例，及其对改善林分结构和质量的影响等方面进行分析评价。

表 12-20 合理年采伐量汇总表

hm^2、m^3

起源树种			林木								商品林							公益林				
			合计	主伐			抚育采伐	更新采伐	低产(效)林改造伐	其他采伐	合计	主伐			抚育采伐	低产林改造伐	其他采伐	合计	抚育采伐	更新采伐	低效林改造伐	其他采伐
				小计	皆伐	择伐						小计	皆伐	择伐								
经理期年均采伐量		面积																				
		蓄积量																				
前5年年采伐量		面积																				
		蓄积量																				
树种	树种1	面积																				
		蓄积量																				
	树种2	面积																				
		蓄积量																				
	树种3	面积																				
		蓄积量																				
后5年年采伐量		面积																				
		蓄积量																				

12.1.7　非木质资源经营与森林游憩规划

12.1.7.1　非木质资源经营

非木质资源主要包括竹子、干果、水果、茶叶、花卉、药材、食用菌及其副产品以及森林景观等森林资源。非木质资源经营规划应以现有成熟技术为依托，以市场为导向，规划利用方式、强度、产品种类和规模。在严格保护和合理利用野生资源的同时，积极发展非木质资源的人工定向培育。

12.1.7.2　森林游憩规划

充分利用林区多种自然景观和人文景观资源，开展以森林生态系统为依托的游憩活动，以满足人们日益增长的精神、娱乐、休闲、环境教育需要。规划应因地制宜地确定环境容量和开发规模，科学设计景区、景点和游憩项目。森林游憩规划包括经营目标、经营布局和经营原则。

12.1.8　森林健康与生物多样性保护

森林健康是森林抵抗自然和人为干扰，自我调节并保持其生态系统稳定性和生物多样性的能力。森林火灾、病虫害和人为过度采伐等都是影响森林健康的主要因素。科学经营管理森林，可以减少自然灾害和人为干扰对森林健康的威胁。

12.1.8.1　森林健康

(1)森林防火

护林防火设计主要包括：

①火险等级划分　根据树种易燃程度、气象火险因子、道路网密度和森林资源数量等划分。

②防火设施　瞭望塔、通信设施、灭火器械、交通工具、防火指挥系统等。

③防火隔离带。

④防火队伍、制度建设。

(2)森林病虫害防治

坚持以“预防为主、科学控制、依法治理、促进健康”的防治方针。森林病虫害防治设计内容主要包括：

①现有病虫害种类、分布和防治措施。

②预测预报体系建设　病虫害监测网络体系、设备和人员队伍建设。

③生物防治措施　抗病虫害优良品种选育，天敌资源保护与利用。

12.1.8.2　生物多样性保护

生物多样性包括物种、遗传、生态系统和景观的多样性。保护生物多样性是保护人类自身的生存与发展的基础。生物多样性保护的途径有多种，例如，建立自然保护区，采伐剩余物回归自然，采伐迹地保留一定数量的活立木、枯死木或倒木，营造混交林，保护天然林，保持景观完整性等。

12.1.9　预期效益及森林经营建议

各项内容设计完毕，要对所做的各项设计作简单分析评价，预估设计地区实施这些措施后，在经营集约度、森林覆盖率、林分质量、林分结构、生物多样性保护等方面将会发生什么变化，对社会、经济和生态效益进行简要评估。说明经营单位存在的问题，提出若干森林经营的意见建议。

12.2 课程设计组织安排

森林经理学课程设计的时间建议为 1 周。在组织课程设计时，应根据班级人数，分成若干组，每组 5 人左右。各小组在对课程设计地区基本情况全面分析的基础上，依据设计地区二类调查数据，按照本章课程设计内容提要，撰写课程设计说明书。

第十三章　野外教学实习安全指南

野外教学实习是森林经理学实践教学的重要组成部分，安全工作是野外教学实习任务顺利进行的重要保障。开展野外教学实习的师生应当了解野外危险识别和安全防范基本知识，掌握野外安全自救、互救，应急和野外救护等基本技能。需要说明的是，本教材介绍的只是野外教学实习时应急防范和应急处理措施，一旦出现野外安全事件，必须第一时间拨打 110 报警电话和 120 急救电话，由专业力量开展进一步处置，以确保野外教学时实习师生的人身安全。

13.1　野外教学实习安全知识

13.1.1　野外教学实习安全基本要求

①开展教学实习的师生应当具备野外危险识别、防范，野外安全自救、互救等基本技能。

②在安排野外教学时，应注意查看天气预报，每日出发前，应当了解当天的天气情况、行进路线及路况、调查区域地形地貌、地表覆盖等情况。雷电、暴雨、强降雪、强对流等恶劣天气严禁开展野外教学实习工作。遇到雷雨等恶劣天气要及时返回驻地，不能返回的要就近找房屋躲避。雷雨天严禁在大树底下及山顶避雨。

③应提前了解野外教学实习区域自然地理、气候，野生动植物，交通条件，社会治安，民俗民风等情况。

④在预判野外教学实习区域的基本情况和天气状况基础上，根据实际需要携带必需的野外安全物资和装备。

⑤若无特殊需要和要求，禁止夜间开展野外实习和宿营。

⑥在野外教学实习期间，严禁单独行动，严禁擅自打猎、捕鱼、游泳及食用野生动植物等。

⑦在开展野外教学实习时严禁吸烟。禁止在水塘、水潭、河流较深地段洗澡。

⑧野外教学实习区域靠近高压输变电设施时，应将实习区域适当调整至安全区域。确实无法避让时，严禁使用金属类测距仪器。

⑨在陡坡地带教学实习时，一是要确保顶部无险和浮石，脚下踩稳；二是对滑坡、崩塌、悬崖等危险地域，绕行上山，不能绕行的，要排除危险物；三是严禁上下同时垂直作业，必须错开站位，确保安全，严防踩落石块，避免造成人员受伤。

⑩夏季是蛇虫出没的季节，野外教学实习时要用声音驱赶，棍棒防身，涂抹药物驱赶等。行走时要手持木棍，在草丛较深的地段提前敲打，做到打草惊蛇，确定无危险后再通过。

⑪夏季食物容易发霉、变质，吃饭时要注意检查食物，以免误食，导致疾病。

⑫野外教学实习师生一定要随身做好防暑降温、防感冒拉肚、防蚊虫、防蛇咬、防破伤等药物的携带。同时也要携带照明手电和雨衣等。

13.1.2 野外教学实习安全物资保障

13.1.2.1 劳动保护用品

一般区域野外教学实习时，应配备野外工作服、背包、劳动保护手套、防虫剂、登山鞋、防晒防蚊帽、口罩、雨衣、雨鞋等。在特定区域还要根据不同的地理环境和气候条件配备特殊装备。

13.1.2.2 野外救生用品

(1)基本物品

①针线　可用于缝衣服，也可用于挑刺。

②指南针　可用于辨别和指明方向。

③口哨　可用于发出声音求助信号。

④荧光笔　可用于作出求助标记。

⑤塑料袋　携带饮用水不足时，可将塑料袋套住树叶，获取蒸发水。

⑥盐　可用于消毒、做饭甚至挽救生命。

⑦其他物品　如手动发电或太阳能应急电源、反光镜、应急口粮(压缩饼干)等，可根据需要配备。必要时，可以配备对讲机、GPS定位设备以及绳索、刀具和组合工具钳等野外应急装备，也可以配备水壶、饭盒、毛巾、肥皂、洗衣粉等个人生活用品。

(2)急救药品

①外伤用药　绷带、碘酒、创可贴、消毒纸、外用消肿止痛剂、眼药水或眼药膏等。

②日常用药　如感冒药、退烧药、消炎药、止泻药等。

③止痛药、抗过敏药　可以缓解疼痛、减轻中毒症状。

④在夏季或热带地区携带清凉油、虫咬水、仁丹、藿香正气水(液)或其他消暑药适量。

⑤在毒蛇比较多的地区，要携带蛇药。最好带上一定量的复合维生素片。

⑥其他药物　诸如肠内镇静剂用于治疗急性或慢性腹泻，抗生素用于治疗各类细菌性感染。抗组胺剂用于治疗各类过敏性反应、蚊虫叮咬和毒虫蜇刺等。高锰酸钾溶于水呈浅红色时可用于消毒，深红色时可用于杀菌，紫红色时可用于治疗真菌疾病。

13.1.3 野外教学实习安全知识

13.1.3.1 行进知识

野外教学实习行进中，要避免穿新鞋。鞋带不能系得太松或太紧，否则会使双脚过早出现疲劳，且易受伤。鞋带要用扁平的，不要用圆形的，因为圆形绳状的鞋带易松开。行进过程中如果发现鞋带松开，要立即系好，以免发生危险。出发前，可以在双脚与鞋摩擦多的地方涂些凡士林或油脂类护肤用品，以减少摩擦，防止脚受损伤。

(1)一般行进

走路要有节奏。小步幅，保持相同节奏的行走能使师生忍耐长时间步行，减轻疲劳感。步行的正确姿态是用脚尖踢出，然后以脚跟着地，两手以适当幅度前后摆动。

(2)上坡下坡

走上坡路时，应将步伐放小一步一步扎实地走。如果大步行走，身体会左右摇晃，容易失去平衡。如果上坡太陡，可以走"之"字形。在上坡时可将身体稍向前倾，但不要太过，否则容易引起眩晕。

走下坡路时，整个脚底要贴在地面，扎扎实实地慢走，并把鞋带系得紧一些，以免顶伤脚尖。遇到很陡的坡时，可以蹲下来，借助身旁的植物。但要确认所借力的植物生长稳固。应尽量选择木本植物的粗枝，而不是草，并且不要把所有重心都转移给植物。可以学螃蟹一样横着走，也可前脚伸出站稳后，后脚再跟上，这样最不容易摔倒。

注意在山间行走时，呼吸应该深而且长，步伐要平稳均匀。尽量选择平坦的地方落脚，不要踩在已经松动的岩石上。当不能避免时，先用一只脚试探一下，不要轻易挪动重心，确保岩石稳定性后再换重心，踏上该石。在上下坡过程中保证两手空着，在滑倒或发生滑坠时可以抓住身边凸起的岩石或植物自救。

(3)丛林穿越

丛林穿越应着长袖衫和长裤，要小心观察路线及走向，避免迷路。不要紧随前面的人，以免因树枝反弹被打伤。丛林穿越时要时刻留意洞穴或石块，以免失足摔倒；可以利用树枝拨开草丛荆棘，并提膝踏步前进，以降低受蛇虫侵袭的危险。

13.1.3.2　寻找避身之处

在山地如遇风雪、浓雾、强风等恶劣天气，应停止行进，躲避在山崖下或山洞里，待天气好转时再走。雨季在山地行进时，应尽量避开低洼地，如沟谷、河溪，以防山洪、塌方或泥石流。在开阔的平原或山顶时，如遇雷雨，应立即到附近的低洼地或稠密的灌木丛中，不要躲在高大的树下。大树常常引来落地雷，人易遭到雷击。避雷雨时，应把携带的金属物品暂时存放到一个容易找的地方，不要带在身上。

13.2　野外教学实习安全防范知识

森林经理学野外教学实习时，可能出现方向无法判定、火灾、水灾、雪崩、泥石流、山体滑坡和动物伤害等突发情况，也可能出现饮水安全、宿营安全、伐木安全等安全问题，结合森林经理学野外教学实习过程中可能出现的情况，这里重点介绍方向判定、火灾防范、野兽伤害防范、节肢动物伤害防范、蛭类伤害防范和蛇类伤害防范。

13.2.1　方向判定

①罗盘(指北针)　罗盘是野外工作最为常用的定向工具，使用简便。罗盘指针指向北(N)，这个方向是磁北方向，与真北方向有一个偏差角度，应计算出磁偏角的数差以取得准确的罗盘方向。

②手表　方法是用手将手表托平，表盘向上，转动手表，将表盘上的时针指向太阳。这时，表的时针与表盘上的12点会形成一个夹角，这个夹角的角平分线的延长线方向就是南方。

③北极星　北极星所在的方向就是正北方向。北斗七星也就是大熊星座，像一个巨大的勺子，在晴朗的夜空中很容易找到，从勺边的两颗星的延长线方向看去，约在两星间隔5倍处，有一颗较亮的星星为北极星，即正北方。

④立竿见影　在晴朗白天，将一根直杆垂直插在地上，在太阳的照射下会形成一个阴影。把一块石子放在影子的顶点处，约 15 分钟后，直杆影子的顶点移动到另一处时，再放一块石子，然后将两个石子连成一条直线向太阳的一面是南方，相反的方向是北方。直杆越高越细、越垂直于地面，影子移动距离越长，测方向越准。

⑤树木、苔藓　树木树冠茂密的一面应是南方，稀一面是北方。苔藓的道理与之相反。另外，通过观察树木的年轮也可判明方向。年轮纹路疏的一面朝南方，纹路密的一面朝北方。

⑥积雪的融化　积雪融化的地方定是朝南方的。

13. 2. 2　火灾防范

①发生火灾时，应及时报警呼救。最佳的逃生方式是朝河流或公路的方向逃走。此外也可跑到草木稀疏的地方。同时要注意风向，避开火头。

②如果被大火挡住去路，应走到最开阔的空地中央，若有可能应清除周围的易燃物。切勿走进干燥的灌木丛或野草茂盛的地方。

③如果随身携带水，应弄湿毛巾或外衣，遮盖头部。如果附近有溪流、水塘，应尽快靠近水源。

④如果火焰逼近，难以逃离，应尽快伏在空地上或岩石后，身体贴近地面，用外衣遮盖头部，以免吸入浓烟。火灾过后，熄灭余火，逆风向撤离。

13. 2. 3　野兽伤害防范

在野外遇到野兽或发现进入野兽活动、穴居的区域要尽快离开，不要接触幼仔，除非万不得已，不要捕杀野兽。

①野外遇到野猪时，应保持冷静，然后慢慢走开，或就近攀爬较粗的树木，野猪没有攀爬能力，但能咬断小树。

②野外遇到狼时，用火吓退它们，如果可能首先击毙狼首，狼群攻击时，狼首一般坐在旁边看、体型较大。

③野外遇到熊时，伸张双臂，将背包或外套放在头顶，让自己看起来显得强大，然后慢慢后退着离开。熊不怕火，会爬树，对声音敏感。

④野外遇到虎时，应面对着它慢慢后退，因猫科动物对背影有很强的捕猎意识，切勿背对着老虎。

⑤野外遇到豹时，尽量站着不动，不要有眼神接触，且时刻警惕豹的移动，切勿背对着豹。

13. 2. 4　节肢动物伤害防范

13. 2. 4. 1　蝎子蛰刺

①蝎子白天常隐藏在缝隙、石块儿下，夜间活动。切勿赤手在缝隙、石块儿下摸索。

②夜间休息时，若蝎子在身上爬，千万不要用手捉，要慢慢调整身体，迅速抖掉，或者静止不动，任其自己爬离。

③如果被蝎子蛰刺，要尽快用带子扎紧伤口上端，防止毒素扩散，拔除毒刺后，局部可用肥皂水或 3%的氨水清洗伤口，再将蛇药溶解涂抹患处。

13.2.4.2　蜂类蛰刺

①蜂类对蜂巢十分爱惜，在野外应远离蜂巢，特别是不要随意晃动筑有蜂巢的树枝。

②被蜂群攻击时，可以用厚衣服蒙住头及外露的皮肤，也可用火、烟驱赶，并迅速逃离。

③如果被蜂类蛰刺，切勿挤压伤口，以免毒液扩散，若有蛰刺留在皮肤内，及时用针或小刀挑出。

④马蜂毒属碱性，可用3%的硼酸或1%的醋酸，甚至直接用醋清洗伤口；蜜蜂毒液属酸性，可用肥皂等碱性液体清洗。

13.2.4.3　蚊虫叮咬

①在蚊虫季节开展野外教学实习前，应接种乙脑疫苗，涂抹或喷洒防蚊虫药剂。

②在处于没有任何措施的野外环境时，可用泥浆涂抹身体裸露部分防蚊虫叮咬。

③如果被蚊虫叮咬，其唾液腺为酸性，因此，可用碱性液体中和，如肥皂水、石灰水、氨水等均可涂抹患处，也可用蚊虫叮咬药水或车前草捣烂外敷止痒。

13.2.4.4　蜱虫叮咬

①进入蜱虫分布区域开展野外教学实习前，应接种森林脑炎疫苗。

②进入蜱虫分布区域时，应做好个人防护，不要穿白色和红色衣服，不要使皮肤暴露，穿戴“五紧”防护服，袖口、领口、裤脚等处扎紧并穿高筒靴，头戴防虫罩，防止蜱虫叮咬。

③如果被蜱虫叮咬，不可强拔虫体，可用烟头热烘或滴碘酒、酒精等使其自然脱落，并做消炎处理。叮咬后若出现发热，叮咬部位发炎、溃烂等状况，应及时就医，避免错过最佳治疗时机。

13.2.5　蛭类伤害防范

13.2.5.1　水蛭叮咬

①在水域开展作业时不应赤脚。

②烟蒂泡水，涂抹身体，干扰水蛭化学感应器。

③如果被水蛭叮咬，切勿用手直接拽出，可用手拍打，或者用烟头热烘。

④伤口可用消毒水、盐水或清水冲洗，然后手压法止血10分钟以上，或者加压法包扎。

13.2.5.2　旱蛭叮咬

①旱蛭常栖息在草丛或灌木丛中，穿越旱蛭栖息区域时应穿戴“五紧”防护服，穿越后应及时检查。

②用烟蒂、香水等气味干扰旱蛭化学感应器。

③如果被旱蛭叮咬，应急方法同“水蛭叮咬”中③④。

13.2.6　蛇类伤害防范

①学会鉴别毒蛇和无毒蛇　毒蛇一般头形呈三角或心状，体色鲜艳，蛇尾粗短，攻击性强。

②了解毒蛇的栖息地　蛇类属变温动物，在凉爽的季节和早晨蛇类要靠太阳提高体

温，它们一般选择开阔的草丛。毒蛇一般喜欢栖息在离水源不远的草丛中。

③了解蛇类的习性　蛇类对静止的东西不敏感，喜欢攻击活动的物体。如果与毒蛇相遇，不要突然移动，保持镇静，原地不动，毒蛇会慢慢离开。

④了解蛇类攻击部位　蛇类咬人的部位以膝盖以下为主，翻动石块和穿越草丛时容易被咬。因此，在毒蛇分布多的区域，要穿较厚的高筒靴，徒手作业要格外小心。

⑤对于蟒蛇，应防止被缠绕。

⑥如果被蛇咬伤，首先应判断是否为毒蛇咬伤。如果可以确定是毒蛇咬伤，受伤者应安静下来，防止毒液快速扩散。尽快内服或外敷蛇药，并用物理的方法在近心端结扎、排毒，并及时就医。禁止用嘴吮吸毒液，以防吮吸者中毒。

13.3　野外救护与常见问题处理

13.3.1　常见野外救护方法

13.3.1.1　心肺复苏与人工呼吸

在野外教学实习时，由于急性心肌梗塞、严重创伤、电击伤、溺水、挤压伤、踩踏伤、中毒等多种原因都可能引起呼吸、心搏骤停。对于呼吸、心搏骤停的伤病员，心肺复苏成功与否的关键是时间。在心跳、呼吸骤停后 4 分钟之内开始正确的心肺复苏、8 分钟内开始高级生命支持者，生存希望大。心肺复苏与人工呼吸步骤参见相关医疗救护资料。

13.3.1.2　止血

①指压止血法　在伤口的上方，找到跳动的血管，用手指紧紧压住，这是应急的临时止血方法，同时应准备材料换用其他止血方法。通常动脉流经骨骼并靠近皮肤的位置均为按压点。

②加压包扎止血法　用消毒的纱布或急救包填塞伤口，再用纱布卷或毛巾折成垫子，放在出血部位的外面，用三角巾或绷带加压包扎。

③止血带　用止血带紧缠在肢体上，使血管中断血流，达到止血的目的。如果没有止血带，也可以用三角巾绷带、布条等代替。

13.3.1.3　骨折固定

①止血　骨折尤其是开放性骨折往往引发大量流血，必须马上为患者止血。

②止痛　骨折的剧烈疼痛往往引起休克，有条件时，应该为患者止痛(口服止痛药或者肌肉注射杜冷丁)，并注意保暖。

③复位　在野外生存的艰苦环境下，不可能及时见到医生但是又必须及时对骨折进行复位。复位成功后，应该马上固定。

④包扎　对于开放性骨折的患者，应该进行包扎处理，以免伤口受到污染。

⑤临时固定方法　对于发生骨折的患者，在运输前，必须进行固定。固定的材料最好是特制的夹板。在野外，可就地取材，用树枝、木棒、草捆、纸卷等。

13.3.2.1　野外常见问题处理

13.3.2.1　痢疾

如果野外教学实习时得了痢疾，又没有任何止泻药，可以采取以下措施：

①24 小时内限制流食摄入量。

②茶叶富含丹宁酸，能有效制止腹泻，每 2 小时喝一杯浓茶直到腹泻频率降低或者停止。阔叶树树皮中也含有丹宁酸，将树皮煮 2 小时以上，使之将丹宁酸释放出来。

③用一把石灰或者炭灰，再加处理过的水制成混合物，如果有苹果糊或者柑橘类水果的果皮，按同等比例加入混合物中，会更加有效。每隔 2 小时服用两汤匙，直到腹泻频率降低或者停止。

13.3.2.2　高原反应

高原反应常见症状有头痛、头昏、心慌、气短、食欲不振、恶心呕吐、腹胀、胸闷、胸痛、疲乏无力、面部轻度浮肿、口唇干裂等。危重时血压增高，心跳加快，甚至出现昏迷状态。有的人出现异常兴奋，如酩酊状态、多言多语、步态不稳、幻觉、失眠等现象。高原反应的临界高度是海拔 3000 m，高原病患者应尽量往低海拔地区转移。高原反应的防治措施如下：

①一般情况下 3~5 天内即可逐步适应高原环境，胸闷、气短、呼吸困难等缺氧症状将消失，或者大有好转。吸氧能暂时缓解高原不适症；若高原不适应症状越来越重，即使休息也十分明显，应立即吸氧，送医院就诊；若症状不严重且停止吸氧后，不适症状明显缓和或减轻，最好不要吸氧，以便早日适应高原环境。

②高原气温低，随气温急剧变化，应及时更换衣服，做好防冻保暖工作，防止因受冻而引起感冒，感冒是急性高原肺水肿的主要诱因之一。

③调节好在高原期间的生活。食物应以易消化、营养丰富、高糖、含多种维生素为佳，多食蔬菜、水果，不可暴饮暴食，以免加重消化器官的负担。严禁饮酒，以免增加耗氧量。睡眠时枕头应垫高，以半卧姿势最佳。

④为了提高机体对缺氧的耐力，减少高山病的发生，主要药物有：复方党参片、黄芪茯苓复方剂、醋氮酰胺、利尿磺胺、螺旋内酯、中枢神经系统兴奋剂、抑制剂、脒基硫脲和营养剂与代谢激素类制剂、三普红景天胶囊。

13.3.2.3　中暑

中暑是高温影响下的体温调节功能紊乱，常因烈日暴晒或在高温环境下重体力劳动所致。中暑的急救措施如下：

①搬移　迅速将患者抬到通风、阴凉、干爽的地方，使其平卧并解开衣扣，松开或脱去衣服。如衣服被汗水湿透应更换衣服。

②降温　患者头部可捂上冷毛巾，可用 50%酒精、白酒、冰水或冷水进行全身擦拭，然后吹风加速散热。要注意不要快速降低患者体温，当体温降至 38℃以下时，要停止一切冷敷等强降温措施。

③补水　患者仍有意识时，可给一些清凉饮料，在补充水分时，可加入少量盐或直接补充小苏打水。但千万不可急于补充大量水分，否则，会引起呕吐、腹痛、恶心等。

④促醒　病人若已失去知觉，可指掐人中、合谷等穴，使其苏醒。若呼吸停止，应立即实施人工呼吸。

⑤转送　对于重症中暑病人，必须立即送医院诊治。搬运病人时，应用担架运送，不可使病人步行。运送途中要注意，尽可能地用冰袋敷于病人额头、枕后、胸口、肘窝及大

腿根部，积极进行物理降温，以保护大脑、心肺等重要脏器。

13.3.2.4 冻伤

在体表的裸露部位和远离心脏的区域相对较易发生冻伤(远离心脏的区域受血液循环的影响最小)，如手、脚、鼻、耳、脸等相对裸露的部位。冻伤常用处理措施如下：

①初步的冻伤　如果仅仅伤及皮肤，可将受冻的部位放到温暖处。例如，将手夹在腋窝部，脚抵住同伴的胃部(不要与同伴待的时间过久)，解冻的时候会产生疼痛感。

②深度的冻伤　深度冻伤要采取措施以防止冻伤部位进一步恶化，不要用雪揉搓，或放在火上烘烤。最好的方法是将冻伤部位放在28.0~28.5℃的温水中缓慢解冻，水温可以用肘部试探。

③严重的冻伤　可能引起水瘤，易受到感染，也容易转为溃疡，冻伤部位的肌体组织将变黑、坏死，最终剥落。不要挑破水瘤，也不可以摩擦伤处，伤处受热过快就会产生剧痛。可参见深度冻伤方法处理。

13.3.2.5 休克

休克的常见症状有头晕、不辨方向，或者莫名躁动；虚弱、无力、发抖；出冷汗；小便减少等。休克严重症状为快速而微弱的脉搏，或者没有脉搏；不规则的喘气；瞳孔放大，对光线反应迟钝；神志不清，最终昏迷并死亡。野外发现休克症状后，可以采取如下措施：

①如果患者是清醒的，将其放在一个平面上，下肢抬高15~20 cm。

②如果患者已经失去了知觉，让其侧躺或者面朝下趴下，头部歪向一边，以防止被呕吐物、血或者其他液体呛到。

③如果拿不准采用什么姿势，就把患者放平。如果患者进入了休克状态，不要移动他。

④保持患者体温，有时候需要从外部给患者提供热量。

⑤如果患者浑身湿透了，应尽快脱下其湿衣服，换上干的衣服。

⑥用衣服、树枝或者其他可能的东西垫在患者身下，使之和地面隔开。临时搭建一个避身场所使患者与外界隔开。

⑦从外部给患者提供热量可通过热的饮料或食物；预热过的睡袋；他人体温；壶装热水；用衣服包住的热石块；或者在患者两边生火。不过，只有在患者清醒的时候才可以喂其热的饮料或者食物。

13.3.2.6 溺水

当出现溺水情况时，应尽快将溺水者打捞到陆地上或船上，迅速解开溺水者衣扣，检查呼吸、心跳情况。若尚有呼吸、心跳，可先倒水，动作要敏捷，切勿因此延误其他抢救措施。检查溺水者的口鼻腔内是否有异物，如有，立即清除口鼻腔内污泥、杂草、呕吐物等，保持呼吸道通畅，注意保暖。若已无自主呼吸，应采取人工呼吸等抢救措施。在野外教学实习时，溺水者的急救方法如下：

①救护者一腿跪地，另一腿屈膝，将溺水者的腹部置于救护者屈膝的大腿上，使溺水者头部下垂，然后用手按压其背部使呼吸道及消化道内的水倒排出来。

②救护者抱住溺水者两腿，将溺水者的腹部放于肩上并快步走动，也可帮助溺水者

排水。

③如溺水者呼吸、心跳已停止，应立即进行心肺复苏术。口对口人工呼吸时吹气量要大，吹气频率为14~16次/分钟。要长时间坚持抢救，切不可轻易放弃。若有必要时要做气管内插管，吸出水分并做正压人工呼吸。

④溺水昏迷者可针刺人中、涌泉、内关、关元等穴，强刺激留针5~10分钟。

⑤溺水者呼吸、心跳恢复后，人工呼吸节律可与患者呼吸一致，给予辅助，待自主呼吸完全恢复后可停止人工呼吸，同时用干毛巾向心脏方向按摩四肢及躯干皮肤，以促进血液循环。

13.3.2.7　轻微损伤

①水疱　水疱通常出现在脚上，原因可能是鞋子不合脚或者鞋内有沙粒或其他异物。因此，在出发前不要选用新鞋。如果因特定原因一定要穿新鞋，应在去野外前先穿一个星期以上，脚已适应才行。野外行走过程中如果发现鞋内有异物，应立即脱鞋检查，清除异物。如果是鞋子不合脚，可将它们都放到水里浸泡一段时间，再用一些油来擦涂鞋子，使鞋子柔软变得合脚。如果工具不合手，手上也会出现水疱。因此，要选用合适的工具，戴好手套，或将手包裹好。脚上起水疱的另一个主要原因是袜子脱落或起皱。在涉水时会经常出现这样的情况，这时候要将袜子拉好，或者干脆将袜子与鞋子底部缠绕在一起；最好穿上两双袜子，紧贴皮肤的里层为尼龙袜，外层为棉布袜，这样就不容易滑落。出现水疱的处理方法是：首先将水疱的表面清洗干净，用消过毒的针将水疱从边缘处刺破，轻轻压出里面的液体，然后包扎。

②眼内异物　眼内出现异物时，首先检查眼球和下眼睑，向下拉动眼睑，查看内部，要求病人向上看，然后用潮湿的布或湿毛巾(用布角或毛巾角)移走异物。如果并没有发现异物，那么问题可能出在上眼睑下部，你可以拉动上眼睑或者是下眼睑的睫毛的上部，让它们摩擦，自然除去异物；如果仍不起作用，可以用拇指与食指夹住上眼睫毛，上眼睑上拉；如果是为他人去除异物，取一根火柴棒或纤细的枝条放在眼睑上，它的效果更佳，然后把眼睑翻上去，要求病人向下看，查看眼球和眼睑下部，用潮湿的布角，或者清洁的无色刷子，甚至皮革，移去异物。如果是为自己清除异物，要面对镜子，不要随意乱摸。

③耳朵疼痛　除非由于感染，耳朵疼痛通常是耳膜上集存了耳垢而产生的压力造成的。对于鼓膜来说，这是难以承受的。应把数滴微热的食用油，灌入耳内，用圆棉塞住耳孔。食用油的热量会使疼痛减弱，油也会使耳垢软化。

13.3.2.8　一般性中毒

①食物中毒的症状是恶心、呕吐、腹泻、胃疼、心脏衰弱等。

由于不慎吞咽引起的中毒，最有效的一种方法就是呕吐，但对于那些呕吐时能引起进一步伤害的化学性物质和油性物质，这一方法就不可用；另一种方法是洗胃，快速喝大量的水，然后吃蓖麻油等泻药清肠。也可用茶和木炭混合成一种消毒液，或只用木炭，加水喝下去，让其吸收毒质。

②皮肤接触有毒的植物后会引起过敏、炎症、腐烂等中毒现象，甚至导致死亡。因此，产生接触后应用肥皂水冲洗干净，更要清除衣服上的污迹。不能用中毒的手触碰脸等其他身体部位。

13.3.2.9 常见身体不适

①发烧 休息调养，服用阿司匹林等药物。

②脸色苍白 当脸色苍白时，为了提高脑部血压，应使脚部垫高后睡眠休息。脸色苍白而且冒冷汗，是患了热射病时常见的症状，应该保持安静直至脸上恢复血色为止。

③恶心呕吐 身体俯卧，把右手伸到颌下当作枕头会觉得轻松一些。仰面朝天的姿势会使呕吐物或唾液堵塞气管。

④头疼打喷嚏并觉得浑身发冷、头痛 这是感冒的初期症状，应该服下平时使用的药品之后静静地休息。多穿几件衣服发汗也可以。这时要注意当内衣被汗水浸湿时，一定要换穿干爽的内衣。如果仍然高烧不退，也可以服用一些退烧药。当没有感冒症状而感觉头疼时，则有可能是日射病或热射病，可参照前面所述使身体得到休息。

⑤腹部疼痛 腹部不同的部位疼痛有不同的原因。左下腹疼痛常会伴有腹泻，可以服用含木馏油的药品，还要保持腹部温暖，保持安静而舒适的姿势；当右下腹疼痛时有患阑尾炎的可能，症状较轻时，服用抗菌素(如阿莫西林)可止住疼痛，但仍要尽快就医，这时不能使腹部受热。

参考文献

陈平留，刘健，陈昌雄，等，2010. 森林资源资产评估[M]. 北京：高等教育出版社.

陈永富，刘鹏举，于新文，2018. 森林资源信息管理[M]. 北京：中国林业出版社.

邓书斌，2010. ENVI 遥感图像处理方法[M]. 北京：科学出版社.

冯仲科，2015. 森林观测仪器技术与方法 [M]. 北京：中国林业出版社.

高岚，王富炜，李道和，2006. 森林资源评价理论与方法研究[M]. 北京：中国林业出版社.

谷达华，2018. 测量学[M]. 4 版. 北京：中国农业出版社.

郭庆华，陈琳，2020. 激光雷达数据处理方法——LiDAR360 教程[M]. 北京：高等教育出版社.

国家林业和草原局，2021. 国家森林资源连续清查遥感专题图制作规范：LY/T 3255 —2021 [S]. 北京：中国标准出版社.

国家林业和草原局，2021. 林地分类：LY/T 1812—2021 [S]. 北京：中国标准出版社.

国家林业局，2003. 森林资源规划设计调查主要技术规定[M]. 北京：中国林业出版社.

国家林业局，2009. 用于森林资源规划设计调查的 SPOT-5 卫星影像处理与应用技术规程：LY/T 1835—2009 [S]. 北京：中国标准出版社.

国家林业局，2011. 国家森林资源连续清查数据处理统计规范：LY/T 1957—2011 [S]. 北京：中国标准出版社.

国家林业局，2011. 森林资源调查卫星遥感影像图制作技术规程：LY/T 1954—2011[S]. 北京：中国标准出版社.

国家林业局，2012. 简明森林经营方案编制技术规程：LY/T 2008—2012 [S]. 北京：中国标准出版社.

国家林业局，2012. 森林经营方案编制与实施规范：LY/T 2007 —2012 [S]. 北京：中国标准出版社.

国家林业局，2014. 国家森林资源连续清查技术规定[M]. 北京：中国林业出版社.

国家林业局，2014. 造林项目碳汇计量检测指南：LY/T 2253—2014 [S]. 北京：中国标准出版社.

国家林业局，2015. 森林资源资产评估技术规范：LY/T 2407—2015 [S]. 北京：中国标准出版社.

国家林业局，2017. 结构化森林经营技术规程：LY/T 2810—2017 [S]. 北京：中国标准出版社.

国家林业局，2017. 主要树种龄级与龄组划分：LY/T 2908—2017 [S]. 北京：中国标准出版社.

国家林业局，国家林业局 财政部关于印发《国家级公益林区划界定办法》和《国家级公益林管理办法》的通知(林资发〔2017〕34 号)[EB/OL]. (2017-08-28)[2022-6-19]. http://www.gov.cn/xinwen/2017-05/08/content_ 5191672.htm

国家林业局造林绿化管理司，2014. 森林经营项目碳汇计量监测指南[M]. 北京：中国林业出版社.

国家林业局造林绿化管理司，2014. 造林项目碳汇计量监测指南[M]. 北京：中国林业出版社.

国家市场监督管理总局，国家标准化管理委员会，2020. 森林生态系统服务功能评估规范：GB/T 38582—2020[S]. 北京：中国标准出版社.

国家市场监督管理总局，国家标准化管理委员会，2020. 森林资源连续清查技术规程：GB/T 38590 —2020 [S]. 北京：中国标准出版社.

黄华国，2015. 现代林业信息技术[M]. 北京：中国林业出版社.

黄华国，田昕，陈玲，2020. 林业定量遥感：框架、模型和应用[M]. 北京：科学出版社.

亢新刚，2001. 森林资源经营管理[M]. 北京：中国林业出版社.
亢新刚，2011. 森林经理学[M]. 4 版. 北京：中国林业出版社.
李凤日，2004. 森林资源经营管理[M]. 沈阳：辽宁大学出版社.
李凤日，2019. 测树学[M]. 4 版. 北京：中国林业出版社.
李天文，张友顺，2004. 现代地籍测量[M]. 北京：科学出版社.
李月华，2015. 林学专业综合实验实习指导书[M]. 北京：中国林业出版社.
李云平，2020. 林业"3S"技术[M]. 北京：中国林业出版社.
孟宪宇，2013. 测树学[M]. 3 版. 北京：中国林业出版社.
苏杰南，胡宗华，2020. 森林调查技术[M]. 北京：中国林业出版社.
汤国安，2021. ArcGIS 地理信息系统空间分析实验教程[M]. 3 版. 北京：科学出版社.
唐小明，2012. 森林资源监测技术[M]. 北京：中国林业出版社.
王巨斌，2017. 森林资源管理[M]. 北京：高等教育出版社.
吴英，2017. 林业遥感与地理信息系统实验教程[M]. 武汉：华中科技大学出版社.
晏青华，2018. 林业"3S"技术应用实训指导书[M]. 昆明：云南科技出版社.
杨树文，2015. 遥感数字图像处理与分析——ENVI5. X 实验教程[M]. 2 版. 北京：电子工业出版社.
于政中，1995. 数量森林经理学[M]. 北京：中国林业出版社.
詹长根，唐祥云，刘丽，2011. 地籍测量学[M]. 武汉：武汉大学出版社.
张会儒，2018. 森林经理学研究方法与实践 [M]. 北京：中国林业出版社.
章书涛，孙在宏，2004. 地籍测量学[M]. 南京：河海大学出版社.
中华人民共和国国家质量监督检验检疫总局，中国国家标准化管理委员会，2009. 湿地分类：GB/T 24708—2009 [S]. 北京：中国标准出版社.
中华人民共和国国家质量监督检验检疫总局，中国国家标准化管理委员会，2011. 森林资源规划设计调查技术规程：GB/T 26424 —2010 [S]. 北京：中国标准出版社.
中华人民共和国国家质量监督检验检疫总局，中国国家标准化管理委员会，2015. 森林抚育规程：GB/T 15781 —2015 [S]. 北京：中国标准出版社.
中华人民共和国国家质量监督检验检疫总局，中国国家标准化管理委员会，2016. 造林技术规程：GB/T 15776—2016 [S]. 北京：中国标准出版社.
中华人民共和国自然资源部，自然资源部 国家林业和草原局关于开展 2022 年全国森林、草原、湿地调查监测工作的通知[EB/OL]. (2022-03-31)[2022-06-19]. http://gi.mnr.gov.cn/202204/t20220402_2732470.html